ハヤカワ文庫 NF

〈NF507〉

〈数理を愉しむ〉シリーズ

神は数学者か？

数学の不可思議な歴史

マリオ・リヴィオ

千葉敏生訳

HAYAKAWA NONFICTION

早川書房

8061

IS GOD A MATHEMATICIAN?
by
Mario Livio

Translated by
Toshio Chiba
Published 2017 in Japan by
HAYAKAWA PUBLISHING, INC.
This book is published in Japan by
arrangement with
the original publisher
SIMON & SCHUSTER, INC.
through JAPAN UNI AGENCY, INC., TOKYO.

ソフィーに捧ぐ

目次

神は数学者か？

数学の不可思議な歴史

はじめに

宇宙論——宇宙全般について研究する学問——に携わっていると、宇宙の持論を説明しようとする人々から、毎週のように手紙、メール、ファクスが届く（それは決まって男性なのだが）。そのときいちばんしてはならないのは、「詳しく聞かせてください」と丁寧に返信することだ。そう答えたとたん、とめどなくメッセージが押し寄せてくるからだ。そうならないようにするには？　無視してしまうという失礼な方法は論外として、私は効果絶大な戦略を考え出した——数式で説明してくれないと何とも言いようがありませんと答えるのだ。そう答えると、たいていのアマチュア宇宙学者は口をつぐむ。現に、数学がなければ、近代の宇宙学者は自然法則の理解に一歩も近づくことはできなかっただろう。数学は宇宙の理論を支える強力な足場なのだ。これは、数学の性質自体がまだ完全には明らかになっていないという事実を知るまでは意外には思えないかもしれない。イギリスの哲学者、サー・マイケル・ダメットはかつてこう述べている。

「知的学問のなかでももっとも抽象的なふたつの分

野——哲学と数学——には、共通の難問がある。哲学（数学）とはいったい何なのか？ この疑問は、無知のみから生ずるものではない。哲学や数学の専門家でさえ、この疑問に答えられずにいるのだ」

私は本書で、数学の本質的な側面、特にわれわれの観察する世界と数学の関係を明らかにしようとしている。本書は数学史の本ではない。むしろ、われわれの宇宙観に直接的な影響を及ぼした数学的概念を、時系列順に追っていきたいと思う。

本書の完成には、多くの人々が長きにわたって直接的・間接的に貢献してくれた。まず、きわめて有益な議論をしてくれたマイケル・アティヤ、ジョージ・ドヴァリ、フリーマン・ダイソン、ヒレル・ゴーチマン、デイヴィッド・グロス、ロジャー・ペンローズ、マーティン・リース、ラマン・サンドラム、マックス・テグマーク、スティーヴン・ワインバーグ、スティーヴン・ウルフラムの各氏に感謝を申し上げたい。また、ドロシー・モルゲンシュテルン・トマスには、クルト・ゲーデルのアメリカ移民帰化局での出来事について語ったオスカー・モルゲンシュテルンの手記の掲載を快諾していただき、たいへん感謝している。ウィリアム・クリステンズ＝バリー、キース・ノックス、ロジャー・イーストン、そしてウィル・ノエルには、アルキメデスのパリンプセストの解読作業について詳しく説明していただいた。ローラ・ガルボリノは、数学史の重要な資料や貴重なファイルを提供してくれた。また、貴重な原稿を探してくれたジョンズ・ホプキンス大学、シカゴ大学、フランス国立図書館の関係各所にも感謝の意を述べたい。

難解なラテン語の翻訳に手を貸してくれたステファノ・カゼルターノ、文献や言語に関していつも笑顔で協力してくれたエリザベス・フレーザーとジル・ラーゲルストロムにもお礼を申し上げる。

また、出版準備に精を出してくれたシャロン・トゥーランや、図版を作成してくれたアン・フィールド、クリスタ・ウィルト、ステイシー・ベンにも深くお礼を申し上げたい。

本を執筆する身にとって何よりもありがたいのは、パートナーの献身的なサポートだ。長い執筆作業のあいだ、ずっと私を支えてくれた妻のソフィーにはいくら感謝してもしきれない。

最後に、スーザン・ラビナーにも感謝を申し上げたい。彼女の励ましがなければ本書は完成しなかっただろう。また、原稿を熟読し、鋭い指摘をしてくれた担当編集者のボブ・ベンダー、本の製作に多大な協力をしてくれたジョハンナ・リー、編集担当のロレッタ・デナーとエイミー・ライアン、プロモーション担当のヴィクトリア・マイヤーとケイティ・グリンチ、そして製作やマーケティングに尽力してくれたサイモン＆シュスター社のチーム全員に心よりお礼を申し上げる。

第1章　謎

数年前、コーネル大学で講演をしていたときのことだった。私がパワーポイントで「神は数学者か？」というスライドを表示させたとたん、最前列に座っていた学生がはっと息をのみ、「まさか《オー・ゴッド》。そんなはずがない」と声を漏らした。

私はなぜこんな大げさな疑問を投げかけたのか。神《ゴッド》の定義について哲学的な議論をするつもりもなかったし、数学嫌いの人々を脅《おど》かしてやろうという気もなかった。私はただ、何世紀ものあいだ、一流の頭脳の持ち主たちを悩ませつづけてきたひとつの謎——数学の遍在性と全能性——を提示したかったのだ。遍在性や全能性と聞いて、多くの人々がイメージするのは神だろう。かつて、イギリスの物理学者、ジェームズ・ジーンズ（一八七七～一九四六）は、「宇宙はまるで純粋数学者が設計したかのようだ」と述べている[1]。数学は、全宇宙だけでなく、きわめて複雑な人間の営《いとな》みさえも、あまりにも見事に記述し、説明しているように思える。

宇宙理論の構築に励む物理学者であれ、次なる市場暴落を予測しようと頭をひねる市場アナリストであれ、脳の機能のモデル化に取り組む神経生物学者であれ、資源配分を最適化しようとする軍事情報専門の統計家であれ、誰もが数学を用いている。しかも、彼らは数学のさまざまな分野で発展した数学的形式を取り入れているにもかかわらず、用いられるのはたったひとつの統一された〝数学〟なのである。なぜ数学はこれほど絶大な力を持っているのか？　かのアインシュタインは、かつてこう述べている。(2)「数学は、経験とは無関係な［傍点は筆者］思考の産物なのに、なぜ物理的実在の対象物にこれほどうまく適合するのか？」

このような戸惑《とまど》いは決して新しいものではない。古代ギリシャの哲学者——特にピタゴラスとプラトン——は、宇宙を形成し導いている数学の力や、人間には変えることも支配することもできない数学の存在に、畏敬《いけい》の念を抱いていた。イギリスの政治哲学者、トマス・ホッブズ（一五八八～一六七九）も驚きをあらわにしている。彼は、社会と政府の基礎について論じた名著『リヴァイアサン』で、幾何学を合理的な議論の典型例として挙げている。(3)

「真理」とは、私たちが断定をおこなう際に名称を正しく並べることである。ゆえに、正確な「真理」を探求する者は、自分の用いるすべての名称が何を表すかを記憶し、それに従って正しく配置しなければならない。さもないと、鳥もちにかかった鳥と同様、言葉の罠《わな》に巻き込まれてしまい、もがけばもがくほど言葉にとらえられる。そのため、神が人類に与え給《たも》うた唯一の学問《サイエンス》である幾何学においては、言葉の意味を定めることから始めるのである。意味を定めることを人は「定義」と呼び、計算の初めに置く。

〔『リヴァイアサン①』永井道雄・上田邦義訳、中央公論新社。引用にあたり一部改変〕

数千年も前から、数学の研究や哲学の考察が盛んにおこなわれているにもかかわらず、数学が秘める力の謎はほとんど解明されていない。それどころか、ある意味では謎はいっそう深まっている。たとえば、オックスフォード大学の著名な数理物理学者、ロジャー・ペンローズは、今や謎はひとつではなく三つだと述べている。彼は〝世界〟を三種類に分類する。[4] ひとつめはわれわれの意識がとらえる世界。ふたつめは物質的な世界。そして三つめはプラトン主義の数学的形式の世界だ。ひとつめの世界は、われわれが子どもの表情をどう認識するか、雄大な夕日をどう感じるか、悲惨な戦争の写真にどう反応するかといった心象《しんしょう》の世界である。愛情、嫉妬、偏見、さらには音楽、匂い、恐怖に対する認識もこの世界に属する。ふたつめの世界は、一般的に物理的実在《フィジカル・リアリティ》と呼ばれる。実在する花々、アスピリンの錠剤、白い雲、ジェット機、銀河、惑星、原子、ヒヒの心臓、人間の脳などはこの世界に属する。そして、三つめのプラトン主義の数学的形式の世界は、まさに数学の祖国であり、ペンローズにとっては物質世界や精神世界と同じように実在する。1、2、3、4……といった自然数、ユークリッド幾何学の図形や定理、ニュートンの運動法則、ひも理論、カタストロフィー理論、株価の挙動を表す数学的モデルなどは、すべてこの世界に属する。そのうえで、ペンローズは三つの謎を提起している。ひとつめは、物理的実在の世界が数学的形式の世界の法則に従っているように見えること。この謎はかのアインシュタインをも悩ませた。ノーベル物理学賞を受賞したユージン・ウィグナー（一九〇二〜九五）も彼と同じくらい戸惑い、次のように記している[5]。

物理学の法則を定式化するのに、数学という言語が似つかわしいというこの奇跡は、われわれの理解を超え、またわれわれにとって願ってもない天恵《てんけい》であります。われわれはそのことに感謝し、将来の研究にもそのことが当《あ》てはまり、そのことが、よかれ悪しかれ、またわれわれにとってありがたかろうが迷惑であろうが、広い学問の分野にも当てはまることを期待すべきでしょう。

［『自然法則と不変性』岩崎洋一ほか訳、ダイヤモンド社。一部改変］

ふたつめの謎は、われわれの意識が宿る心そのものが、どういうわけか物質世界から生まれたということ。いかにして物質から心が生まれたのか？　意識の仕組みについて、たとえば現代の電磁気学理論と匹敵するくらい、一貫性や説得力のある理論を構築することはできるのだろうか？　三つめは、この三世界が不可思議なほど結び付いていること。奇跡的にも、人間の頭脳は抽象的な数学の形式や概念を発見・発明し、記述することで、この数学世界にアクセスしてきたのだ。

ペンローズは、この三つの謎に答えていない。むしろ、「実際には三つの別々の世界があるのではなく、われわれが真の性質をみじんも理解できていない、ひとつの、世界が存在するにすぎないのだ」と明言している。イギリス人作家、アラン・ベネット脚本の演劇『四〇年が過ぎて（*Forty Years On*）』に登場する校長は、生徒から同じような質問を受けると、次のように答えている。ペンローズと比べるとはるかに大胆な結論だ。

生徒：三位一体《トリニティ》のことで、まだよくわからないところがあるのですが。

校長：三つにしてひとつ、ひとつにして三つ——それだけのこと。疑うのなら数学の先生に訊《き》いてみなさい。

この謎は、実際には私が述べたよりもかなり複雑だ。ウィグナーは、数学がわれわれの世界をあまりにも見事に記述することを、〈数学の不条理な有効性〉と呼んでいるが、これには実際にはふたつの側面がある。そして、その一方はもう一方よりもかなり不可解だ。私はひとつめの側面を〝積極的《アクティブ》〟な側面と呼んでいる。物理学者は数学を松明代《たいまつ》わりにして自然界という迷宮をさまよう。彼らが利用したり構築したりする道具、モデル、理論は、すべて数学的な性質を帯びている。これ自体が一見すると奇跡である。ニュートンは落下するリンゴ、月、潮の干満《かんまん》を観察したのであって（本当かどうかはわからないが）、数式を観察したわけではない。それでも、彼はこういった自然現象から、明快で、簡潔で、驚くほど正確な数学的法則を導き出すことに成功したのだ。同じように、スコットランドの物理学者、ジェームズ・クラーク・マクスウェル（一八三一〜七九）は、古典物理学の枠組みを広げ、一八六〇年代に知られていたあらゆる電磁的現象を統一する理論を作り上げた。それはわずか四つの数式で成り立っていた。考えてもみてほしい――それまで説明するのに書物で何冊もかかっていた電磁気学や光の実験結果が、わずか四つの簡単な方程式で説明できるようになったのである。アインシュタインの一般相対性理論はさらに驚愕だ。一般相対性理論は、時空の構造のような基本的概念が、きわめて簡潔で一貫した数学理論で表現されるという典型例である。

しかし、数学の摩訶不思議な有効性には、もうひとつの側面がある。私はそれを〝受動的《パッシブ》〟な側面と呼んでいる。これは〝積極的〟な側面がかすんで見えるほど奇妙である。数学者が応用することをまったく意図せずに、純粋な好奇心から研究した概念や理論が、数十年（あるいは数世紀）経《た》ってから、物質世界の問題の思わぬ答えになることがある。なぜそんなことが起こりうるのか？　面白い例を挙げよう。イギリスの変わり者の数学者、ゴッドフレイ・ハロルド・ハーディ（一八七七〜一九四七）は、自分の研究が純粋数学にほかならないことを自負していた。「私の発見は、直接的にも間接的にも、またよきにつけ悪《あ》しきにつけ、この世の快適さにいささかの寄与もしなかったし、今後もするとは思えない」と彼は断言した。(6)［『ある数学者の生涯と弁明』柳生孝昭訳、シュプリンガー・フェアラーク東京。一部表記を修正］ところがどうだろう、彼は間違っていた。彼の研究のひとつが、ハーディ＝ワインベルクの法則として生まれ変わったのである(7)（ハーディとドイツ人医師のウィルヘルム・ワインベルク〔一八六二～一九三七〕にちなむ）。これは遺伝学者たちが集団の進化について研究する際に用いる基本原理である。簡単に言えば、ハーディ＝ワインベルクの法則とは、大規模な集団が無作為に交配するとし、個体の流出、突然変異、自然選択が発生しないとすれば、遺伝子構成は世代間で変化しないというものだ。さらに、ハーディの抽象的な数論研究（自然数の性質に関する研究）にも思いがけない応用が見つかった。一九七三年、イギリスの数学者、クリフォード・コックスが彼の数論を応用し、暗号の開発に大躍進をもたらしたのである[8]。コックスの発見はハーディのもうひとつの発言もくつがえした。ハーディは一九四〇年の有名な著書『ある数学者の生涯と弁明』で、「数論を戦争に役立たせる道は誰も見出していない」〔前掲書より〕と述べたが、彼はこの点でも間違っていた。暗号は軍事通信に欠かせない役割を果たしたからだ。したがって、応用数学を厳しく批判していたハーディでさえ、戦争に役立つ数学理論の構築に〝荷担〟していたのである。彼が生きていたら、大声を上げて地団駄《じだんだ》を踏んだに違いない。

しかし、これは氷山《ひょうざん》の一角《いっかく》にすぎない。ケプラーとニュートンは、太陽系の惑星が楕円軌道を描くことを発見した。楕円といえば、ギリシャの数学者、メナイクモス（前三五〇年ごろ活躍）が二〇〇〇年以上前に研究していた曲線だ。ゲオルク・フリードリヒ・ベルンハルト・リーマン（一八二六～六六）は、一八五四年の有名な講演で新しい種類の幾何学を提唱したが〔訳注：彼はこの年の「幾何学の基礎にある仮説について」という講演で多様体の概念を初めて提唱し、リーマン幾何学を確立した〕、アインシュタインはそれを宇宙構造の説明の道具として用いた。数学の"言語"のひとつである群論（ぐんろん）は、エヴァリスト・ガロア（一八一一〜三二）という若き天才数学者が代数方程式の可解性を判定するために編み出したものだが、今や物理学者、技術者、言語学者、人類学者までもが世界の対称性を説明する道具として用いている。(9)さらに、数学的な対称性という概念は、科学的な手法全体をくつがえしたといっても過言ではない。数世紀にわたって、宇宙の仕組みを理解する手がかりは実験データや観測データの収集であった。そのデータをもとに、科学者は試行錯誤を重ね、一般的な自然法則を構築しつづけてきた。まず、局所的な観測データを収集し、それからひとつずつジグソーパズルのピースをつなげていくわけだ。しかし、二〇世紀になって原子内部の世界に明確な数学的構造があると認識されるようになると、近代の物理学者はその正反対の作業をおこないはじめた。つまり、先に数学的な対称性を仮定し、自然界の法則や物質の基本的な構成要素が一定のパターンに従うという前提をもとに、一般法則を導くようになったのだ。しかし、そもそも自然が抽象的な数学の対称性に従うのはなぜだろうか?

一九七五年、ロスアラモス国立研究所の若き数理物理学者だったミッチェル・ファイゲンバウムは、HP-65電卓をいじりながら、単純な数式の挙動を調べていた。すると、計算に現れた数列が一定の数、4・669……に限りなく近づいていくことに気付いた。(10)驚いたことに、別の数式でもこれとまったく同じ数が現れた。ファイゲンバウムはすぐに、秩序状態からカオス状態への転移を示す、何らかの普遍的な定数を発見したと結論付けたが、その説明を見出すことはできなかった。当然ながら、当時の物理学者たちは疑いの眼差しを向けた。

なぜまったく同じ数が異なる系《システム》の挙動を決定付けるのか？　専門家による半年間の審査の末、ファイゲンバウムの最初の論文は棄却された。しかし、それから間もなくおこなわれた実験で、液体ヘリウムを下から加熱すると、ファイゲンバウムの普遍的な解《かい》の予測どおりのふるまいを示すことがわかった。さらに、同様のふるまいを示す系はそれだけではなかった。ファイゲンバウムの驚異の定数は、液体の規則的な流れから、乱流、さらには蛇口から落ちる水の挙動まで、随所に姿を見せたのである。

数学者が後世のさまざまな原理を〝予知〟したケースはまだまだある。数学と現実世界（物質世界）が予期せず手を結んだ、神秘的で興味深い例のひとつが〈結び目理論〉だ。結び目理論とは、結び目を数学的に研究する学問である。数学でいう結び目は、ふつうのひもの結び目と似ているが、両端がつながっている。つまり、数学でいう結び目とは、両端が閉じた閉曲線である。不思議なことに、数学の結び目理論が生まれた最大のきっかけは、一九世紀に提唱された間違った原子モデルだった。そのモデルは誕生からわずか二〇年後には廃《すた》れたが、結び目理論は純粋数学の片隅でひっそりと発展を続けた。驚くべきことに、この抽象的な研究が近代になって、DNAの分子構造から、原子内部の世界と重力の統一を試みるひも理論まで、さまざまな分野で応用されるようになったのだ。その目を見張るエピソードについては、第8章で詳しく説明したいと思う。というのも、おそらく結び目理論の歴史は、物理的実在を説明するために生まれた数学の分野が、抽象的な数学世界に迷い込み、最後になって思いもかけず原点に戻ることを示す最良の例だからだ。

発見か、発明か？

これまでの簡単な例だけを見ても、宇宙が数学に支配されている、少なくとも数学で分析できるという大きな証拠をお見せできたはずだ。これから本書で述べていくように、宇宙だけでなく、人間の多くの（おそらくすべての）営みの根底にも、数学的な構造が隠れているようだ――それもまったく思いがけない場所に。たとえば、金融業界を例に取ろう。オプション価格決定理論で用いられるブラック＝ショールズ方程式がその一例である[11]。考案者のマイロン・ショールズ、ロバート・マートン、フィッシャー・ブラックは、ブラック＝ショールズ・モデルを提唱してノーベル経済学賞を受賞した（ただしブラックは受賞時にはすでに他界）。このモデルの主要な方程式のおかげで、ストック・オプションの価格設定が理解できるようになった（オプションとは、将来の一定の期日に合意価格で株式を売買できる金融商品のこと）。しかし、ここにも驚くべき事実が隠れている。このモデルの中心になったのは、物理学者が数十年間にわたって研究していたブラウン運動という現象だったのだ。ブラウン運動とは、花粉から水中に流出した微粒子や空気中の煙の粒子といった微粒子が示す、不規則な運動状態である。その後、これでは物足りないとでもいわんばかりに、この方程式は星団内の無数の星々の動きにも応用されている。これはずいぶんと奇妙だ。宇宙は別にしても、ビジネスや金融は間違いなく人間の頭脳が生み出した世界のはずだ。

あるいは、電子基板のメーカーやコンピュータの設計者が抱える共通の悩みについて考えてみよう。基板にはレーザー・ドリルで無数の穴が開けられる。コストを最小化するために は、ドリルが〝気まぐれな旅行者〟のようにでたらめに動いては困る。つまり、それぞれの穴を一回だけ訪れる最短の〝経路〟を見つけなければならない。ところが、数学者は一九二〇年代からこれとまったく同じ問題を研究していた。これは〈巡回セールスマン問題〉と呼ばれている。たとえば、出張や遊説《ゆうぜい》に出かけたセールスマンや政治家が、数都市をもっとも安上がりな方法で移動しなければならないとしよう。基本的には、各都市間の交通費がわかっていれば、すべての都市をいちどずつ訪れてから出発地まで戻る、もっとも安上がりな方法がわかるはずだ。この巡回セールスマン問題は、一九五四年にアメリカの四九都市については解が求められている。[12] さらに、二〇〇四年までに、スウェーデンの二万四九七八都市について解が判明している。つまり、エレクトロニクス業界、小包の収集経路を決める流通会社、さらにはパチンコ台に数千本の釘を打つ日本のパチンコ・メーカーまでもが、穴開け、スケジューリング、コンピュータの物理的な設計に、数学を利用しているということだ。

数学は、これまで純粋科学とは縁のなかった分野にも進出している。たとえば、二〇〇六年に第三〇巻を迎えた《数理社会学ジャーナル（*Journal of Mathematical Sociology*）》誌では、複雑な社会構造、組織、集団を数学的見地から理解する試みがおこなわれており、世論を予測する数学的モデルから、社会集団の相互作用を予測する数学的モデルまで、さまざまなテーマが扱われている。

数学から人文科学へと目を移してみよう。従来、計算言語学に携わるのはコンピュータ科学者だけだったが、今では言語学者、認知心理学者、論理学者、人工知能のエキスパートなど、各分野の専門家が参加し、自然発生言語について詳しく研究している。これはわれわれに仕向けられた悪戯《いたずら》か何かなのだろうか？　人間がこのまま知識や理解を深めていけば、やがては宇宙や生命の創造の源《みなもと》になった、さらに難解な数学法則が明らかになるのだろうか？　教育者がよく言うように、数学は〝暗黙の教科書〟なのか？　そして、教師たちはその教科書のほんの一部だけを学生に教えて、賢者のふりをしているだけなのか？　あるいは、聖書の喩《たと》えを借りるならば、数学は禁断の果実なのだろうか？

本章の冒頭で触れたように、数学の不条理な有効性は、さまざまな興味深い謎を生み出している。数学は人間の心とはまったく独立して存在するのか？　つまり、天文学者が未知の銀河を発見するのと同じように、われわれは単に数学的な真理を発見しているのか？　あるいは、数学は人間の発明にすぎないのか？　数学が抽象的な妖精の国に存在するものだとしたら、この不思議な世界と物理的実在との関係は？　人間の限りある脳は、時空の枠外にあるこの永久不変な世界とどう接触しているのか？　一方、数学が人間の発明にすぎず、人間の心のなかにしか存在しないとしたら、人間の発明した数学的真理が、数世紀後の宇宙や人間に関する事柄を奇跡的なまでに予知しているのはどう説明するのか？　これは簡単に答えられる疑問ではない。本書でたっぷりと述べるように、現代の数学者、認知科学者、哲学者のあいだでもその答えは一致していない。数学界の二大名誉とされるフィールズ賞（一九八二年）とクラフォード賞（二〇〇一年）を受賞したフランスの数学者、アラン・コンヌは、一九八九年に次のようにきっぱりと述べている。[13]

たとえば、素数［1とその数自身でしか割り切れない1以外の自然数のこと］の列はわれわれを取り囲む物質的現実よりも安定した現実を持っています。数学者は世界の発見に出かける探検家に喩《たと》えることができます。われわれは実践によって生《なま》の事実を発見します。たとえば、われわれは単純な計算をおこなううちに、素数の列は終わりがないようだということに気付きます。数学者の仕事は、素数が無数に存在するということを証明することです。これはユークリッドが昔に発見した事実です。その証明の興味深い点は、もし誰かがある日、最大の素数を見つけたと主張すれば、その人が間違っていることを証明するのは簡単だということです。それはいかなる証明でも同じです。したがって、ぼくたちは物理的現実と同じように明白な現実にぶつかるわけです。

［『考える物質』浜名優美訳、産業図書。一部改変］

数学のエンターテインメント書を多数執筆していることで有名なマーティン・ガードナーも、〝発見派〟のひとりだ。彼にとってみれば、人間が知っているか否《いな》かにかかわらず、数《すう》や数学が独立して存在するのは紛《まぎ》れもない事実だ。「ある場所で二匹の恐竜が別の二匹の恐竜に加われば、四匹になるのは当然だ。観察する人間が周りにいなくても、恐竜にそれを理解する知能がなくても、事実は事実なのだ」と彼は述べている。[14]コンヌが述べるように、

〝発見派〟（あとで説明するように、これはプラトンの考え方と一致する）の人々は、いったん自然数1、2、3、4……のような数学の概念を認めれば、われわれの認識とは関係なく、$3^2+4^2=5^2$といった紛れもない事実が成り立つと指摘する。これは少なくとも、われわれが〝あらかじめ存在する現実〟と接しているのだという印象を与える。

しかし、反論を唱える人々もいる。イギリスの数学者、マイケル・アティヤ（一九六六年にフィールズ賞、二〇〇四年にアーベル賞を受賞）は、ある本でコンヌの見解を読み、次のように述べている。[15]

> 数学者なら誰でもコンヌに共感するに違いない。誰もが整数や円が抽象的な意味で実在すると感じているし、プラトン主義的な見解［本書第2章で説明］は非常に魅力的だからだ。しかし、本当にそうなのだろうか？ もし宇宙が一次元だったり不連続だったりしたら、幾何学が発展していたとは考え難《がた》い。整数の存在は確実だと思うかもしれない。数を数えるというのはごく原始的な概念に思えるからだ。しかし、知能を持つのが人間ではなく、太平洋の深海に住む孤独なクラゲだったとしたら？ 周囲にあるのは水だけで、個々の物体を相手にする機会はないことになる。クラゲにとって、基本的な知覚データは運動、温度、圧力だけになる。このような純粋な連続体のなかでは、不連続な量は発生しないので、数えるものは何もないのだ。

つまり、アティヤは人間が物質世界の要素を理想化・抽象化することで、数学を構築したのだと考えている。言語学者のジョージ・レイコフと心理学者のラファエル・ヌーニェスも賛成する。ふたりは共著『数学の認知科学』で、「数学は人間の存在の自然な一部だ。数学は、われわれの体、脳、世界じゅうの日常体験から生まれるものだ」と結論付けている。

アティヤ、レイコフ、ヌーニェスの見解は、別の興味深い疑問を生む。数学が完全に人間の発明物なのだとしたら、それは本当に普遍的なのか？ 言い換えれば、地球外生命体が存在するとしたら、彼らもまったく同じ数学を発明するのか？ SF作家のカール・セーガン（一九三四〜九六）は、この疑問についてかつては肯定的な立場だった。著書の『コスモス』で、彼は地球外の知的文明が宇宙に送信するシグナルについて、こう述べている。「自然の物理的現象で、素数しか含まない電波信号が発生するなどということは、ほとんどありえない。もし、私たちがそのようなメッセージを受け取ったら、そこに素数の好きな文明人がいると考えることだろう」［『コスモス』木村繁訳、朝日新聞社出版局。一部改変］。しかし、それは絶対だろうか？ 数理物理学者のスティーヴン・ウルフラムは、最新著書の『新しい種類の科学（*A New Kind of Science*）』で、〝われわれ人間の数学〟は数学の多種多様な〝風味〟のひとつにすぎない可能性もあると述べている。たとえば、数式に基づく法則で自然を記述する代わりに、単純なコンピュータ・プログラムに見られるような別種の法則を利用できる可能性もあるというのだ。さらに、一部の宇宙学者は、われわれの住む宇宙が〈多元的宇宙〉（多数の宇宙の集合）の一部である可能性も指摘している。そのような多元的宇宙が実在するとしたら、別の宇宙にも同じ数学が存在するのだろうか？

分子生物学者や認知科学者は、脳の仕組みの研究をもとに、また別の見方を提唱している。数学は言語とそれほど変わらないというのだ。すなわち、「鳥」という単語が、二枚の翼があって空を飛ぶ動物を指すようになったのと同じように、人間はふたつの手、ふたつの目、ふたつの乳房《ちぶさ》を見つづけるうちに、「2」という数の抽象的な定義を生み出したというのが、この「認知」シナリオである。フランスの神経科学者、ジャン＝ピエール・シャンジューは、「［ユークリッド幾何学などで用いられる］公理的な手法は、人間における言語の使用と関係のある脳の機能、すなわち認知機能によって練り上げられた表現です。というのも、言語を特徴付けているのは、まさに言語の持っている生成的性質だからです」『考える物質』より。［一部改変］と述べている。(16) しかし、数学が単なる一言語にすぎないとすれば、言葉はすらすらと覚えられるのに数学の学習に苦労する子どもが多いのはなぜか？　スコットランドの天才児、マージョリー・フレミング（一八〇三〜一一）は、数学に苦労する子どもの気持ちを微笑ましいかたちで表現している。九歳の誕生日を迎えることなくこの世を去ったフレミングは、九〇〇〇語以上の散文や五〇〇行以上の詩を遺《のこ》した。彼女は母親への手紙でこう訴えている。(17)「九九《くく》がどれだけつらくて苦しいか、お母さんにはわからないわ。いっちばん恐ろしいのは八八《はっぱ》と七七《しちしち》。神様だってイヤになるんじゃないかしら」

これまでに述べてきた複雑な疑問の一部は、別の言い方に置き換えることもできる。つまり、数学と、人間の心によって表現されるほかのもの——たとえば絵画や音楽——には根本的な違いがあるのか？　もしないとすれば、なぜ数学には絵画や音楽などにはない整合性や一貫性があるのか？　たとえば、ユークリッド幾何学は紀元前三〇〇年でも今でも正しいことに変わりはない（ユークリッド幾何学の公理の範囲内では）。ユークリッド幾何学はわれわれに課せられた〝真理〟なのだ。一方、現代人は古代ギリシャ人と同じ音楽を聴く義務はないし、アリストテレスの素朴な宇宙観を信じる必要もない。

科学の世界で、三〇〇〇年も前の考え方がいまだに生き残っている分野はほとんどない。しかし、数学の世界では、最新の研究にさえ、昨年や先週の定理だけでなく、紀元前二五〇年ごろにアルキメデスが証明した、球の表面積の公式が用いられることもあるのだ！　一九世紀に提唱された原子の結び目モデルは、新しい発見によって理論の一部に誤りが見つかったため、わずか二〇年間で廃《すた》れてしまった。本来、科学はそうやって発展していくものなのだ。ニュートンは「私が遠くを見ることができたとすれば、それは巨人の肩に乗っていたからだ」と述べたとも言われているが（第4章を参照）、彼は巨人たちの研究を時代遅れにしてしまったことを申し訳なく思っていたのかもしれない。

しかし、数学の世界ではそんなことは起こらない。数学では、結果を証明する形式は変わったとしても、結果そのものが変わることはありえない。かつて、数学者で作家のイアン・スチュアートは、「数学の世界では、〝以前の結果があとになって変わることを、単純に〝誤り〟と呼ぶのだ」と述べている。(18)　しかも、このような誤りは、科学のほかの分野とは違って、新しい発見によって判明するわけではない。まったく同じ既知の数学的真理を慎重かつ厳密に適用し直した結果、誤りとわかるものなのだ。とすれば、やはり数学は神の言語なのだろうか。

「数学は発見か、発明か？」という問いがそれほど重要に感じられない人もいるかもしれない。もしそうなら、「神は発見か、発明か？」と考えてみてほしい。よりはっきりと言えば、「神が自らの想像によって人間を創造したのか？　それとも人間が自らの想像によって神を発明したのか？」と考えれば、「発見」と「発明」の違いがいかに重要かわかるはずだ。

本書では、このような数々の興味深い疑問に挑み、気になるその答えを明らかにしたいと思う。その道中で、過去・現在を問わず、数多くの偉大な数学者、物理学者、哲学者、認知科学者、言語学者の研究から得られた洞察を紹介する。さらに、現代のさまざまな思想家の意見や忠告も紹介していく。この楽しい旅を始めるにあたって、まずは古代の哲学者たちの画期的な思想を紹介しよう。

第2章　神秘主義者たち――数秘術師《ピタゴラス》と哲学者《プラトン》

　昔から、人間は宇宙を理解したいという欲求に駆られてきた。「宇宙とは何か？」という問いは、単なる生存、経済状態の改善、生活水準の向上という目的をはるかに超越したものだった。とはいっても、誰もが自然や形而上学の道理を熱心に追い求めていたわけではない。毎日の生活で手一杯の人々には、人生の意味を深く考えている余裕などない。数多くの人々が複雑な宇宙の根底にあるパターンを解明しようとしてきたが、そのなかでもずば抜けた能力を発揮した者が何人かいる。

　フランスの数学者、科学者、哲学者であるルネ・デカルト（一五九六～一六五〇）は、近代の哲学科学の父と称されている。[1] デカルトは、人間の五感ではなく、数学的な〝量〟を通じて自然界を記述することを試みた最初の人物のひとりである。デカルトは、感覚、匂い、色、感触といったあいまいな特徴に頼ることなく、数学という言語を用いて、あらゆる物事を科学的に説明しようとした。

私は幾何学者が「量」と呼び、論証の対象として認めているもの……（中略）……以外に、物体的事物のいかなる物質をも認めていない。……（中略）……このようにしてすべての自然の現象が説明されるのであるから、私はほかのいかなる自然学の原理も容認すべきでも望むべきでもないと信ずるのである。(2)

［『哲学原理』桂寿一訳、岩波書店。一部改変］

面白いことに、デカルトはこの壮大な科学的ビジョンから思考や精神を除外していた。彼は思考や精神を数学的に説明可能な物質世界とは切り離して考えていたのだ。彼がここ四〇〇年間でもっとも影響力のある思想家のひとりであることは間違いないが（デカルトについては第4章を参照）、数学を中心的な地位に押し上げた最初の人物ではなかった。信じられないかもしれないが、宇宙が数学に支配されているという、ある意味でデカルトよりもはるかに壮大な考え方が最初に唱えられたのは、二〇〇〇年以上も前のことだった（とはいえ、当時は神秘的な意味合いが強かったが）。純粋数学に興《きょう》じているとき、人間の魂は音楽を奏でていると考えたのが、かの謎多き人物、ピタゴラスである。

ピタゴラス

ピタゴラス（前五七二ごろ～前四九七ごろ）は、偉大な自然哲学者とカリスマ精神哲学者というふたつの顔を併《あわ》せ持った最初の人物だった。彼は科学者であると同時に、厳格な思想家でもあったのだ。実際、彼はギリシャ語で「知を愛する」を意味する「哲学」や、「学問を学ぶ」を意味する「数学」という言葉の生みの親と考えられている。(3) ピタゴラスの思想の大半は口頭で伝えられていたため、ピタゴラス直筆《じきひつ》の書物は現存しない。しかし、信憑性のほどはともかく、三世紀に書かれたピタゴラスの詳細な伝記が三つ残っている。(4) さらに、ギリシャ正教会の総主教で哲学者のフォティオス一世（八二〇ごろ～八九一ごろ）の書物には、ピタゴラスの第四の匿名の伝記が残っている。ピタゴラス個人の実績を評価するうえで厄介なのは、ピタゴラスの信徒や弟子――ピタゴラス学派の人々――はどんなアイデアも必ずピタゴラスの手柄にすることだ。そのため、アリストテレス（前三八四～前三二二）でさえ、ピタゴラス哲学のいったいどの部分がピタゴラス自身によるものなのか、判断しかねている。(5) したがって、彼はたいてい「ピタゴラス学派」のことを「いわゆるピタゴラス学派」と呼んでいる。それでも、後世の彼の評価を考えれば、プラトンやコペルニクスでさえ恩恵を受けたピタゴラス学派の定理の少なくとも一部は、ピタゴラス自身によるものととらえるのが一般的である。

ピタゴラスは、現在のトルコ沖合にあるサモス島で、紀元前六世紀初頭に生まれた。こちらはほぼ間違いない。彼は若くしてあちこちに旅をし、エジプトやバビロンで数学の教育に触れたといわれている。その後、イタリアの南端近くにあるギリシャの小さな植民都市、クロトンに移住すると、彼のもとにはたちまち熱心な学生や信徒が集まりはじめた。

ギリシャの歴史家、ヘロドトス（前四八五ごろ～前四二五ごろ）は、ピタゴラスを「ギリシャ一《いち》、有能な哲学者」と称している。(6) また、ソクラテス以前の哲学者で詩人のエンペドクレス（前四九二ごろ～前四三二ごろ）は、「しかしそのなかに途方もない知識を持つ男がいた。彼はきわめて理解力が深く、ありとあらゆる技能に習熟しており、全身全霊を捧げれば万物の事実をやすやすと見て取ることができた。それは彼が一〇度も二〇度も人間として生《せい》を享《う》けたからだ」と賞賛している。(7) しかし、賞賛ばかりではない。ピタゴラスと個人的に対立していた哲学者のヘラクレイトス（前五三五ごろ～前四七五ごろ）は、彼の博識を認めたうえで、すぐさま批判に転じている。「たくさん学べば見識が備わるというものではない。それはヘーシオドス［紀元前七〇〇年ごろのギリシャの詩人］やピタゴラスを見ればわかるとおりだ」

ピタゴラス自身や初期のピタゴラス学派の人々は、厳密に言えば数学者でも科学者でもなかった。むしろ、彼らの教義の中心には、形而上学的な数の思想があった。ピタゴラス学派にとって数とは、天界から人間の道徳まで、万物に宿る生きた実体であり、普遍的な原理であった。すなわち、数には相補的なふたつの別な側面があるということだ。一方では目に見える物質的な側面があり、もう一方では万物の基礎となる抽象的な側面がある。たとえば、〈モナド〉（1という数）は、あらゆる数の生成源であり、物質世界に存在する水、空気、火などと同じくらい現実的な実体であると同時に、あらゆる創造物の根源にある〝形而上学的な調和〟を意味するひとつの観念でもあった。(8) イギリスの哲学史家、トマス・スタンリー

（一六二五〜七八）は、ピタゴラスが数と結び付けていたふたつの意味を（一七世紀の古い英語ではあるが）見事に表現している。[9]

> 数には、知性的《インテレクチュアル》（非物質的）な数と学問的《サイエンシャル》な数の二種類がある。知性的な数とは、「数」という不朽不変の要素であり、ピタゴラスは神々に関する対話で、天と地、そしてその間の自然において、もっとも神聖なる原理だと述べている。……（中略）……これは万物の原理、源泉、根源と呼ばれるものである。……（中略）……学問的な数とは、ピタゴラスの定義によれば、モナドあるいは一連のモナドのなかに存在する種子的理性を拡張し、発現させたものである。

つまり、数は単に個数や量を表すための道具ではなく、発見されるべきものであり、自然界に作用している形成因子だったのだ。彼らにとって、宇宙に存在する万物は、地球のような物体から、「正義」といった抽象概念まで、すべて数そのものだったわけだ。

数に魅了される人がいるのは不思議ではない。[10] 日常生活で目にするごくふつうの数にさえ面白い性質がある。一年の日数、３６５を例に取ろう。ちょっと計算すれば、３６５が連続する三つの自然数の平方の和であることが確認できるだろう（$365 = 10^2 + 11^2 + 12^2$）。それだけではない。３６５はその次のふたつの自然数の平方の和にもなっている（$365 = 13^2 + 14^2$）。また、太陰暦の一カ月の日数は28。この数は、その数自身を除くすべての約数（その数を割り切ることができる数）の和と等しい（28＝1＋2＋4＋7＋14）。このような性質を持つ自然数を〈完全数〉と呼ぶ。ちなみに、最小の完全数は6であり、以下、28、496、8218と続く。さらに、28は最初のふたつの奇数の三乗の和にもなっている（28＝1^3+3^3）。一〇進法でよく見かける100という数にも、100＝$1^3+2^3+3^3+4^3$という不可思議な性質がある。

そう、確かに数は面白い。しかし、ピタゴラス学派の数の教義はどのように生まれたのだろうか？　万物に数が備わっているだけでなく、万物が数であるという考えはどこから来たのか？　ピタゴラスは書物を遺《のこ》していない（あるいは書物が現存しない）ゆえ、この疑問に答えるのは容易ではない。ピタゴラスの論理を解明する手がかりとなるのは、プラトン以前のごくわずかな資料や、信憑性の乏しいプラトン学派やアリストテレス学派の哲学者たちの談話しかない。そういったさまざまな手がかりをつなぎ合わせると、ひとつの説明が浮かび上がってくる。ピタゴラス学派の人々は、「音楽の実験」と「宇宙の観測」という、一見すると無関係なふたつの活動に没頭していた。それが数へのこだわりを生んだようだ。

数、宇宙、音楽の神秘的な関係を理解するために、まずはピタゴラス学派が小石や点を用いて数を〝図形化〟した面白い方法について考えてみよう。たとえば、彼らは自然数1、2、3、4……を小石で並べ、三角形を作った（図1）。特に、最初の四つの整数で作った三角形（一〇個の小石からなる三角形）は〈テトラクテュス〉と呼ばれた。ピタゴラス学派は、これを「完全」の象徴、そして完全を形作る要素の象徴と考えた。この事実は、ギリシャの

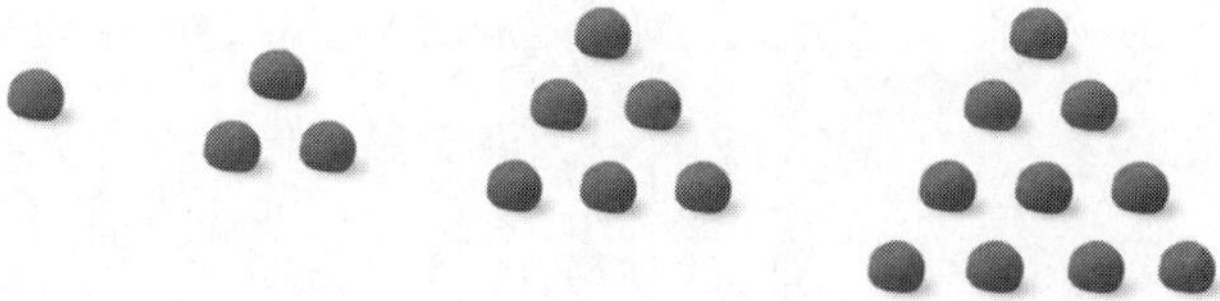

図1

風刺作家、ルキアノス（一二〇ごろ～一八〇ごろ）がまとめたピタゴラスの物語のなかで綴《つづ》られている。[11] それによると、ピタゴラスがある男に数を数えるよう促した。男が「1、2、3、4」と数えると、ピタゴラスは男をさえぎり、「いいかい、君が4と思っているのは10なのだ。それは完全なる三角形でもあり、われわれの誓いでもある」と述べた。新プラトン主義の哲学者、イアンブリコス（二五〇ごろ～三二五ごろ）は、ピタゴラス学派の誓いは次のようなものだったと述べている。

　テトラクテュスを与えたる人にかけて誓う
　それはわれわれのあらゆる知恵の源泉であり
　創造主の創《つく》り給《たも》うた万物の根源である[12]

［訳注：古代ギリシャでは、誓いの言葉を述べる際、「神にかけて」、「ヘラクレスにかけて」等と言う。ここで「テトラクテュスを与えたる人」はピタゴラスを指していると考えられる］

なぜテトラクテュスはこれほど崇拝されたのか？　紀元前六世紀のピタゴラス学派の人々は、テトラクテュスが宇宙の性質すべてを表すと考えたからだ。ギリシャ思想の革新の原動力になった幾何学において、1は点・、2は線━、3は面△、4は三次元の四面体△を表すものだった。したがって、テトラクテュスは空間のすべての次元を網羅するものと考えられたのだ。

しかし、それは序章にすぎなかった。テトラクテュスは、音楽の科学的な分析にも思わぬ形で登場した。一般に、弦《げん》を単純な整数比で分割すると、調和する協和音程が奏でられる。この事実を発見したのは、ピタゴラスおよびピタゴラス学派だといわれている。弦楽四重奏団の演奏を聴けばわかるように、同じ素材の二本の弦を同時にかき鳴らしたとき、二本の弦の長さが単純な比になっていれば、調和した音が奏でられる[13]。たとえば、二本の弦の長さが同じ（1：1）なら、当然ながら音は一致する。長さの比が1：2なら音程は一オクターブ、2：3なら完全五度、3：4なら完全四度になる。したがって、テトラクテュスは、万物を包含する空間的属性だけでなく、音程の調和に潜む数学的比率をも表すと考えられるのだ。この空間と音楽の不思議な融合は、ピタゴラス学派にとって絶大なシンボルとなり、彼らに「ハルモニア（調和）」や「コスモス（万物の美しき秩序）」といった感覚をもたらした。

では、宇宙はこれらとどう関係しているのか？　ピタゴラスやピタゴラス学派は、天文学の歴史において、決定的とまではいかなくとも、無視できぬ役割を果たした。地球が球体であると主張したのはピタゴラス学派が最初である（おそらく球体が持つ数学的・美的な優越性からだろう）。さらに、惑星、太陽、月が恒星天球の（見かけ上の）日常的な回転とは逆の方向、つまり西から東に独立して運動していると述べたのも、ピタゴラス学派がおそらく最初である。夜空の星の観察にふけっていた彼らが、星座のもっとも明白な性質——形状と数——を見逃すはずはない。星座は、構成する星々の数とその幾何学的な形状で特徴付けられる。しかし、このふたつの特徴は、テトラクテュスが示すように、ピタゴラス学派の数の原理には欠かせない性質だった。幾何学的な図形、星座、音楽の調和——そのいずれもが数に依存しているという事実に酔いしれたピタゴラス学派は、数が宇宙の構成要素であり、宇宙の存在原理であると考えたのだ。したがって、ピタゴラスが「数にすれば万物が調和する」という格言を掲げたのも不思議ではない。

アリストテレスのふたつの発言から、ピタゴラス学派がこの格言をどれほど真剣にとらえていたのかを読み取ることができる。彼は論文集『形而上学』のなかで、「いわゆるピタゴラス学派は数学に没頭しており、彼らは他に先《さき》んじて数学の研究を進めたが、その研究を通じて、数学の原理が万物の原理であると考えるようになった」［『形而上学』岩崎勉訳、講談社。一部改変］と語っている。別の箇所では、数の崇拝やテトラクテュスの特別な役割について、「エウリュトス［ピタゴラス学派のフィロラオスの弟子］は、どの数が何の数であるかを（たとえばこれこれが人間の数で、これこれが馬の数であるというように）規定し、数で三角形や四角形の形状を象《かたど》る人々にならって、生物の形状を小石で象った」［『形而上学』より。一部改変］と鮮明に述べている。最後の一文（「三角形や四角形の形状」）は、テトラクテュスと、ピタゴラス学派が作ったもうひとつの興味深い図形——グノモン——を指している。

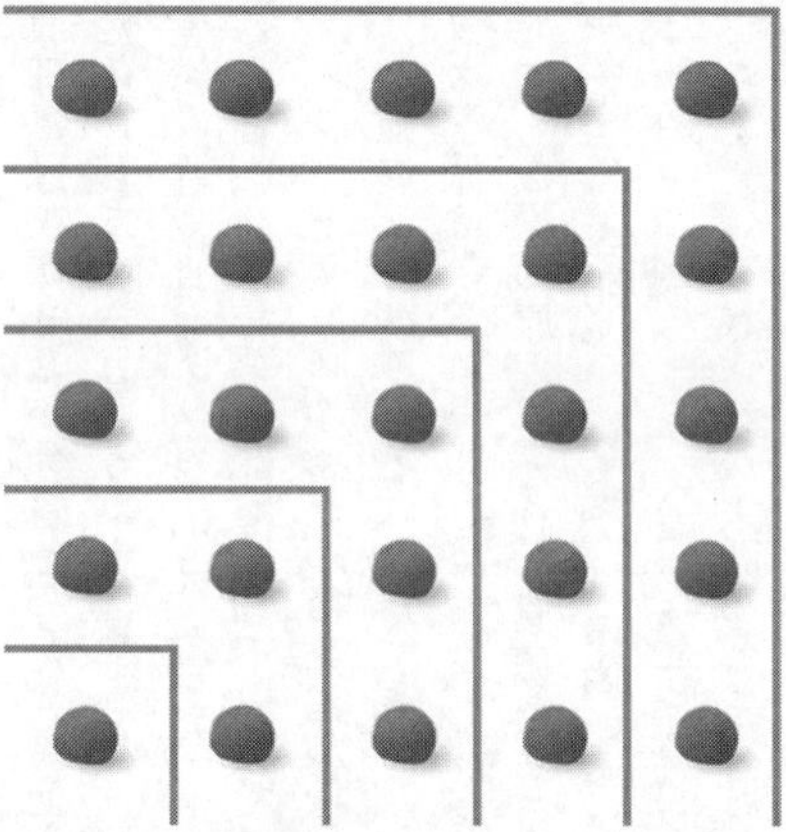

図2

「指針」を意味する〈グノモン〉という単語は、バビロニアで使われていた天体による計時装置の名前に由来する。[14] 日時計のようなこの装置は、ピタゴラスの恩師である自然哲学者、アナクシマンドロス（前六一一ごろ～前五四七ごろ）がギリシャに持ち込んだようだ。したがって、ピタゴラスが恩師の幾何学観や、宇宙論への幾何学の応用に影響を受けたのは間違いない。その後、グノモンという単語は、直角を描く際に使う大工の差し金のような道具や、正方形に付け加えるとより大きな正方形になる直角の図形（図2）を指すようになった。たとえば、3×3の正方形に直角状に七つの小石（＝グノモン）を付け加えると、一六個の小石からなる4×4の正方形ができあがる。これは自然数の次のような性質を図式化したものになっている。1, 3, 5, 7, 9,… を奇数の数列としよう。この数列において、1から連続する奇数の和を取ると、必ず平方数になる——たとえば、$1=1^2$, $1+3=4=2^2$, $1+3+5=9=3^2$, $1+3+5+7=16=4^2$, $1+3+5+7+9=25=5^2$という具合に。ピタゴラス学派は、グノモンと、グノモンが〝取り囲む〟正方形のあいだにある密接な関係を知識全般のシンボルと見なし、知ることとは既知の知識に〝沿う〟ことだと考えた。したがって、数は物質世界を説明するものであるばかりか、精神や感情の機能の根源でもあると考えられたのだ。

グノモンとかかわりの深い平方数は、かの有名な〈ピタゴラスの定理〉の誕生のきっかけとなった。ピタゴラスの定理とは、「任意の直角三角形（図3）において、斜辺を一辺とする正方形の面積は、他の辺を一辺とする正方形の面積の和に等しくなる」という有名な数学的命題である。ピタゴラスの定理の発見は、有名な新聞漫画『フランク・アンド・アーネスト』（図4）でもユーモラスに取り上げられている。図2のグノモンが示すように、グノモンの平方数9（$=3^2$）に4×4の正方形を加えると、$3^2+4^2=5^2$ゆえ、新しい5×5の正方形ができる。したがって、3、4、5は直角三角形の各辺の長さを表す。この性質を持つ自然数の組を〈ピタゴラス数〉と呼ぶ。たとえば、$5^2+12^2=13^2$なので、組(5, 12, 13)はピタゴラス数だ。

ピタゴラスの定理ほど〝知名度〟が高い数学の定理はめったにない。一九七一年、ニカラグア共和国で「世界を変えた十大数式」というテーマの切手が発行されると、ピタゴラスの定理は二枚めの切手に登場した（図5。ちなみに、一枚めは「1＋1＝2」だった）。

ピタゴラスの定理を発見したのは本当にピタゴラス本人だったのだろうか？　初期のギリ

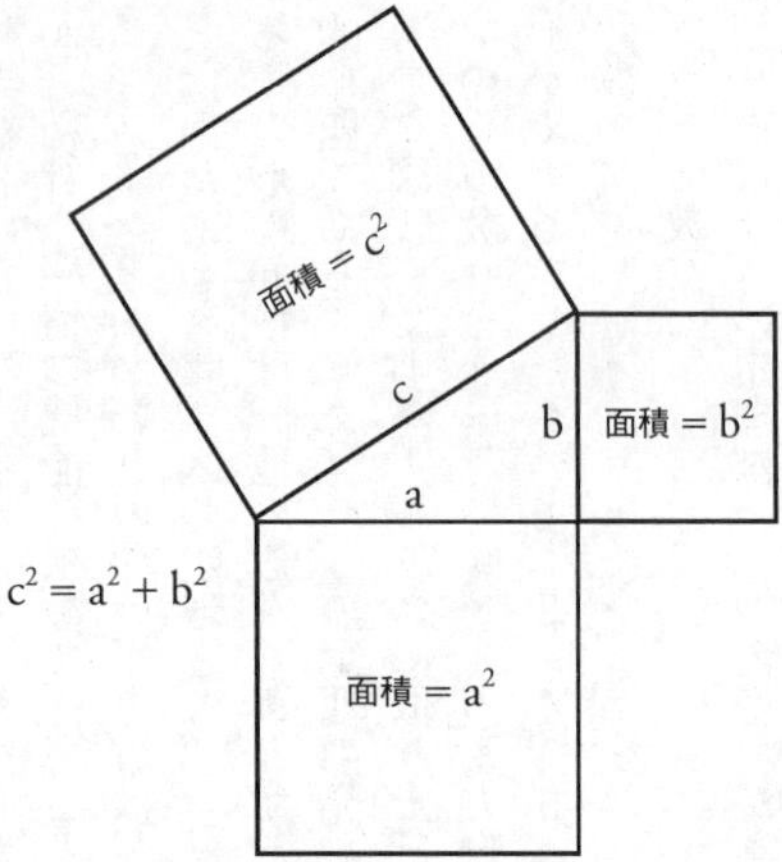
面積 = c^2
c
b
面積 = b^2
a
$c^2 = a^2 + b^2$
面積 = a^2

図3

フランク・アンド・アーネスト
ピタゴラスの定理
ギリシャの数学者、ピタゴラスに由来。直角三角形において、直角をなす二辺の長さをAとB、斜辺（つまり直角の対辺）の長さをCとしたとき、
$A^2 + B^2 = C^2$
が成立する。
それはそうとピタゴラスさん、「斜辺《ハイポテニユース》」なんて名前を付けたら笑われますよ。
www.comics.com
E-mail:mail@frankandernest.com ©2006 Thaves / dist. by NEA, Inc.
THAVES 10-15

図4

図5

シャの歴史家たちはそう口を揃《そろ》える。ギリシャの哲学者、プロクロス（四一一ごろ～四八五ごろ）は、幾何学や数論を扱ったユークリッド（エウクレイデス、前三二五ごろ～前二六五ごろ）の巨大論文『原論』に関する注釈書で、「古代の歴史家の話に耳を傾けてみると、この定理の発見者はピタゴラスだと話す人々がいる。彼はこの定理の発見を祝って、雄牛を神に捧げたという」と記している[15]。しかし、プリンプトン322と呼ばれるバビロニアの粘土板には、すでにピタゴラス数に関する記述が見られる。これは紀元前一九〇〇～前一六〇〇年ごろ、ハンムラビ王朝の時期に書かれたものだ。さらにインドでは、祭壇の建築に際して、ピタゴラスの定理をもとにした幾何学的構造が用いられた。古代インドの教典の注釈書『シャタパタ・ブラーフマナ』は、少なくともピタゴラスの時代の数百年前に書かれたものだが、その作者はこの構造についてすでに知っていたようだ。(16) 定理の発案者がピタゴラスであるかどうかは別として、数、図形、宇宙の関連性が次々と発見されたことで、ピタゴラス学派が秩序の緻密な根本原理へと一歩近づいたことは間違いない。

ピタゴラス学派の世界で中心的な役割を果たしたもうひとつの考え方が〈対《つい》〉だ。対という考え方は、イオニア学派の初期の科学の基本原理だった。したがって、秩序に取り憑《つ》かれていたピタゴラス学派が、対という考え方を取り入れたのも不思議ではない。実際、アリストテレスによると、ピタゴラスがクロトンでかの有名な学校を開設したころ、同じ地に暮らしていたアルクマイオンという名の医師も、万物は対でバランスを保っていると考えた。真っ先に挙げられる対は「有限」と「無限」であり、奇数は有限、偶数は無限の象徴だった。「有限」は、獰猛《どうもう》で抑えのきかない「無限」に秩序と調和をもたらすと考えられた。そして、複雑な宇宙や、小宇宙ともいえる人間の生命は、一連の対によって均衡を保ち、支配されていると考えられたのだ。この白か黒かの世界観は、アリストテレスの著書『形而上学』に「対比表」としてまとめられている。

有限	無限
奇数	偶数
一	多
右	左

男性	女性
静	動
直	曲
光	闇
善	悪
正方形	長方形

対比表に表れている基本哲学は、なにも古代ギリシャに限ったものではない[17]。同じような概念として、中国には陰《いん》と陽《よう》という考え方がある。陰は受動性や暗《あん》を表し、陽は能動性や明《めい》を表す。このような考え方は、それほど形を変えずに天国と地獄としてキリスト教にも受け継がれている（「われわれの味方でなければ、テロリストの味方だ」と宣言したアメリカ大統領にも）。一般的に言えば、生《せい》の意味は常に死との対比で考えられてきたし、知の意味は無知との対比で考えられてきたのである。

ピタゴラス学派のあらゆる教則に、数との直接的な関係があるわけではない。結束の強いピタゴラス学派の社会では、菜食主義や輪廻《りんね》転生《てんせい》（不死と魂の再生）に対する強い信仰があっただけでなく、どういうわけか豆を食《しょく》すことも禁止されていた。豆が禁止された理由には諸説がある。豆が生殖器に似ているからという説。生きた魂を食べることになるからという説。後者の説では、豆を食べたあとによく出るおならを、魂の呼吸が途絶えた証拠ととらえた。

ピタゴラスについて現存する最古の逸話は、魂の再生に関するものだ[18]。紀元前六世紀の詩人、クセノパネスは、次のような詩的な逸話を遺《のこ》している。「ある日、ピタゴラスが叩かれている犬のそばを通りがかった。彼はたいそう可哀想がり、こう言ったという。〝叩くのはおやめなさい。この犬の魂は友人の魂なのだから。鳴き声でそうわかったのだ〟」

ピタゴラスの足跡《そくせき》は、後世のギリシャ哲学者たちの教えだけでなく、中世の大学のカリキュラムにも確かに見て取ることができる。中世の大学の自由七科は〈三　学《トリウィウム》〉と〈四《クワードリ》科《ウイウム》〉に分けられていた。三学は弁証、文法、修辞からなり、四科はピタゴラス学派の十八番だった幾何学、算術、天文学、音楽からなっていた。軌道を回る惑星が奏でたとされる「天界の音階《ハルモニア》」は、詩人や科学者の発想の源泉だった。ピタゴラスの弟子によれば、それを聴くことができたのはピタゴラスただひとりだったという。天体の運動法則を発見したことで有名な天文学者、ヨハネス・ケプラー（一五七一〜一六三〇）は、自らの主要著作に『宇宙の和声（*Harmonice Mundi*）』というタイトルを付けた。さらに、彼はピタゴラス学派の精神に従い、それぞれの惑星の〝楽曲〟まで作曲した（三世紀後に作曲家のグスターヴ・ホルストも同じ試みをおこなっている）。

ここで、本書の主要テーマと照らし合わせて考えてみよう。ピタゴラス学派の哲学から謎めいたマントを外してみると、そこに残るのは数学やその性質、そして数学と物質世界や人間の精神との関係に対する頑《かたく》なな主張だ[19]。ピタゴラスやピタゴラス学派は、宇宙の秩序を追い求めた最初の人々だった。ピタゴラス学派は、バビロニア人やエジプト人とは違って、数学を実用とは無縁な抽象的な学問として学ぼうとした点では、純粋数学の生みの親ともいえる。しかし、数学を科学の道具として確立したのがピタゴラス学派であるかどうかは難しい問題だ。確かにピタゴラス学派は森羅万象《しんらばんしょう》と数を結び付けたが、彼らの研究対象は自然現象やその原因ではなく、数そのものだった。これは科学研究においては決して有意義な方向性ではなかった。それでも、ピタゴラス学派の教義の根底には、普遍的な自然法則が存在するという暗黙の了解があった。近代科学の柱となったこの考え方は、ギリシャ悲劇の「運命」という概念にルーツがあるのかもしれない。ルネサンス時代になっても、あらゆる現象を説明する法則があるという大胆な信念は、これといった証拠もないまま進歩しつづけていた。ガリレオ、デカルト、ニュートンの時代になってようやく、この考え方は論理的に擁護できるようになったのだ。

ピタゴラス学派のもうひとつの大きな功績は、自らの〝数の宗教〟が悲しいほど無益だという目の覚めるような発見をおこなったことだ。1、2、3……という整数だけでは、宇宙を説明するどころか、数学を構築するのにさえ十分ではない。たとえば、図6の正方形を見てほしい。辺の長さを1とし、対角線の長さをdとする。正方形を二等分してできた直角三角形に対して、ピタゴラスの定理を用いれば、対角線の長さが容易にわかる。定理によれば、対角線（すなわち斜辺）の長さの二乗は、各辺の二乗の和に等しい（$d^2=1^2+1^2=2$）。正の数の二乗がわかっている場合、その平方根を取れば元の数が判明する（たとえば、$x^2=9$な

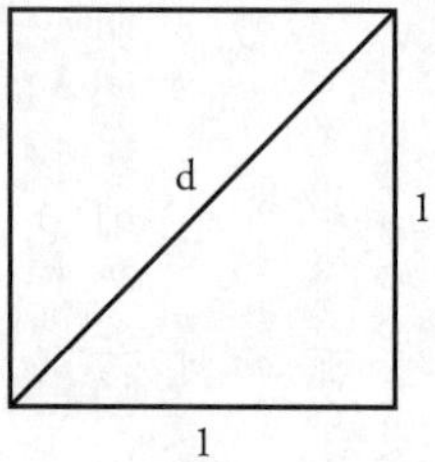

図6

らば、正の数 $x = \sqrt{9} = 3$)。ゆえに、$d^2 = 2 \rightarrow d = \sqrt{2}$。したがって、正方形の一辺と斜辺の長さの比は1:$\sqrt{2}$となる。しかしそのとき、綿密に築き上げられたピタゴラス学派の整数哲学を揺るがす、衝撃的な発見が訪れた。ピタゴラス学派のひとり(おそらく紀元前五世紀前半のヒッパソスという人物)が、$\sqrt{2}$はふたつの整数比で表せないことを証明したのである。[20] つまり、無数に存在する整数からどのふたつを選んでも、1:$\sqrt{2}$と等しい比にすることは決してできないということだ。ふたつの整数比で表される数(3/17, 2/5, 1/10, 6/1など)を〈有理数〉という。つまり、ピタゴラス学派は$\sqrt{2}$が有理数でないことを発見したことになる。実際、この発見の直後、$\sqrt{3}$や$\sqrt{17}$など、整数の平方(16や25など)を除くあらゆる自然数の平方根は有理数でないことが発見された。その影響は甚大だった。ピタゴラス学派は、無数の有理数に加えて、新しい種類の数——〈無理数〉——が無数に存在することを証明してしまったのだ。この発見がその後の解析学の発展に与えた影響は計り知れない。特に、一九世紀には〝数えられる〟(可算)無限と〝数えられない〟(非可算)無限の発見につながった。[21] しかし、ピタゴラス学派は、この哲学の危機に相当なショックを受けた。哲学者のイアンブリコスによれば、無理数の存在を発見し、その性質を部外者に口外した男は、ピタゴラス学派から嫌われ、ピタゴラス学派の社会や生活から追放されただけでなく、まるで死んだといわんばかりに墓まで建てられてしまったという(22)。

ピタゴラス学派に関して、無理数の発見よりもさらに重要なのは、証明へのこだわりだろう。これは当時としては先駆的だった。証明とは、論理的な推論のみに従う手続きをいう。つまり、一定の仮定を冒頭に置き、演繹《えんえき》を積み重ねることで、数学的命題の正しさを実証することを指す。それまでは、数学者でさえ、発見の経緯に興味を持つ者など誰もいないだろうと考えていた。その定理が実際に役に立つなら（たとえば土地の区分けに使えるなら）、証明としては十分だったのだ。しかし、ギリシャの人々は、なぜ有効なのかを説明したいと考えた。証明という概念を初めて導入したのは哲学者のタレス（前六二五ごろ～前五四七ごろ）とされているが、数学的真理を実証する絶対的な道具に変えたのはピタゴラス学派である。この論理学の革命は大きな影響を与えた。仮定に基づいて証明を導くという手法によって、数学はたちまち当時の哲学者が論じていたどの学問と比べても、はるかに強固な地位を築いたのだ。演繹に穴のない厳密な証明が与えられれば、数学的命題の正当性は否定のしようがない。世界一有名な探偵、シャーロック・ホームズの生みの親であるアーサー・コナン・ドイルも、数学的証明の特別な地位を認めている。『緋色の研究』で、シャーロック・ホームズは自らの結論について、「かのユークリッドによる定理の多くとおなじく、絶対的に正しい」『緋色の研究』深町眞理子訳、東京創元社〕と自画自賛している。

数学は発見なのか、発明なのか。ピタゴラスやピタゴラス学派の人々にとって、数学は現実的で、不変で、遍在的で、そしてか弱い人間の精神が生み出すどんなものよりも崇高《すうこう》だった。ピタゴラス学派の人々は文字どおり、宇宙を数学に当てはめていた。つまり、彼らにとって、神は数学者ではなかった――数学が神だったのだ[23]。

ピタゴラス哲学の重要性は、その具体的な価値、本質的な価値だけにあるわけではない。ピタゴラス学派は、次世代の哲学者――特にプラトン――のための土台を築き上げ、ある意味では課題を提起したことで、西洋思想の中心的な地位を占めるようになったのである。

プラトンの洞窟へ

イギリスの著名な数学者で哲学者のアルフレッド・ノース・ホワイトヘッド（一八六一～一九四七）はかつて、「西洋哲学全般について確実に言えるのは、すべてがプラトンの脚注にすぎないということである」と述べている[24]。

実際、プラトン（前四二八ごろ～前三四七ごろ）は、数学、科学、言語から、宗教、倫理、芸術まで、広範なテーマを統一的に扱い、哲学を学問として定義した最初の人物だ。プラトンにとって、哲学は日常生活とは無縁な抽象的な話題ではなく、人間が人生をどう生き、真実を認識し、政治をおこなうかを示す大きな指針だった。特に彼は、五感で直接認識したり、常識で導き出したりするのはとうてい不可能な〝真理〟を導き出すための手段が哲学だと訴

図７

えた。では、純粋な知識、絶対的な善、永《と》遠《わ》の真理を追求したプラトンとは、どのような人物だったのか？[25]

プラトンは、父アリストンと母ペリクティオネの息子として、アテナイまたはアイギナ島で生まれた［訳注：アテナイは現代のアテネ。アイギナ島はエーゲ海にあるギリシャ領の島。プラトンの出生地には諸説ある］。図７に示すのはプラトンの古代ローマの頭像で、紀元前四世紀の原型を複製したものといわれている。プラトンの家系は両親ともに古くからの名門で、一族には著名な政治家のソロンや、最後のアテナイ王であるコドロスなどもいた。プラトンの伯父《おじ》のカルミデスや、母親の従兄《いとこ》のクリティアスは、かの哲学者ソクラテス（前四七〇ごろ～前三九九ごろ）の旧友だった。この血縁が若いプラトンの頭脳にさまざまな面で多大な影響を与えた。もともと、プラトンは政治家を志《こころざ》していたのだが、当時の政権の暴挙に失望し、政治の道を断念した。この経験から、プラトンは将来の国家指導者の基礎教育を思い描くようになったのかもしれない。プラトンは、シュラクサイの僭主《せんしゅ》［訳注：非合法的に独裁的権力を握った指導者のこと］、ディオニュシオス二世にさえも教育を施《ほどこ》そうとしたが、失敗に終わっている。

紀元前三九九年にソクラテスが処刑されると、プラトンは長い旅に出る。そして紀元前三八七年、哲学と科学の有名な学校〈アカデメイア〉を設立すると、彼の旅はようやく終わる。彼は亡くなるまでアカデメイアの学頭を務め、彼の死後は甥《おい》のスペウシッポスが跡《あと》を継いだ。現代の学校とは違い、アカデメイアは知識人の私的な集まりだった。アカデメイアに集《つど》う人々は、プラトンの指示のもと、さまざまな学問を追究した。学費や明確なカリキュラムはなく、正式な教員もいなかった。それでも、アカデメイアにはおかしな〝入校条件〟があった。四世紀のローマ皇帝、ユリアヌスの演説によると、プラトンのアカデメイアの入り口には重々しい額《がく》が掲げられていたという。(26)演説ではその内容は明かされていないが、四世紀の別の注釈によれば、「幾何学を知らぬ者は立ち入るべからず」と書かれていたという。アカデメイアが設立されてから、額の文言《もんごん》が初めて明かされるまで八世紀も経《た》っていることを考えると、そんな額が実在したかどうかはわからない。しかし、この厳しい入校条件がプラトンの思想をよく表しているのは事実だ。プラトンは、有名な対話篇『ゴルギアス』で、「幾何学的な平等が、神々の間でも、人間たちの間でも、大いなる力を持っている」［『ゴルギアス』加来彰俊訳、岩波書店」と述べている。

アカデメイアの〝学生〟は大半が自立しており、なかにはアリストテレスのように二〇年間も通いつづけた者もいた。プラトンは、独創的な頭脳の持ち主が長く交流することで、抽象的な形而上学や数学から、倫理学、政治学まで、さまざまな分野で斬新な思想が生まれると考えた。プラトンの弟子たちの純粋さや崇高さは、ベルギーの象徴主義画家、ジャン・デルヴィル（一八六七〜一九五三）の絵画「プラトンの学園」で見事に表現されている。弟子たちの気高《けだか》さを表現するため、デルヴィルは彼らを裸体で、しかも中性的に描いた。それが原始の人間の姿と考えたからだ。

プラトンのアカデメイアの遺跡が見つかっていないのは残念なことだ[27]〔訳注：アカデメイアの存在した場所はわかっており、観光地にもなっている。しかし、ほとんど荒れ地のような状態になっていて、建物など当時の面影を偲ばせるものは残っていない〕。そこで、私は二〇〇七年のギリシャ旅行で、それに匹敵するものを探しにいった。プラトンの話によれば、彼はゼウスの柱廊《ちゅうろう》（紀元前五世紀に建てられた屋根付きの通路）で友人とおしゃべりをするのが日課だったという。私はアテネの古代アゴラ（当時の市民広場）の北西部に、ゼウスの柱廊の跡を見つけた（図8）。その日の気温は四〇度以上もあったが、偉大なるプラトンが何度も通った道を自分が歩いていると思うと、鳥肌が立ったのを覚えている。

アカデメイアの入り口に掲げられたとされる伝説の額は、プラトンの数学に対する考え方を如実に物語っている。実際、紀元前四世紀に重大な数学的研究をおこなった人々の大半は、

図8

アカデメイアと何らかのかかわりを持っていた。とはいえ、プラトン自身は決して一流の数学者ではなかった。彼は数学の知識に対してほとんど直接的な貢献をしていない。むしろ、彼は熱狂的な観客であり、挑戦意欲の与え手であり、頭の切れる評論家であり、そして人々を奮起させる指導者だった。紀元一世紀の哲学者で歴史家のフィロデモスは、「当時、数学の分野は大いに進展した。プラトンが問題を提起する設計者のような役割を果たし、その問題に数学者が熱心に取り組んだ」ときっぱり述べている。(28) 新プラトン主義哲学者で数学者のプロクロスは、「数学の研究に対して並々ならぬ情熱を持っていたプラトンは、数学全般、特に幾何学を大きく前進させた。よく知られているように、彼の書物には数学用語がちりばめられており、いたるところで哲学の学生に数学のすばらしさを説いている」と付け加えている。(29) つまり、プラトンの数学的な功績はそれほどではなかったにせよ、彼は最先端の数学的知識を広く身に付け、問題の発案者として数学者と対等に会話ができたということだ。

プラトンの数学に対する理解が大いに表れているのが、美学、倫理学、形而上学、政治学を融合させた彼の壮大な傑作書『国家』だ。その第七巻で、プラトンは主人公のソクラテスを通じて、理想の国家指導者を生み出す野心的な教育計画を語っている。この厳しいカリキュラムでは、まず子どもに演劇、旅、運動を通じた英才教育をおこなう。そのなかから将来性のある子どもを選び出し、数学を一〇年間、修辞を五年間、そして戦争の指揮など、若者向けの実務を一五年間学ばせる。プラトンは、これらの教育が政治を志す者に必要な理由について、次のようにはっきりと述べている。

> 支配者の地位につく者は、決して支配権力を恋いこがれるような者であってはならないのだ。そうでないと恋敵《こいがたき》同士の争いになるだろう……（中略）……そうすると、国を守る役にぜひともつくようにと命じるべき者としては、どのような人々がいるだろうか？　それは、国がもっとも善《よ》く治まる方法について、もっとも多くの知恵を持つ人々、しかも政治的生活に勝る善き生活と他の名誉とを持っているような人々だけではあるまいか。[30]
>
> ［『国家』藤沢令夫訳、岩波書店。一部改変］

斬新ではないだろうか。これほど厳しいカリキュラムは、プラトンの時代でさえ現実的ではなかったはずだ。しかし、ジョージ・ワシントンも、政治を志す者に数学と哲学を教育するのは悪くないと語っている。

ある程度の数学は文明的な生活のあらゆる場面に欠かせないだけでない。数学的真理の追求は、推論の手法や正確性に頭を慣らすことであり、理性的な生物には非常にふさわしい行為なのである。当てにならない研究に多くの物事が左右される、不安定な時代にあって、数学は必ずや理性のよりどころになるはずだ。数学的・哲学的な証明という崇高な立場に身を置くことで、われわれははるかに高貴な考察や思索をおこなうことができるようになるのだ[31]。

数学の性質という点でいえば、〝数学者〟や〝数学指導者〟としてのプラトンよりも重要なのは〝数理哲学者〟としてのプラトンだ。彼の先駆的な発想は、同世代の数学者や哲学者を凌《しの》いだだけでない。彼は、それから数千年間にわたって、多くの人々に影響を与えつづけてきたのである。

数学の本質に対するプラトンの思想は、有名な「洞窟の比喩」に色濃く表れている。そのなかで、五感を通じて得られる情報がいかに疑わしいかを訴えている。われわれが実世界と認識しているものは、プラトンに言わせれば、洞窟の壁に投影された影にすぎないのだという[32]。彼の著書『国家』に次の一節がある。

地下にある洞窟状の住まいのなかにいる人間たちを思い描いてもらおう。光明《こうみょう》のある方へ向かって、長い奥行きを持った入口が、洞窟の幅いっぱいに開いている。人間たちはこの住まいのなかで、子供のときからずっと手足も首も縛られたままでいるので、そこから動くこともできないし、縛め《いまし》のせいで頭を後ろへ巡らすことができないので、正面しか見ることができない。彼らのはるか上方に、火が燃えていて、その光が彼らの後ろから照らしている。この火と、この囚人たちの間に、ひとつの道が上の方に付いていて、その道に沿って低い壁のようなものがしつらえてあるとしよう。それはちょうど、人形遣いの前に衝立《ついたて》が置かれてあって、その上から操り人形を出して見せるのと同じような具合になっている……（中略）……ではさらに、その壁に沿ってあらゆる種類の道具だとか、石や木やそのほかのいろいろな材料で作った、人間や動物の像などが壁の上に差し上げられながら、人々がそれらを運んで行くものと思い描いてくれたまえ。……（中略）……そのような状態に置かれた囚人たちは、自分自身やお互い同士について、自分たちの正面にある洞窟の一部に火の光で投影される影のほかに、何か別のものを見たことがあると君は思うかね？

［『国家』より。一部改変］

プラトンによれば、われわれ人間は、影を現実と見違えている洞窟内の囚人と少しも変わらないのだという（図9はこの寓話《ぐうわ》を描いたオランダの画家ヤン・サーンレダムの一六〇四

図９

年の版画）。特にプラトンは、数学的真理とはパピルスの上に描いたり砂の上に棒でなぞったりした円、三角形、正方形を指すのではなく、イデアの世界に属する抽象的な対象物を指すのであり、ここに真の図形や完全性が宿るのだと訴えている。このプラトンの数学的形式の世界は、物質世界とは別物であり、ピタゴラスの定理といった数学的命題が成立するのは数学的形式の世界である。われわれが紙の上に書く直角三角形は、抽象的な真の三角形の不完全な模写、つまり〝近似〟にすぎない。

プラトンが追求したもうひとつの基本的な問題は、数学の証明を〈仮定〉や〈公理〉に基づくプロセスと見なすことだった。公理とは、明らかに正しいと見なせる基本的な命題のことである。たとえば、ユークリッド幾何学の第一公理は「任意の二点を結ぶ直線を引くことができる」となっている。プラトンは『国家』で、仮定という概念と数学的形式の世界を見事に結び付けている。

君も知っていると思うのだが、幾何や算数やそれに類する学問を勉強している人たちは、奇数と偶数とか、さまざまな図形とか、三種類の角《かく》とか、その他これと同類の事柄をそれぞれの研究に応じて前提して、既知のものと見なし、そうした事柄を仮定として立てたうえで、これらのものについては自分自身に対しても他の人々に対しても、もはや何ひとつその根拠を説明するにはおよばないと考えて、あたかも万人に明らかであるかのように取り扱う。そして、この仮定から出発してただちにその後の事柄を論究しながら、ついには自分たちが取りかかった考察の目標にまで、整合的な仕方で到達するのだ……（中略）……また、このことも知っているだろう——彼らは目に見える形象を補助的に使用して、それらの形象についていろいろと論じるということを。ただしその場合、彼らが思考しているのは、それらの形象についてではなく、それを似像とする原物についてなのである。彼らの論証の対象は四角形そのもの、対角線そのものであって、図形に描かれる対角線ではない……（中略）……彼らは思考によってしか見ることのできないものを、それ自体として見ようと求めているのだ。

〔『国家』より。一部改変〕

プラトンの世界観は、哲学全般——特に数学の性質に関する議論——で〈プラトン主義〉

と呼ばれている考え方の原型となった[33]。大ざっぱに言えば、プラトン主義とは、われわれが五感で認識する仮の世界とは完全に独立した、永劫不変《えいごうふへん》の抽象的な世界が存在するという考え方である。プラトン主義によれば、数学的対象の存在は宇宙そのものの存在と同じくらい客観的な事実だ。自然数、円、正方形だけでなく、虚数、関数、フラクタル、非ユークリッド幾何学、無限集合、そしてこれらに関する数々の定理も実在する。簡単に言えば、これまでに発見されたすべての数学的概念や〝客観的に真〟な命題（定義は後述）、そしていまだ発見されていない無数の概念や命題は、作ることも壊すこともできない絶対不変の実体――つまり〈普遍的実在〉――というわけだ。これらはわれわれの知識とは無関係に存在する。当然ながら物質的なものではなく、時間を超越した自律的な世界に存在している。プラトン主義では、数学者は未開の地の探検家なのである。数学者は数学的真理を発見するのであって、発明するわけではない。コロンブスが（またはアイスランド「サガ」によればレイフ・エリクソンが）発見する前からアメリカ大陸が存在していたのと同じように、バビロニア人が数学の研究を始める前から、数学の定理は数学世界に存在していた。プラトンにとって、正真正銘に存在するのはこのような数学の抽象的な形や概念だけなのだ。なぜなら、われわれが絶対確実で客観的な知識を得られるのは数学の世界のなかだけだからだ。したがって、プラトンにとって、数学は神と密接に関連するものだった[34]。プラトンの対話篇『ティマイオス』では、創造主である神が数学を用いて世界を形作っているし、『国家』では、数学の知識が神の作り出した形を知るための重要な手段として描かれている。プラトンは、実験で実証できるような自然法則を定式化するために数学を用いているのではない。むしろ、彼にとって、世界の数学的性質は、「神は永遠に幾何学する」という事実の表れにすぎないのだ。

プラトンは、〝真の形〟に関する考え方をほかの学問、特に天文学にまで広げた。彼は、真の天文学においては宇宙に手を触れるべきではなく、目に見える星々の配置や見かけ上の動きを説明しようとしてはならないと訴えている[35]。むしろ、イデアの世界、数学の世界のなかで運動法則を扱う学問こそが真の天文学であり、われわれが観測できる宇宙は数学世界の図式化にすぎないと考えた（パピルスの上に描かれた図形が真の図形の図式化にすぎないのと同じである）。

天文学研究に対するプラトンのこの主張には、もっとも敬虔《けいけん》なプラトン主義者でさえ首をかしげることもある。プラトンの擁護者が言うには、「プラトンは観測可能な宇宙とは何のかかわりもない、イデア的な宇宙について考察するのが真の天文学だと考えているわけではない。地球から見た天体の見かけ上の運動ではなく、天体の真の運動を考察すべきだというのが彼の真意なのだ」という。しかし、プラトンの主張が文字どおりに受け入れられたばかりに、科学としての観測天文学の発展が大きく妨げられたと訴える人々もいる。プラトンの天文学に対する思想をどう解釈するかはさておき、プラトン主義が数学の基礎において主流になったことは確かだ。

しかし、プラトン主義的な数学世界なるものは実在するのだろうか？　実在するとすれば、どこに？　そして、この世界に存在する〝客観的に真〟な命題とは？　あるいは、プラトン主義に傾倒《けいとう》する数学者は、ルネサンス期の偉大な芸術家、ミケランジェロのようなロマンチックな幻想を抱いているだけなのか？ 伝説によれば、彼は自分の彫った巨大な彫刻が初めから大理石の塊《かたまり》のなかに埋まっていて、彼自身はその覆《おお》いを削り取ったにすぎないと考えていたという。

現代のプラトン主義者たち（現代にも間違いなく存在する。彼らの考え方については以降の章で紹介する）は、プラトンの数学的形式の世界は実在すると主張し、この世界に属する〝客観的に真〟な数学的命題の具体例を挙げている。

簡単な例を考えよう。2より大きなすべての偶数は、ふたつの素数の和で表現できる――この当たり前のような命題は、プロイセンのアマチュア数学者、クリスティアン・ゴールドバッハ（一六九〇～一七六四）の一七四二年六月七日の書簡に同じような予想が記されていたことから、〈ゴールドバッハの予想〉と呼ばれている。最初のいくつかの偶数について、この予想が成り立つことは容易に確認できる。$4=2+2$, $6=3+3$, $8=3+5$, $10=3+7=5+5$, $12=5+7$, $14=3+11=7+7$, $16=5+11=3+13$という具合に。この命題は非常にシンプルなので、イギリスの数学者、G・H・ハーディは「どんな愚か者でも思い付く」と述べたほどだ。実際、デカルトは、ゴールドバッハよりも前にこの予想を立てていた。しかし、この予想が正しいことを証明するのはまったく次元の違う話だった。一九六六年、中国の数学者、陳景潤《ちんけいじゅん》が証明に向けて大きな前進を果たした。彼は、十分大きなすべての偶数は、素数と、ふたつ以下の素数の積である数との和で表せることを証明した。二〇〇五年末の時点で、ポルトガルの研究者、トマス・オリヴェイラ・エ・シルヴァが3×10^{17}以下のすべての偶数で予想が正しいことを確認している〔訳注：コンピュータによってしらみつぶしに確認したものであり、論理的に証明したわけではない〕。しかし、数多くの優秀な数学者が総がかりで取り組んでいるにもかかわらず、本書の執筆時点ではいまだに一般的な証明が見つかっていない。また、アポストロス・ドキアディスによる小説『ペトロス伯父と「ゴールドバッハの予想」』の出版時には、本の発売を記念して、二〇〇〇年三月二〇日から二〇〇二年三月二〇日まで定理の証明に一〇〇万ドルの賞金がかけられたが、吉報は届かなかった[36]。しかし、数学の〝客観的な真理〟の意味の核心はここにある。仮に、二〇一六年に厳密な証明が発見されたとしよう。その場合、この命題はデカルトが最初に思い付いた段階ですでに〝真〟だったといえるだろうか？　ほとんどの人は、くだらない質問だと思うだろう。命題が正しいと証明されたなら、われわれが正しいと知るずっと前から常に正しかったはずだ。もうひとつ、素朴な例を挙げてみよう。〈カタラン予想〉と呼ばれるものである[37]。8と9は連続する整数であり、いずれも自然数の累乗になっている。つまり、$8=2^3$、$9=3^2$が成立する。一八四四年、ベルギーの数学者、ウジェーヌ・シャルル・カタラン（一八一四～九四）は、無数に存在する自然数の累乗のなかで、連続するのは8と9のみであると予想した。言い換えれば、自然数の累乗を死ぬまで書き出しつづけても、8と9以外に、差が1になる数は現れないということだ。一三四二年、ユダヤ系フランス人の哲学者で数学者のレヴィ・ベン・ゲルション（一二八八～一三四四）は、この予想の一部を証明した。2の累乗と3の累乗で差が1になるのは、8と

9のみというものである。一九七六年にも、数学者のロベルト・ティヒトマンが大きな前進を果たした。にもかかわらず、カタラン予想の一般的な証明は、一五〇年以上にわたって一流の頭脳の持ち主たちを寄せ付けなかった。しかし、二〇〇二年四月一八日になってようやく、ルーマニアの数学者、プレダ・ミハイレスクがカタラン予想を完全に証明した。彼の証明は二〇〇四年に発表され、現在では完全に認められている。そこでもういちど訊《き》こう。カタラン予想はいつ〝真〟になったのか？　一三四二年？　一八四四年？　一九七六年？　二〇〇二年？　二〇〇四年？　われわれが正しいと知らなかっただけで、カタラン予想がずっと昔から真実だったのは明らかではないか？　このような種類の真理を、プラトン主義者は〈客観的な真理〉と呼んでいるわけだ。

　数学者、哲学者、認知科学者、そのほかの数学従事者（コンピュータ科学者など）のなかには、プラトン主義の世界は空想の産物にすぎないととらえる人々もいる[38]（これを含むさまざまな見方については、以降の章で詳しく説明する）。実際、一九四〇年には、数学史家のエリック・テンプル・ベル（一八八三〜一九六〇）が次のような予測をしている。

> 予言者によれば、プラトン主義の数学的理想にこだわる最後の人々は、二〇〇〇年までに絶滅するという。不変性という神話的なマントを脱がされた数学は、それまでと同じように、人間が明確な意図を持って作り出した言語と見なされるだろう。そして、絶対的真理を祭った最後の神殿は、跡形もなく消滅するだろう[39]。

ベルの予言は間違っていた。プラトン主義とは正反対の教義が出現したのは確かだが、すべての数学者や哲学者の心をつかむまでには至っておらず、相変わらず溝は埋まっていない。しかし、仮にプラトン主義が勝ち、われわれ全員が生粋《きっすい》のプラトン主義者になっていたとしよう。プラトン主義は数学の「不条理な有効性」を説明できるのだろうか？　いや、できない。なぜ物質世界が、抽象的なプラトン主義の世界の法則に従わなくてはならないのか？　これはペンローズの謎のひとつだが、ペンローズ自身は敬虔《けいけん》なプラトン主義者だった。したがって、仮にプラトン主義を認めたとしても、「数学の不条理な有効性」は説明できないという事実は、受け入れなければならないだろう。ウィグナーはこう述べている。「私たちの眼前にある奇跡的な事態は、人間の精神が数千の議論を矛盾なくつなぎ合わせることができることの奇跡や、自然界に法則があり、しかも人間の精神がそれを見抜きうるという二重の奇跡にも比すべき、驚くべきものであるという印象を避けることは難しそうです」〔『自然法則と不変性』より。一部表記を修正〕

この奇跡の深淵《しんえん》さを十分に理解するには、〝奇跡の研究者〟たちの人生や遺産について考える必要がある。そこで次章では、驚くほど緻密な自然界の数学法則を発見した人々にスポットライトを当ててみよう。

第3章　魔術師たち——達人《アルキメデス》と異端者《ガリレオ》

科学は、モーセの十戒《じっかい》とは違って、堂々たる石版で人間に手渡されたわけではない。科学の歴史は、さまざまな憶測、仮説、モデルの登場と消滅の繰り返しだった。巧妙に見える理論が、結局は間違いであったり、袋小路《ふくろこうじ》に迷い込んだりすることは珍しくなかった。非の打ちどころがないと考えられていた理論が、その後の厳密な実験や観測によって時代遅れとなり、廃《すた》れてしまったケースもある。いかに並外れた頭脳の持ち主でさえ、取って代わられることのない理論を築き上げることは不可能だった。たとえば、かのアリストテレスは、石やリンゴといった重量を持つ物体が落下するのは、自分にふさわしい居場所——つまり地球の中心——に向かおうとするからだと考えた。彼に言わせれば、地表に近づくにつれて速度が増加するのは、居場所に戻れるのがうれしいからだという。一方、空気や火にふさわしい場所は天界なので、空気や火は上昇すると考えた。さらに、あらゆる物質は、もっとも基本的な元素——土、火、空気、水——との関係によって性質が決められるという。アリストテレスは次のように述べている。

「存在する」といわれるもののうち、あるものは自然に存在し、あるものはその他の原因によって存在する。自然に存在するもの……（中略）……というのは、単純な物体、たとえば土、火、空気、水などである。……（中略）……そして、これらはすべて、自然に存在しないものに比べて明らかな差異を示している。というのも、自然に存在するものは自らのなかに運動および静止に関する原理を持っているからである。……（中略）……すなわち、「自然」とは、それが属する事物に内在している運動や静止に関する原理や原因である。……（中略）……「自然に従って」といわれるものは、これらだけでなく、自体的にこれらに属するものごと――たとえば火の上昇性など――もそう言われる。[1]

〔『アリストテレス全集③自然学』出隆・岩崎允胤訳、岩波書店。一部改変〕

アリストテレスは定量的な運動法則を確立する試みもおこなった。彼は重い物体ほど高速で落下するとし、速度は重量に正比例する（つまり、重量が二倍になると、落下速度も二倍になる）と訴えた。日常経験と照らし合わせてみると、この法則はもっともなようにも思える。羽根とレンガを同じ高さから落とせば、レンガの方が地表まで先に到達するからだ。しかし、アリストテレスは法則をより正確に突き詰めようとはしなかった。ふたつのレンガをひもで結《ゆ》わえたら、本当にレンガひとつと比べて速度が二倍になるのだろうかとは考えもしなかったのだ(あるいは、確かめるまでもないと思ったのかもしれない)。一方、数学や実験を重視していたガリレオ・ガリレイ(一五六四〜一六四二)は、落下するレンガやリンゴの〝うれしさ〟などという議論には納得せず、初めてアリストテレスの完全な誤りを突《つ》いた。彼は巧妙な思考実験を用いて、アリストテレスの法則の論理的な矛盾を指摘し、それが理に適《かな》っていないことを証明した。(2) 彼の論旨《ろんし》はこうである。ふたつの物体をひもで結わえたとしよう。一方の物体はもう一方よりも重いとする。すると、ひもで結わえた物体の落下速度は、各々《おのおの》の物体の落下速度と比べてどうなるのか? アリストテレスの法則に従えば、ふたつの物体の中間の速度で落下することになる。なぜなら、軽い物体によって、重い物体の落下速度が弱められるからだ。しかし、ひもで結わえた物体は、各々の物体よりも重いゆえ、重い方の物体よりも速く落下するはずである。したがって、明らかな矛盾が生ずる。羽根がレンガよりもゆっくりと地表まで落下するのは、空気抵抗が大きいからだ。真空内で同じ高さから落下させれば、同時に地表まで到着するはずだ。この事実は数々の実験で証明されている。何より衝撃的だったのは、アポロ一五号の乗組員、デイヴィッド・ランドルフ・スコットの実験だ。人類で七人めに月面を歩いたスコットは、手元からハンマーと羽根を同時に落下させてみせた。月面は大気が希薄なので、ハンマーと羽根は同時に月面に落下した。

アリストテレスの運動法則について面白いのは、それが間違っていたという点ではなく、二〇〇〇年近くも信じられてきたという点だ。なぜ、間違った理論がこれほど長く鵜《う》呑《の》みにされてきたのか？　いくつもの悪条件が重なったからである。それは次の三つだ。ひとつめに、正確な測定機器がなかったうえに、アリストテレスの法則が経験による常識と一致していたこと。実際、パピルスは空中をふわふわと漂うが、鉛の塊《かたまり》は一直線に落下する。天才ガリレオが現れるまで、常識が判断を歪《ゆが》ませることに誰も気付かなかったのだ。ふたつめに、アリストテレスの学者としての名声や権威があまりにも強すぎたこと。なんといっても、西洋の知的文化の基礎の大部分を築き上げたのは、ほかでもないアリストテレスだ。彼はあらゆる自然現象の研究だけでなく、倫理学、形而上学、政治、芸術の基礎にも精通していた。さらに、初めて論理学を正式な学問として掲げ、われわれに思考の方法を教えたのも彼である。今日《こんにち》では、学校に通う子どもでさえ、〈三段論法〉と呼ばれる彼の画期的で揺るぎない演繹《えんえき》体系を理解できるだろう(3)。

①すべてのギリシャ人は人間である。
②すべての人間は死す。
③ゆえに、すべてのギリシャ人は死す。

アリストテレスの間違った理論が驚くほど長生きした三つめの理由は、キリスト教会がこの理論を正説と見なしていたこと。そのため、アリストテレスの主張に異を唱えるのは不可能に近かった。

アリストテレスは、演繹論理学の体系化に多大な貢献をしたものの、数学の分野ではこれといった実績を残していない。科学を体系的な学問として確立した彼が、（プラトンと比べれば）さほど数学に関心を示さず、物理学にはむしろ疎《うと》かったというのは意外かもしれない。彼は、数や幾何学が科学において重要だと認識していた一方で、数学を物理的実在とは無縁な抽象的な学問と見なしていた。したがって、アリストテレスが〝知の巨人〟であったことは間違いないが、私の〝魔術師〟リストには名を連ねていない。

私は、まさしく空《から》っぽの帽子からウサギを出せるような人々のことを〝魔術師〟と呼んでいる。つまり、誰も思い付かなかった数学と自然の関係を発見したり、複雑な自然現象を観測して単純明快な数学的法則を導き出したりすることができる人々のことである。このような偉大な思想家たちは、時には実験や観察を用いて数学を発展させてきた。〝魔術師〟の存在がなければ、「数学の不条理な有効性」という疑問すら生まれることもなかっただろう。この謎は、魔術師たちの奇跡的な洞察力が生み出したものなのだ。

とはいっても、宇宙の理解を推し進めた一流の科学者や数学者を一冊の本で紹介しきるのは不可能だ。そこで、本章と次章では、四人の巨人に話を絞りたいと思う。四人とも間違いなく〝魔術師〟――科学者のなかの科学者――だ。ひとりめの魔術師は、街中《まちなか》を裸で走り回ったというおかしなエピソードで有名な人物である。

我に足場を与えよ、さすれば地球を動かしてみせよう

図10

数学史家のエリック・テンプル・ベルは、三大数学者を挙げる際に次のように述べている。[4]

歴史上の三大数学者は誰かと訊《たず》ねられて、必ず挙げられるのはアルキメデスの名であろう。残るふたりは、一般的にはニュートン（一六四二〜一七二七）とガウス（一七七七〜一八五五）ではあるまいか。それぞれの時代で数学や物理科学がどれほど発展していた（発展していなかった）かや、その時代背景のなかでどの程度の実績を残したかを考え合わせると、アルキメデスを筆頭に挙げる者は少なくない。

アルキメデス（前二八七〜前二一二。図10はアルキメデスの胸像といわれているが、スパルタ王の胸像という説もある）は、近代に喩《たと》えればニュートンやガウスのような人物だった。知能、想像力、洞察力に優れ、同時代の人々のみならず、後世の人々からも畏敬《いけい》や尊敬の念をもって名前を呼ばれた。彼は工学の分野で独創的な発明をしたことで有名だが、根《ね》は数学者であり、彼の数学は数世紀先を行くものであった。残念ながら、彼の若いころや家族についてはほとんど知られていない。ヘラクレイデスの記したアルキメデスの最初の伝記は現存しておらず、ローマの歴史家であるプルタルコス（四六ごろ〜一二〇ごろ）の著作から、彼の人生や壮絶な死について、何点かの事実が明らかになっているのみである。[5]とはいえ、プルタルコスにとって興味があったのは、アルキメデスその人というよりも、紀元前二一二年にアルキメデスの故郷シュラクサイを征服したローマの軍人、マルケルスの戦歴だった。[6]シュラクサイの包囲中、アルキメデスはマルケルス将軍を大いに悩ませた。それは数学史にとっては幸運なことだった――というのも、そのおかげで当時の三大歴史家であるプルタルコス、ポリュビオス、リウィウスは、アルキメデスの挿話を書物に残す気になったのだから。

アルキメデスは、当時ギリシャの植民都市だったシケリア［訳注：現在のイタリアのシチリア島］のシュラクサイに生まれる。[7]彼自身の証言によれば、父親はペイディアスという天文学者だった。ペイディアスに関しては、太陽と月の直径比を推定したこと以外、ほとんど知られていない。また、アルキメデスはヒエロン二世と血がつながっていたともいわれており、ヒエロン二世自身は貴族と女性奴隷の間に生まれた私生児だった。彼と王族の関係はともかく、ヒエロン二世も息子のゲロンも、アルキメデスを高く評価していたようだ。若いころ、彼はアレクサンドリアで数学を学んだのち、シュラクサイに戻って研究生活に没頭した。[8]

アルキメデスはまさに数学者のなかの数学者だった。プルタルコスによると、彼は「機械に関することや、一般にすべての技術は、必要を満たすという実用を目的とした卑賤《ひせん》なものであると見なし、必要ということを交えず、ただひたすらに美にして高貴なものにのみ、己《おのれ》の名誉心をかけていた」〔『西洋古典叢書　英雄伝②』柳沼重剛訳、京都大学学術出版会。一部改変〕という。彼の抽象数学にかける熱意や情熱は、並大抵《なみたいてい》の数学者よりもはるかに強かったようだ。プルタルコスは次のようにも述べている。

たとえば、彼の家にはいつもセイレン〔訳注：ギリシャ神話に登場する、上半身が人間の女性で下半身が鳥の姿をしている海の怪物〕が住みついていて、彼は彼女に誘惑されて、食事もおろそかなら、体の世話もおろそかにしていた。ときどき無理やりに浴場とか、体に香油を塗るところに連れていかれると、竈《かまど》の上に幾何学の図形を描いたり、油を塗った自分の体に指で線を引いたりしてすっかり夢中になって、それこそ本当にムーサの女神の魔力のとりこになっていた。

〔前掲書より。一部改変〕

アルキメデス自身は応用数学を毛嫌《けぎら》いし、自らの機械的な発明を貶《おとし》めていたが、彼は数学の才能よりもむしろ独創的な発明で名を馳《は》せた。

アルキメデスの「空想にふける数学者」というステレオタイプなイメージをいっそう強め

ている有名な伝説がある。その面白い逸話を初めて世に明かしたのは、紀元前一世紀のローマの建築家、ウィトルウィウスだった。その伝説とはこのようなものである。ヒエロン二世が黄金の王冠を不死の神々に献上しようとしていた。王冠が王のもとに届けられると、その重さは確かに王冠を作る前の金《きん》の重さと同じだった。しかし、王は金の一部が同じ重さの銀とすり替えられているかもしれないと思った。どうしても疑いを払いのけられなかった王は、数学の達人、アルキメデスに助言を求めた。ある日、アルキメデスは、入浴をしながら王冠の詐欺を暴《あば》く方法がないかと考えていた。彼が湯のなかに身を沈めると、一定量の水がざばっと浴槽からあふれ出した。その瞬間、彼はピンと来た。[9] 喜びのあまり、彼は浴槽から飛び出すと、「わかった《エウレカ》、わかった《エウレカ》ぞ！」と叫びながら裸で街中《まちなか》を走り回ったという。

　アルキメデスのもうひとつの有名な台詞《せりふ》として、「我に足場を与えよ、さすれば地球を動かしてみせよう」というものがある。グーグル検索によれば、現在この台詞はさまざまな言い回しで、一五万以上のウェブページにおいて取り上げられている。大企業の理念表明を思わせるこの大胆な台詞は、トマス・ジェファーソン、マーク・トウェイン、ジョン・F・ケネディに引用されたほか、バイロン卿の詩にも取り上げられている。[10] この台詞は、「一定の力で一定の重量の物体を動かす」というアルキメデスの研究の極致《きょくち》であった。プルタルコスによれば、ヒエロン二世が小さな力で大きな重量を動かせることを実証するようアルキメデスに求めると、彼は滑車を使い、荷物や人で満載の船を海に進水させたという。その様子について、プルタルコスは「船はさながら波の上を走るように、なめらかに滑るように走っていった」［前掲書より。一部改変］と賞賛している。ほかの数々の文献でもこれに若干の修正を加えた伝説が紹介されている。彼が当時の機械だけを使って一隻《せき》の船を動かしたというのは信じ難《がた》いが、何らかの発明で重い物体を動かしてみせたというのは間違いないだろう。

彼は戦争中以外にも、スクリュー方式の揚水機や天体の動きを示すプラネタリウムなど、数多くの発明をおこなっているが、古代の人々にとっては、シュラクサイをローマ軍の攻撃から守ったというのが彼のもっとも有名な伝説だった。

戦争は歴史家にとって常に人気のテーマだった。そのため、紀元前二一四～前二一二年にかけてのローマ軍によるシュラクサイ包囲は、多くの歴史家によって克明に記録されている。当時、軍事的に高い名声を得ていたローマ軍のマルクス・クラウディウス・マルケルス将軍（前二六八ごろ～前二〇八ごろ）は、早々《はやばや》と勝利できるものともくろんでいた。しかし、数学と工学の天才、アルキメデスの力を得た、不屈のヒエロン二世がここまでねばるとは思いもよらなかったようだ。プルタルコスは、アルキメデスの機械がローマ軍を壊滅状態に追いやった様子について、次のように鮮明に記述している。

するとアルキメデスはいろいろな機械を引っ張り出した。敵の歩兵に対しては、ありとあらゆる投石機と、途方もなく大きな石とで対抗した。その石は、信じがたい速さと勢いで落下して、その重さには誰ひとり逆らいようがなく、その下敷きになった者らは束になって倒れて、陣形を乱した。軍艦に対しては、城壁から突然、角《つの》のような形をしたものが吊り下げられたと思うと、ある艦はその角の重みに押されて動きが取れなくなり、上から押し込まれて海底に沈められ、ある艦は、鶴の嘴《くちばし》のような形をした鉄の腕で、艦首を上にして吊り上げられ船尾が水に浸かったり……（中略）……そうかと思うと、艦が空中に吊り上げられることも何度かあった。そして吊り上げられてはあちこちに振り回されるという、世にも恐ろしい光景を現出し、ついには人間が艦からあちこちに、ばらばらに放り出され、空っぽになった艦が城壁に落ちたり、崖に引っかかって、そこから海に滑り落ちたりした。

［前掲書より。一部改変］

ローマ兵はアルキメデスの機械にすっかり怖《お》じ気《け》づき、「城壁の上に綱だの木材だのが少しでも出っ張って見えると、〃ほら、あれだ。アルキメデスがわれわれに向かって、何か仕掛けを動かしてくるぞ〃と叫びながら向きを変えて逃げ出す始末」［前掲書より。一部改変］だったという。マルケルス将軍さえ途方に暮れ、軍の技術工にこう嘆いたという。「この幾何学を心得た怪物ブリアレオス［一〇〇の手を持つ巨人で、ウラノスとガイアの息子］との戦いをやめようではないか。奴めはわれらの軍艦を柄杓《ひしゃく》代わりに使いおって、それで海の水を汲んだり、われらのサンビュケを打ち壊して恥をかかせたり、話に出てくる一〇〇本の手を持つ怪物よろしく、いっぺんにあれほどの矢をわれらに射かけおったりするのだからな」

［前掲書より。一部改変］

ギリシャの偉大な医学者、ガレノス（一二九ごろ〜二〇〇ごろ）の書物に初めて記された別の伝説によれば、アルキメデスは鏡を組み合わせて太陽光を集め、ローマ軍の船を燃やしたという。[11] 六世紀のビザンティン帝国［訳注：東ローマ帝国の通称］の建築家、アンテミオスや、一二世紀の複数の歴史家が同じ逸話を紹介しているが、そんな離《はな》れ業《わざ》が現実に可能なのかどうかは不明だ。それでも、神話のような物語がいくつも語られていることから考えると、彼が後世の人々の尊敬を得ていたのは間違いない。

先ほども述べたように、アルキメデス本人――「幾何学を心得たブリアレオス」――は、自分の軍事兵器にそれほど興味はなく、基本的には幾何学の応用にすぎないと考えていたようだ。不幸にも、この冷《さ》めた態度が彼の命を奪うはめになる。逸話によれば、ついにローマ軍がシュラクサイの征服に成功したとき、アルキメデスは埃《ほこり》の上に図形を描くのに夢中で、騒動に気付かなかった。一説によると、ローマ軍の兵士がアルキメデスをマルケルスのもとに連れていこうとすると、彼は「おい、私の図形を踏むな」と言い返した。[12] この返事に怒った兵士は、マルケルスの連行命令に背《そむ》き、剣を抜いて彼を殺してしまったという。図11に示すのは、ヘルクラネウム［訳注：現エルコラーノ］で見つかったモザイク画の一八世紀の複製と考えられている。これには、〝数学の達人〟の最期の瞬間が描かれている。

アルキメデスの死によって、数学が栄華《えいが》を極めた時代はある意味で終わりを告げた。イギリスの数学者で哲学者のアルフレッド・ノース・ホワイトヘッドは、次のように指摘している。[13]

図11

ローマ兵士の手にかかって殺されたアルキメデスの死は、第一級の重要性を持つ世界の変革を象徴している。……（中略）……ローマ人は偉大な民族ではあったが、実用性に奉仕する不毛さに悩まされた。……（中略）……彼らは、自然の力をより基本的に統御することを可能にするような、新しい視点に到達できるほどの夢想家ではなかった。ローマ人はひとりとして、数学的図形の瞑想に没頭していたがゆえに自らの生命を失うことはなかったのである。

〔『数学入門』大出晁訳、松籟社。一部改変〕

アルキメデスの生涯に関する情報は乏しいが、幸いなことに彼のすばらしい著作の多くが（すべてではないにせよ）残っている。彼には数学的発見のメモを友人の数学者や尊敬する相手に送る癖があった。メモを送られた人物には、天文学者のコノン、数学者のエラトステネス、ヒエロン二世の息子のゲロンなどがいた。コノンの死後、アルキメデスはコノンの弟子であるドシテオスにも何通か書簡を送っている。

　アルキメデスの著作は、数学や物理学の驚くべき広範囲にまで及んでいる[14]。特に、彼はさまざまな平面図形の面積や、ありとあらゆる曲面で囲まれた領域の体積を求める一般的な手法を案出した。たとえば、円の面積、直線と放物線やらせんで囲まれた部分の面積、円柱や円錐《えんすい》の断片の体積、放物線、楕円、双曲線の回転図形の体積などだ。彼は、π——円の円周の長さが直径の何倍かを示す値——が$3\frac{10}{71}$より大きく$3\frac{1}{7}$より小さいことを導いた。また、当時は巨大な数を表す方法が存在しなかったため、彼はどんなに大きな数も書き表し、操ることができる体系を生み出した。物理学の分野では、浮遊する物体の法則を発見し、流体静力学という学問を確立した。さらに、さまざまな立体の重心を計算し、てこの力学的法則を導いた。天文学の分野では、観測を通じて一年の長さや惑星までの距離を計算した。

　ギリシャ数学者の研究の多くに見られる特徴は、独創性と細部への注意だ。それでも、アルキメデスの推論手法や解《かい》の求め方は、当時の科学者のなかでも群を抜いている。彼の独創性を如実に示す三つの例を紹介しよう。ひとつめの例は、一見すると好奇心の産物にしか思えないが、よくよく見ればアルキメデスの深い探求心が表れている。残りの二例は、〝魔術師〟の名にふさわしいアルキメデスの先駆的な思考がよく表れている。

　アルキメデスは、巨大な数に魅了されていたようだ。しかし、巨大な数を通常の表記で表すのは面倒だ（試しに、小切手の金額欄に数字で八兆四〇〇〇億ドル――アメリカの二〇〇六年七月時点での国債発行残高――と書き込んでみてほしい）。そこで、アルキメデスは八京《けい》桁の数まで表すことができる体系を考案した［訳注：アルキメデスは、当時の面倒な表記で表すことができた最大の数10000（＝10^4）をもとにして、10000×10000（＝10^8）、10^8の10^8乗、さらに10^8の10^8乗の10^8乗という数を作った。これは1のあとに八京個の0が続く数で、正確には八京プラス一桁の数である］。彼は著作の『砂の計算者』で、この体系を用いて世界に存在する砂粒の総数が無限ではないことを示した。

その冒頭部分が非常に面白いので、次に紹介する（この論文全体はヒエロン二世の息子、ゲロンに宛てられたものである）。

　ゲロン王陛下、世のなかには砂粒が無数に存在すると考える者がおります。砂粒といいますのは、シュラクサイやシケリア全体に存在する砂粒だけではなく、人間の住んでいる地域、住んでいない地域も含め、あらゆる場所に存在する砂粒のことです。あるいは、砂粒が無数にあるとは考えなくとも、その数を表せるほど巨大な数がないと考える者もおります。たとえば、地球と同じくらい巨大な砂の塊《かたまり》を想像してみましょう。すなわち、地球上の海という海、凹《くぼ》みという凹みに砂を満たし、もっとも高い山々と同じ高さまで積み上げたとします。それを想像すると、そのような砂粒の数を表し切れる数があるとはとうてい考えられないわけです。しかしながら、私がゼウクシッポスに送った書

> 物［残念ながら現存しない］のなかで名付けた数を使えば、先ほどの方法で地球上に満たした砂粒の数だけでなく、全宇宙を満たす砂粒の数さえ表現できるのです。それを幾何学的な証明を用いて、陛下にもおわかりいただけるように説明してみせましょう。ご承知のとおり、大半の天文学者の言うところの〝宇宙〟とは、地球を中心とし、太陽の中心と地球の中心を結ぶ線分を半径とする球であります。これが天文学者どもに共通する見解であります。しかしながら、アリスタルコスはその著書で、一定の仮説をもとに、宇宙は現在考えられている宇宙より何倍も大きいと結論付けております。彼の仮説とは、恒星や太陽は不動であり、地球は太陽を中心に円を描くように回転していて、その軌道の中心に太陽が静止しているというものです。[15]

この部分から、すぐにふたつの重要な点が読み取れる。①アルキメデスはどんな常識も疑う姿勢を持っていたこと（「砂粒は無数に存在する」など）。②彼が天文学者のアリスタルコスの太陽中心説［訳注：太陽中心説は太陽が宇宙の中心であるという説で、地動説とほぼ同じ意味であるが、念のために訳し分けている。同様に、地球中心説と天動説もほぼ同義である］に敬意を示していたこと（ただし、アルキメデスは後半で彼の仮説の一部を訂正している）。アリスタルコスの唱える宇宙では、地球や惑星が不動の太陽を中心に回転するものと考えられていた（コペルニクスが地動説を提唱する一八〇〇年も前にだ！）。この序文に続いて、アルキメデスは論理的な手順を踏みながら、砂粒の問題に取り組んでいく。まず彼は、砂粒をいくつ並べれば、ケシの実《み》の直径に等しくなるかを考えた。次に、ケシの実をいくつ並べれば一本の指の幅と等しくなるか、そして指をいくつ並べれば一スタディオン（＝約一八〇メートル）に等しくなるかを考え、これを一〇〇億スタディオンまで続けた。その途中で、彼は指数体系とひとつの表記法を考案し、それを組み合わせて巨大数を分類した。アルキメデスは、恒星天球は（地球から見た）太陽の軌道を含む球の一〇〇〇万倍未満であると仮定したため、宇宙を砂粒で満たしても、その数は10^{63}（1のあとに六三個の0が続く数）に満たないと結論付けた。彼はゲロンに敬意を込めながら次のように論文を締めくくっている。

ゲロン王陛下、この証明は数学を学んだ経験のない大部分の人々にとっては信じられないものでしょう。しかしながら、数学に通じており、地球、太陽、月、宇宙全体の距離や大きさについて思案したことのある者にとっては、納得できるものでしょう。であるからこそ、私はこれをゲロン王陛下のお目にかけようと考えた次第なのです。

『砂の計算者』で見事なのは、アルキメデスが身の回りにあるモノ（砂粒、ケシの実、指）から、抽象的な数や数学的表記、そして太陽系や全宇宙の大きさへと、自由自在に議論を展開させている点である。彼は、このような柔らかい頭脳を持っていたからこそ、数学を難《なん》なく操って宇宙の未知の性質を明らかにしたり、宇宙の性質を用いて数学の概念を発展させたりすることができたに違いない。

アルキメデスを〝魔術師〟と呼ぶにふさわしいふたつめの理由は、彼が幾何学の定理を導く際によく使っていた手法にある。彼の手法や思考プロセス全般については、二〇世紀までほとんど知られていなかった。というのも、彼の手法は簡潔すぎて、ほとんど手がかりが得られなかったからだ。しかし一九〇六年、この天才の心中《しんちゅう》を明らかにする画期的な発見があった。それはまるで、イタリアの小説家で哲学者のウンベルト・エーコが書いた歴史ミステリーを彷彿《ほうふつ》とさせるようなドラマチックな発見だった。そこで、余談にはなるが、その一部始終を簡単に紹介しておこう。(16)

アルキメデスのパリンプセスト

一〇世紀、コンスタンティノープル（現イスタンブール）の無名の写字生《しゃじせい》が、アルキメデスの三つの主要書『方法』、『ストマキオン（*Stomachion*）』、『浮体について』を複写した。(17) おそらく、九世紀の数学者、レオの影響で、ギリシャ数学に対する全般的な関心が高まったためだろう。しかし一二〇四年、第四回十字軍の兵士が金銭的な見返りにつられてコンスタンティノープルを略奪すると、西のカトリック教会と東のギリシャ正教会の溝が深まり、数学は下火《したび》になった。そのためか、一二二九年までに、アルキメデスの著作が収められた写本は〝再利用〟という取り返しのつかない処置を受けた。羊皮紙《ようひし》の写本はバラバラにされて表面を削られ、キリスト教の祈禱書として再利用されたのである［訳注：当時は紙が貴重だったため、不要になった羊皮紙などの文書の表面を削り取り、その上に新しい文章を書いた。こうして再利用され

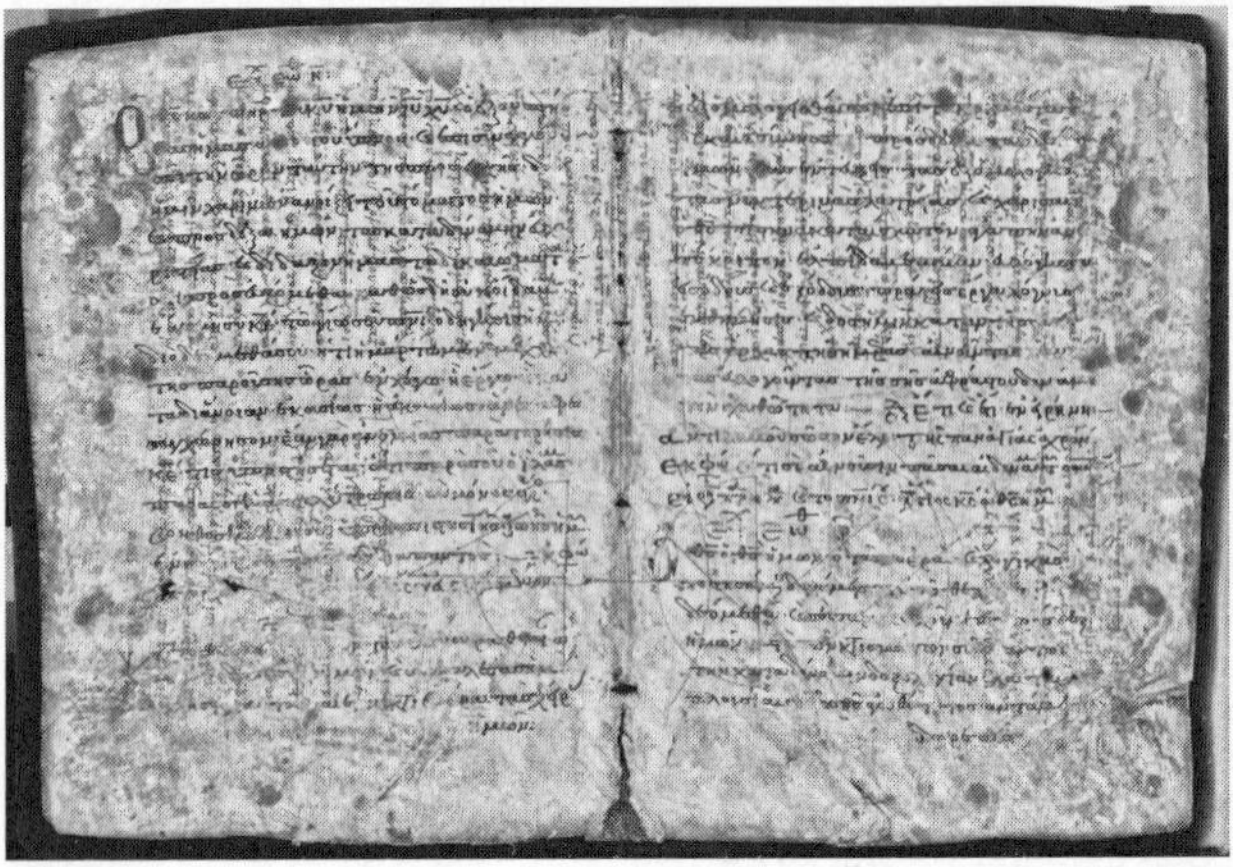

図12

た書物をパリンプセストという」。そして一二二九年四月一四日、写字生のイオアネス・ミロナスが祈禱書の複写を終えた[18]。幸運にも、元の文章は完全に削り取られたわけではなかった。図12に示すのはこの写本の一部だ。横向きに書かれているのが祈禱文で、縦にうっすらと見えるのが数学の記述である。一六世紀になるころには、この再利用された文書――パリンプセスト――はどういうわけか聖地パレスチナに渡り、ベツレヘムの東にある聖サバス修道院に収められた。一九世紀初頭、この修道院の書庫には一〇〇〇以上の写本が所蔵されていた。しかし、どういうわけかアルキメデスのパリンプセストは再びコンスタンティノープルに移された。そして一八四〇年代、初期の聖書の写本の発見者として有名なドイツの神学者、コンスタンティン・ティッシェンドルフ（一八一五～七四）が、コンスタンティノープルのエルサレム聖墳墓教会のメトキオン（修道分院）を訪れ、パリンプセストを目にした。ティッシェンドルフはうっすらと見える数学の記述に興味を抱いたに違いない。というのも、彼は写本の一ページを引きちぎり、盗んだらしいのだ。このページは、ティッシェンドルフの遺産として、一八七九年にケンブリッジ大学図書館に売却された。

一八九九年、ギリシャの学者、A・パパドプーロス＝ケラメウスが、メトキオンに所蔵されていたすべての写本を目録化した。その際に三五五番と分類されたのがアルキメデスの写本だった。彼は何行かの数学的記述を発見すると、事《こと》の重大性に気付いたのか、文章を書き留めた。それがこの写本の運命の分岐点であった。その目録の数学的記述に目を付けたのが、デンマークの文献学者、ヨハン・ルーズヴィー・ハイベア（一八五四〜一九二八）だった。ハイベアは、それがアルキメデスの記述であることに気付き、一九〇六年にイスタンブールを訪問。パリンプセストを調査して写真に収めた。その一年後、彼は画期的な発見を世に送り出した。そのうちふたつはアルキメデスの未知の論文であり、ひとつはそれまでラテン語の翻訳でしか知られていなかった論文だった。ハイベアは写本の一部を読み取り、自身の著書でアルキメデスの研究について発表したが、まだ深刻な欠落が残っていた。しかし、一九〇八年以降、写本は不可解にもイスタンブールから姿を消す。再び世に現れたときには、パリに住む一族の手に渡っていた。一族の話によれば、一九二〇年代に入手したものだという。保管状態が劣悪だったために、パリンプセストはカビで修復不可能なダメージを負っており、ハイベアが書き写した三ページは消失していた。しかも、一九二九年以降、何者かの手で四ページにわたってビザンティン様式の装飾が施されていた［訳注：中世では宗教的な写本の縁、ページ、段落の先頭文字などに装飾を施すのが一般的で、このような写本を「装飾写本」と呼ぶ。挿絵とは異なる］。最終的に、その一族がクリスティーズで写本を競売にかけた。一九九八年には、エルサレム総主教庁は、写本の所有権をめぐってニューヨークの連邦裁判所で審議がなされた。写本が一九二〇年代に修道院から盗まれたものであると訴えたが、裁判ではクリスティーズに有利な判定が下された。結局、パリンプセストは一九九八年一〇月二九日にクリスティーズで競売にかけられ、匿名の買い手が二〇〇万ドルで落札。その後、アルキメデスの写本はボルティモアのウォルターズ美術館に委託され、今もなお徹底的な保存作業や調査がおこなわれている。昔の研究者とは違って、現代の画像処理の専門家たちには最先端のツールがある。パリンプセストは、スタンフォード線形加速器センターで紫外線、マルチスペクトル・イメージング、集光X線による処理にかけられ、今まで明らかになっていなかった写本の一部がすでに解読されている。本書の執筆時点では、アルキメデスの写本の懸命な分析がおこなわれているところだ。私は幸運にも、パリンプセストの分析チームに会う機会をいただいた[19]。図13の私の隣にある実験装置では、パリンプセストにさまざまな波長の光線が照射されているところだ。

アルキメデスのパリンプセストをめぐるドラマは、偉大な幾何学者の手法を垣間見ることのできる前代未聞の文書にはぴったりのエピソードといえるだろう。

図13

アルキメデスの方法

ギリシャの幾何学の本を読むと感心せずにはいられない点は、二〇〇〇年以上も前に書かれたというのに、定理の記述や証明が簡潔で正確だということだ。しかし、たいていの書物には、その定理をどのような経緯で思い付いたのか、その明確な手がかりが記されていない。アルキメデスの名著『方法』は、この興味深いギャップをいくぶん埋めている。彼は定理を証明する前に、定理が正しいと確信するに至った経緯を明らかにしているのだ。序文で、彼は数学者のエラトステネス（前二七六ごろ～前一九四ごろ）に宛て、次のように記している。

そこで、このふたつの定理の証明を、この書に書き記しまして、貴殿にお送りいたします。さて、もとより貴殿は、ご熱心な学徒であり、哲学に携わる有名な学者であられ、しかも、機会あるごとに数学の探求を讃美しているのを拝見しておりますので、この書にある種の独特な方法を書き記し、貴殿に説明するのが適切かと存じました。その方法と申しますのは、数学におけるある種の問題を機械学によって［傍点は筆者］探求するというものであります。そしてこの方法は、定理の証明そのものにとっても同様に有用であると信じております。この方法による探求は証明を与えるわけではありませんので、機械学的に最初に明らかにされたいくつかのことは、あとで幾何学的に証明しております。と申しますのは、追求されている問題について、この方法によっていくつかの知識をあらかじめ得ておきますと、何らの知識なしに追求するよりも、その証明を求めるのがはるかに容易になるからなのであります。(20)

［『アルキメデス方法』佐藤徹訳、東海大学出版会。一部改変］

アルキメデスはこのなかで、科学や数学の研究でもっとも重要な点について触れている。既知の問題の解法や、既知の定理の証明を見出すことよりも、重要な問題や定理とは何かを見出す方が往々《おうおう》にしてはるかに難しいということだ。では、アルキメデスはどのようにして新しい定理を発見したのか？　彼は、機械学、平衡、てこの原理に関する卓越した知識を用いて、すでに体積や面積のわかっている立体や図形と、未知の立体や図形を、頭のなかで照らし合わせたのである。こうして未知の面積や立体がわかってしまえば、その解《かい》の正しさを幾何学的に証明するのははるかに簡単だ。そのため、彼は『方法』で、まず重心に関するい

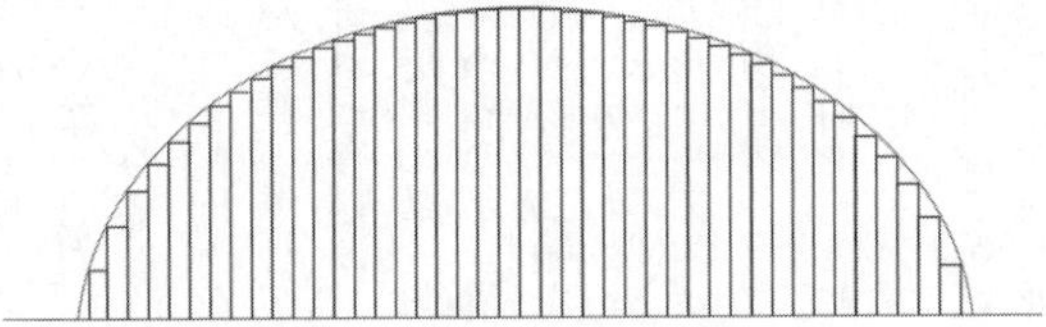

図14

くつかの命題を与え、次に幾何学的な定理とその証明に移るという形式を取っている。

アルキメデスの手法はふたつの点で優れている。ひとつめに、厳密な研究に思考実験という概念を導入したこと。本物の実験をおこなう代わりに仮想的な実験をおこなうことを初めて〈思考《ゲダンケン》実験《エクスペリメント》〉（ドイツ語で「思考のなかの実験」の意）と呼んだのは、一九世紀の物理学者、ハンス・クリスティアン・エルステッドだ。思考実験は物理学の分野では大いに役立っており、本物の実験を実施する前や、本物の実験が実行できない場合に、洞察を得る手段として用いられている。ふたつめに、ユークリッドやプラトンが数学に結び付けた人工的な鎖《くさり》を解《ほど》いたこと。こちらの方が意義は大きい。ふたりにとって、数学と向き合う方法はただひとつだった。最初に公理を掲げ、所定の道具を利用しながら、厳密な論理的手順を踏んでいくというものだ。一方、自由奔放なアルキメデスは、思い付くかぎりの道具を利用して、新たな問題を提起し、解決していった。彼は抽象的な数学的対象（プラトン主義におけるイデア）と物理的実在（実在する立体や平面図形）の関連性を探究することで、彼自身の数学を前進させていったのである。

アルキメデスを〝魔術師〟と呼ぶにふさわしい三つめの理由は、ニュートンとライプニッツが一七世紀末にようやく数学の一分野として正式に確立する〈微積分〉をすでに取り入れていたことだ[21]。

積分の基本的な発想はきわめてシンプルだ(わかってみればだが)。たとえば、図14のような、楕円と直線とで囲まれた領域の面積を求めるとしよう。そのためには、その領域のなかに幅の等しい長方形を敷き詰め、その面積を合計すればいい。明らかに、長方形の数が多ければ多いほど、その和は実際の面積に近づいていく。言い換えれば、求める領域の面積は、長方形の数を無限大に近づけたときの長方形の面積の和の極限と等しくなる。この極限値を求めるのが「積分」である。アルキメデスは、これと似た手法を用いて、球、円錐《えんすい》、楕円体や放物体(軸を中心にして楕円や放物線を回転させてできる立体)の体積や表面積を求めた。

一方、「微分」の主な目的は、ある曲線に特定の点で接する直線の傾きを求めることだ。アルキメデスは、将来のニュートンやライプニッツに先《さき》んじて、特殊ならせんについてこの問題を解いた。現代では、物理学、工学、経済学、人口動態学などで、微積分学のさまざまな分野をもとにした数学モデルが用いられている。

アルキメデスは、数学の世界だけでなく、数学と宇宙の関係に対する認識も大きく変えた。彼は理論と実践を見事に組み合わせ、自然の数学的構造について、初めて神話的な証拠ではなく経験的な証拠を明らかにした。数学は宇宙の言語であり、神は数学者であるという考え方は、アルキメデスの研究によって生まれたのである。しかし、そのアルキメデスでさえな

図15

しえなかったことがある。彼は、自身の数学モデルを現実の物理的環境に適用する際の制約についてはいっさい論じなかった。たとえば、彼のてこの理論では、棒が無限に堅《かた》く、重さがゼロであると仮定されている。したがって、数学モデルは〝便宜的〟なものにすぎないという解釈――すなわち、数学モデルは人間の観察物を表現しているにすぎず、真の物理的実在を記述するものではないという解釈――は、ある意味ではアルキメデスが生んだともいえるのである。ギリシャの数学者、ゲミノス（前一〇ごろ～紀元六〇ごろ）は、天体の運動に関して、数学モデルと物理的説明の違いを初めて詳細に論じた[22]。彼によれば、天文学者（または数学者）は、宇宙で観測された運動を再現するモデルを提唱するにすぎない。一方の物理学者は、実際の運動の説明を見出さなければならない。この区別は、ガリレオの時代に山場を迎えることになるが、これについては本章で後ほど説明する。

　意外なことに、アルキメデスがもっとも自負を抱いていた功績は、円柱に内接する球（図15）の体積は、常に円柱の体積の三分の二になるという発見であった。彼は喜びのあまり、この発見を墓石《ぼせき》に刻み込んでほしいと訴えたほどだ。(23) アルキメデスの死から一三七年ほど経《た》って、ローマの有名な政治家、マルクス・トゥッリウス・キケロー（前一〇六ごろ～前四三ごろ）がアルキメデスの墓を発見した。そのときの様子を、彼は次のように感動的に語っている。(24)

私は、財務官の折《おり》、シュラクサイの人々に知られていない彼の墓――シュラクサイの人々は、墓の存在すら全否定していた――が、四方を茨《いばら》の茂みと藪《やぶ》に囲まれ、覆われたままになっているところを見つけ出したのだ。というのも、彼の墓石に刻まれていると聞いていた詩句を知っていたからである。その詩句は、墓のいちばん上に球と円柱が置かれていると言明していたのだ。

さて、私が辺りをじっくり見回していると、アグラガース門にはおびただしい数の墓があるが、藪からさほど離れていないところに小さな柱があるのに気がついた。その上には、球と円柱の形をしたものがあった。そこで、私はただちにシュラクサイの人々――その指導的立場の人々が私と一緒にいたのだ――に、これこそ私が探し求めているものだと言った。鎌《かま》を持った者が多数送り込まれ、その場所をきれいにして切り開いた。

そこへ近づくことができるようになったとき、われわれは目の前の土台に近づいた。下半分はすり減っていたが、墓碑銘の詩の半分ほどが見えてきた。したがって、かつては学問の中心でもあったギリシャのきわめて有名な都市が、もしもアルピーヌム出身の

図16

人間から知らされなかったら、自分たちのもっとも才能ある市民の墓標を知らないままだったわけである。

〔『キケロー選集⑫』木村健治・岩谷智訳、岩波書店。一部改変〕

キケローはアルキメデスの偉大さを決して誇張していたわけではない。実際、私は〝魔術師〟のハードルをあえて高く設定したため、偉大なるアルキメデスの死後、魔術師と呼ぶにふさわしい男が現れるまで一八〇〇年以上もかかった。その魔術師は、「地球を動かしてみせよう」と言い放ったアルキメデスとは対照的に、すでに「地球は動いている」と訴えた。

アルキメデスの最高の弟子

ガリレオ・ガリレイ（図16）は一五六四年二月一五日、イタリアのピサに生まれた[25]。父親のヴィンチェンツォは音楽家で、母親のジュリア・アンマンナーティは頭の回転がよく、愚か者が嫌いな、どちらかといえば性悪《しょうわる》な女性だった。一五八一年、ガリレオは父の勧めでピサ大学に入学し、医学の道に進んだが、ほどなくして医学への関心を失い、数学に興味を持つようになった。そこで、彼は一五八三年の夏休みに、トスカーナ宮廷付きの数学者、オスティリオ・リッチ（一五四〇～一六〇三）を父親と引き合わせ、自分が数学者向きであることを父親に納得させた。その後、ガリレオはアルキメデスの著作の虜《とりこ》になり、数学に没頭するようになった。「アルキメデスの著書を読むと、ほかのすべての人々がいかにアルキメデスより劣っているか、そして彼の諸発見に匹敵するような発見をおこなう望みはいかに少ないか、非常にはっきりする」〔『世界の名著（21）ガリレオ』豊田利幸訳、中央公論新社。一部改変〕と彼は記している。(26) 当時、ガリレオ自身さえ、自分がアルキメデスに勝るとも劣らぬ数少ない才能の持ち主だということに気付いていなかったのだ。彼はアルキメデスと黄金の王冠に関する伝説に触発され、一五八六年に『小天秤（*La Bilancetta*）』〔訳注：中央公論新社『世界の名著（21）ガリレオ』に全訳がある〕という小著を発表し、自らの発明した比重計について記した。その後、彼はフィレンツェのアカデミーでおこなった文学の講演で、アルキメデスについてさらに言及している。彼はそのなかで、ダンテの叙事詩『地獄篇』に登場する地獄の場所や大きさという、ずいぶんと珍しい話題について論じた。

ガリレオは、一五八七年にローマの著名な数学者で天文学者のクリストファー・クラヴィウス（一五三八～一六一二）のもとを訪れ、強力な後押しを取り付けると、一五八九年にピサ大学の数学教授に任命された。こうして、若き数学者の星はいよいよ輝きはじめた。それから三年間、彼は運動理論に関して最初の考察をおこなった。面白いことに、明らかにアルキメデスの研究の影響を受けた彼の論文には、興味深い発想と誤った結論が入り交じっていた。たとえば、斜面を使って物体の運動を減速させれば、落体の理論を検証できるという点に目を付けたのは画期的だったが、塔から物体を落下させた場合、「動き始めは鉛《なまり》よりも木片《もくへん》の方が速い」と誤って主張していた。(27) 初めてガリレオの伝記を記したヴィンチェンツォ・ヴィヴィアーニ（一六二二〜一七〇三）は、この時期のガリレオの性向や思考プロセス一般について、かなり誤って伝えている。(28)「自然現象をひたすら詳しく観察することで新しい洞察を得る、真面目で頑固な実験主義者」というガリレオの一般的なイメージは、ヴィヴィアーニが作り上げたものである。実際には、一五九二年にガリレオがパドヴァに移るまで、彼の姿勢や方法論は数学に偏っていた。大半を思考実験に頼っていたし、数学法則に従う幾何学的図形という、アルキメデスのような世界観を取り入れていた。その証拠に、彼はアリストテレスに対し、「彼は難解で奥の深い幾何学の発見について無知であるどころか、幾何学のもっとも初歩的な原理さえ知らない」と批判している。(29) さらに、アリストテレスが感覚的な経験に頼りすぎているのは、感覚を用いれば一目《ひとめ》で真実らしきものがわかるからだと考え、こう述べている。「常に実例ではなく推論を用いなければならない。われわれが求めているのは現象の原因であり、それは経験で明らかになるものではないからだ」

一五九一年に父親が死去すると、若くして家族を養わなければならなくなったガリレオは、パドヴァ大学の教授職を引き受ける。給与は三倍に跳ね上がった。それからの一八年は、ガリレオの生涯でもっとも満ち足りた時代だった。彼はパドヴァで、マリナ・ガンバと長期間の交際を始めた。ふたりは結婚こそしなかったものの、ヴィルジニア、リヴィア、ヴィンチェンツィオの三子《さんし》をもうけた(30)。

一五九七年八月四日、ガリレオはドイツの偉大な天文学者、ヨハネス・ケプラー宛てに手紙を記す。手紙のなかで、彼はかなり前から地動説を信じていることを明かし、コペルニクスの地動説モデルを用いれば、天動説では説明不可能なさまざまな自然現象を説明できると述べ、コペルニクスが「嗤《わら》いものにされ、舞台から引きずり下ろされた」ことを嘆いた。この手紙をきっかけに、ガリレオとアリストテレスの宇宙論の溝は大きく広がっていった。近代天文物理学が形作られようとしていた。

星界《せいかい》の報告

一六〇四年一〇月九日の夜、ヴェローナ、ローマ、パドヴァの天文学者たちが、夜空のどの星々よりも急に明るく輝きはじめた新星を発見し、仰天した。プラハの宮廷職員で気象学者のヤン・ブルノフスキーも一〇月一〇日に新星を発見すると、居ても立ってもいられず、すぐさまケプラーに報告した。どんよりとした雲が空を覆っていたため、ケプラーは一〇月一七日まで新星を観測できなかったのだが、いざ観測を始めると、一年近くにわたって観測結果を記録しつづけ、一六〇六年にこの〝新星〟に関する著書を発表した。現在では、この一六〇四年の天文学的現象は、新星の誕生ではなく、年老いた恒星が一生を終える際に引き起こす爆発だったことがわかっている。この現象は、今では〈ケプラーの超新星〉と呼ばれているが、当時のパドヴァに衝撃をもたらした。ガリレオも同年一〇月下旬には肉眼でこの超新星を確認することに成功し、一二月と翌一月には大聴衆の前で三回の講義をおこなっている。彼は迷信をばっさりと斬《き》り捨て、知に訴えかけた。そして、恒星と比較して新星の見かけ上の位置に変化——〈視差《しさ》〉——がないことを根拠に、新星が月よりも遠方にあることを証明したのである。この観測結果には大きな意味があった。アリストテレスの世界観では、宇宙のあらゆる変化は月よりも内側に限られており、それよりもはるかに遠方にある恒星天球は、侵《おか》すことのできない永久不変の領域と見なされていたからである。

永久不変の恒星天球という考え方は、一五七二年にはすでに破綻をきたしはじめていた。その年、デンマークの天文学者、ティコ・ブラーエ（一五四六～一六〇一）が、現在〈ティコの超新星〉と呼ばれている天体の爆発現象をとらえたのだ。そして、アリストテレスの宇宙論にとどめを刺したのが、一六〇四年の超新星爆発だったというわけである。しかし、宇宙への理解が飛躍した真の要因は、論理的な推論でも、肉眼による観測でもなく、凹《おう》レンズと凸《とつ》レンズを用いた単純な実験だった。凹レンズと凸レンズを一三インチほど離してうまく組み合わせると、遠方の物体がたちまち近くに見えるのである。一六〇八年になると、このような小型望遠鏡はヨーロッパ全土に普及しはじめ、オランダのひとりとフランドル［訳注：現在のオランダ南部、ベルギー西部、フランス北部にかけての地域］のふたりの望遠鏡の製作者が特許を申請した。奇跡の機械の噂はヴェネツィアの神学者、パオロ・サルピの耳に届いた。彼は一六〇九年五月ごろにガリレオにその話を伝えると、パリの友人、ジャック・バドゥヴェールに手紙を送って噂の真相を確かめた。ガリレオ自身の証言によれば、「そのすばらしい機械が欲しくてたまらなくなった」という。その後、彼はそのときの様子を一六一〇年三月の著書『星界の報告』で次のように記している。

一〇カ月ほど前、あるオランダ人が一種の眼鏡を製作したという噂を耳にした。それを使えば、対象が観測者の眼からずっと離れているのに、近くにあるようにはっきり見えるということだった。実際に眼で見てその驚くべき効果を確かめたという話もあり、それを信ずる人もいれば否定する人もいた。数日後、私はフランスの貴族ジャック・バドゥヴェールがパリからよこした手紙を受け取り、その噂が事実であることを確かめた。そこで、ついに自分でも思い立って、同種の機械を発明できるように、原理を見つけ出し手段を工夫することに没頭した。それからほどなく、屈折理論に基づいてそれを発見したのである。[31]

〔『星界の報告』山田慶児・谷泰訳、岩波書店。一部改変〕

ガリレオはここで、アルキメデスと同じような独創的で実践的な思考を発揮している。つまり、望遠鏡が原理的に作れるとわかると、彼はすぐさま自分で製作する方法を考え出したのだ。さらに、一六〇九年八月から一六一〇年三月にかけて、彼は持ち前の想像力を活かして、望遠鏡の倍率を八倍から二〇倍まで向上させた。これだけでも技術的には偉業だが、ガリレオの偉大な点は、実践的な知識にあったわけではなく、視力を向上させるその筒《つつ》（彼は「筒眼鏡」と呼んだ）の使い方にあった。彼はヴェネツィアの港から沖合の船を偵察するわけでも、パドヴァの家々の屋根を調べるわけでもなく、望遠鏡を宇宙に向け、科学史でも類を見ない発見をおこなったのである。科学史家のノエル・スワードロウは、「一六〇九年一二月と一六一〇年一月のおよそ二カ月間で、それ以前とそれ以降の誰よりも多く、世界を変える発見をおこなった」と述べている[32]。実際、二〇〇九年は、ガリレオが初めて天体観測をおこなってから四〇〇年めを記念して「国際天文年」と名付けられた。彼はいったい何をおこなって、科学史に名を残す英雄になったのだろうか？　以下に、彼が望遠鏡で実現した功績をほんのいくつか紹介しよう。

ガリレオは、望遠鏡を月に向け、特に明暗《めいあん》の境界線を詳しく調べた[33]。その結果、月には山、凹《くぼ》み、平野といった起伏があることを発見した。また、暗黒部分に明るい光の斑点《はんてん》が現れ、山頂に朝日が差したときのように次第に大きくなっていく様子を観察した。さらに、影の長さに幾何学を適用することで、山の高さを推定した。それだけではない。彼は三日月《みかづき》の暗い部分もうっすらと光っていることに気付き、その原因が地球によって反射された日光だと結論付けた。地球が満月に照らされるのと同様に、月面も地球からの反射光に照らされていると考えたのである。

これらの発見のなかには、確かに既知の事実もあった。しかし、ガリレオが揺るぎない証拠を発見したことによって、議論はまったく新しい水準へと進展したのである。ガリレオの時代まで、地上界と天上界、地球と宇宙は明確に区別されていた。その違いは単に科学的なものでも哲学的なものでもなかった。あらゆる神話、宗教、空想的な詩歌《しいか》、美的感性は、天と地の違いによって紡《つむ》がれていた。したがって、当時の人々にとって、ガリレオの主張はまるで想像も付かないものであった。アリストテレス学派の教義とは対照的に、ガリレオは地球と月をほとんど対等に扱っていた——どちらも凹凸《おうとつ》のある堅《かた》い地表を持ち、日光を反射しているからだ。

ガリレオは、月にとどまらず、ほかの惑星も観測しはじめた(ちなみに、「惑星《プラネット》」という単語は、夜空を「さまよう人《プラネテス》」というギリシャ語に由来している)。一六一〇年一月七日、彼が望遠鏡を木星に向けると、驚くべきことに三つの新星が見つかった。新星は木星を横切る直線上に並んでおり、ふたつが木星の東側、ひとつが西側にあった。その後、新星と木星の相対的な位置は毎夜《まいよ》変化して見えた。さらに一月一三日、ガリレオは同じような四つめの星を発見。最初の発見から一週間足らずで、彼は驚くべき結論を導き出した——発見された新星は、地球にとっての月と同じように、木星の周囲を回る衛星なのだと。

科学の歴史に多大な影響をもたらした人々に共通する特徴として、どの発見が重大なのかをただちに見分ける能力、というものがある。もうひとつの特徴は、発見を他者に理解させる能力だ。ガリレオはその両方で卓越していた。木星の衛星の発見者がほかにも現れるのを心配したガリレオは、急いで結果を公表した。そして一六一〇年春には、彼の論文『星界の報告』がヴェネツィアに出回った。当時、政治的手腕に優れていたガリレオは、トスカーナ大公のコジモ二世・デ・メディチに『星界の報告』を献上し、衛星を「メディチの星」と名付けた。その二年後、ガリレオは苦心の末に数分の誤差の範囲で四つの衛星の軌道周期――木星の周囲を一周するのにかかる時間――を計算することに成功した。『星界の報告』はたちまちベストセラーとなり、初版の五〇〇部はすぐに完売し、ガリレオの名はヨーロッパじゅうに響き渡った。

木星の衛星発見の重大性は計り知れない(34)。古代ギリシャ人が観測をおこなって以来、初めて太陽系に天体が加わっただけでなく、衛星の存在が証明されたことで、コペルニクス（地動説）派に対するもっとも有力な反論がたちまち一蹴《いっしゅう》されてしまったのである。アリストテレス（天動説）派は、地球には月という衛星があるので、地球が太陽の周囲を回ることなどありえないという説を唱えていた。宇宙に太陽と地球というふたつの回転の中心があるはずがないと考えたのだ。しかし、ガリレオの発見によって、惑星が太陽の周囲を回りながらも、独自の衛星を持ちうることがはっきりと証明されたのである。

一六一〇年にガリレオがおこなったもうひとつの重大な発見は、金星の満ち欠けに関するものだった。天動説では、金星は〈周転円《しゅうてんえん》〉と呼ばれる小さな円を描きながら、地球の周囲を回っていると考えられていた。そして、周転円の中心は、常に地球と太陽を結ぶ線上にあると考えられていた（図17a。縮尺はデフォルメしてある）。この場合、金星には常に一定

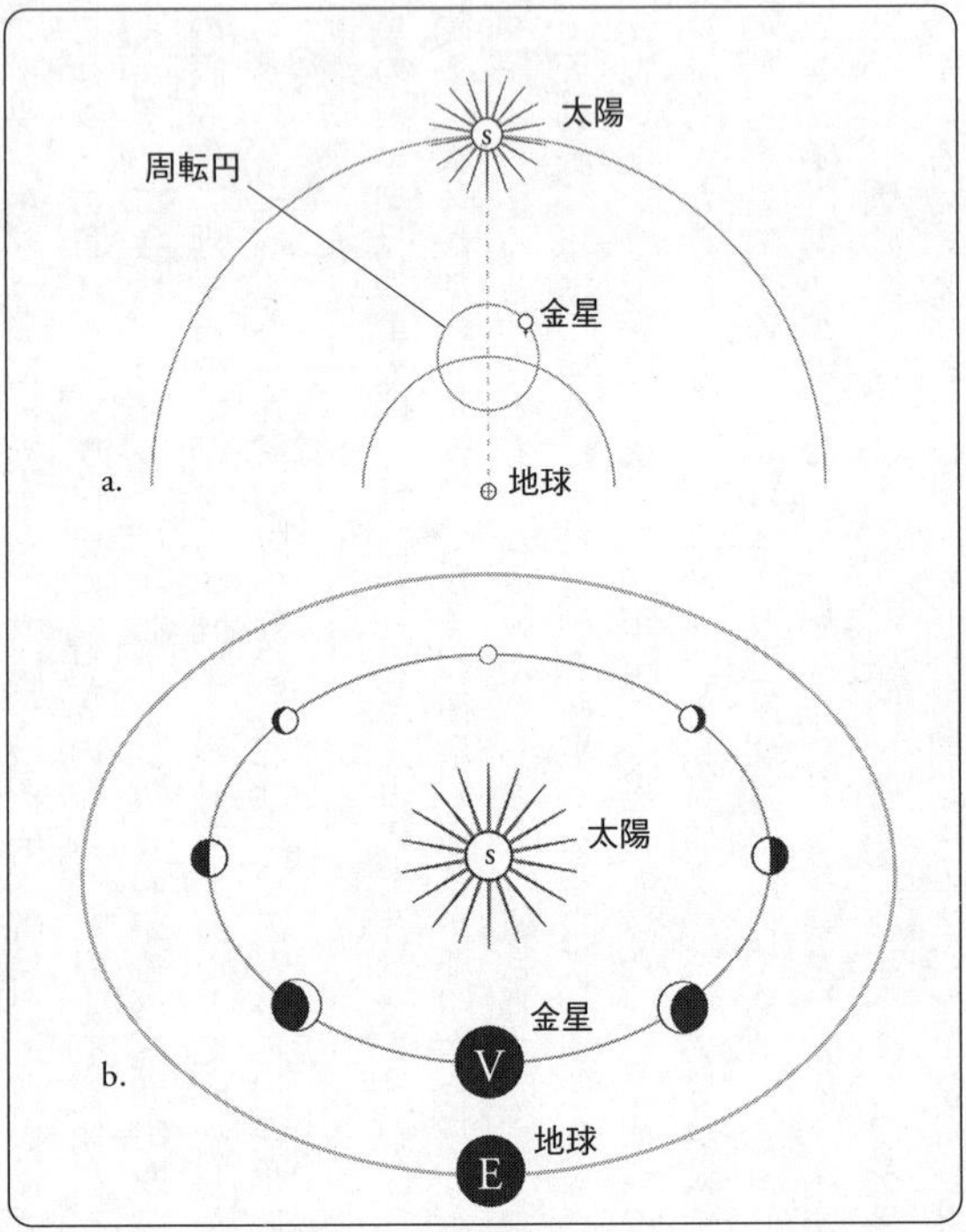

図 17

の満ち欠けがあるはずだ〔訳注：太陽が常に金星の背後にあるので、地球から見て金星には必ず光の当たっていない影の部分が存在することになる〕。一方の地動説では、金星が地球から見て太陽の奥にあるときは小さく明るく見え、地球と同じ側にあるときは巨大で暗く見えるはずである（図17b）。そしてこの中間にあるときは、月と同じように満ち欠けをすることになる。ガリレオは天動説と地動説の予測する内容の重大な違いについて、元弟子のベネデット・カステリ（一五七八～一六四三）と手紙で話しあい、一六一〇年一〇月から一二月にかけて決定的な観測をおこなった。結論は明らかだった。観測の結果、地動説の予測が正しいことが確認され、金星が太陽の周囲を回っていることが証明された。一二月一一日、ガリレオは遊び心たっぷりに、ケプラーに難解なアナグラムを送った[35]〔訳注：アナグラムとは、「dormitory（学生寮）→dirty room（汚い部屋）」のように、文字を並び替えると別の意味になる文章〕。それは、「Haec immatura a me iam frustra leguntur oy＝それはずっと前に私が試したが無駄だった」という文章だったが、ケプラーは隠されたメッセージを解読できず、あきらめた[36]。ガリレオは一六一一年一月一日の手紙で、アナグラムの答えを明かした。「Cynthiae figuras aemulatur mater amorum＝愛の女神（金星）はキュンティアー（月）の姿をまねる」というものだった。

これまでに紹介したガリレオの発見は、いずれも太陽系の惑星——つまり太陽の周囲を回っていて日光を反射する天体——か、惑星の周囲を回る衛星に関するものだった。しかし、彼は太陽のように自ら光を放つ天体——すなわち恒星——についても、ふたつの重大な発見をおこなっている。まず、彼は太陽そのものを観測した。アリストテレス（天動説）の世界観によれば、太陽は超然的な完全性や不変性のシンボルだった。とすれば、太陽の表面が完全とは程遠いとわかったときの衝撃は容易に想像が付くだろう。太陽がその軸を中心にして自転すると、表面にはシミや黒い斑点《はんてん》が現れる。図18に示すのは、ガリレオ直筆《じきひつ》による太陽黒点の図である。これについて、ガリレオの友人のフェデリコ・チェージ（一五八五〜一六三〇）は、「光景の壮観さと描写の正確さというふたつの意味ですばらしい」と記している。実際には、黒点を観測したのも、黒点について記録したのも、ガリレオが最初ではなかった。特に、イエズス会の司祭で科学者のクリストフ・シャイナー（一五七三〜一六五〇）は『黒点に関する三通の書簡』という小冊子をすでに出版していた。しかし、ガリレオはその内容に呆《あき》れ返り、きっぱりと反論をせずにはいられなかったのである。シャイナーは、黒点が太陽の表面に存在することはありえないと主張した。(37) 黒点があまりにも暗すぎるし（彼は月の影の部分よりも暗いと考えていた）、毎回同じ位置に現れないからだという。そこで、彼は小惑星が太陽の周囲を回っていると考えた。ガリレオは、著書『太陽黒点に関する第二書簡』で、シャイナーの主張をひとつずつ論破していっている。彼は、オスカー・ワイルドでさえスタンディング・オベーションをしそうな緻密さ、知性、皮肉を披露しながら、黒点が暗いわけではなく、明るい太陽表面に比べて暗く見えるだけであることを示した。さらに、ガリレオの研究によって、黒点が太陽表面に存在することも明らかになった（その証明方法については、本章で後ほど述べる）。

ガリレオの恒星観測によって、人類は太陽系外の宇宙へと初めて足を踏み入れた。月や惑

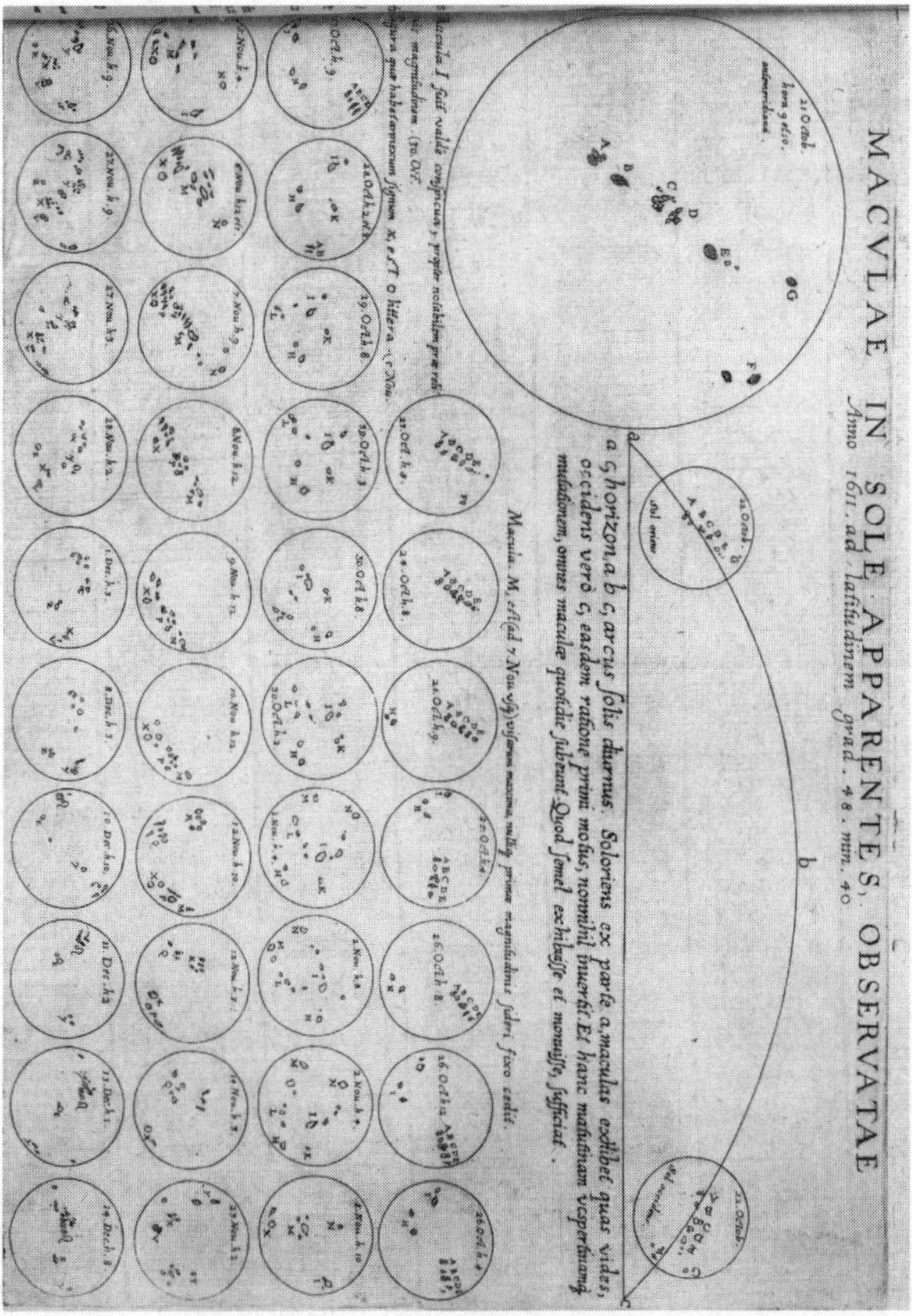
MACVLAE IN SOLE APPARENTES, OBSERVATAE
Anno 1611. ad latitudinem grad. 48. min. 40

図18

星とは異なり、望遠鏡を使っても恒星の大きさはまったく変わらなかった。その意味は明白だ——恒星は惑星よりもはるか遠方に存在する。これ自体も驚きであったが、さらに衝撃的だったのは、望遠鏡によって明らかになった暗い星々の数だった。オリオン座のごく近くだけを取ってみても、五〇〇以上の新しい星々が見つかった。さらに、夜空をうっすらと彩《いろど》る天《あま》の河《がわ》に望遠鏡を向けてみると、ガリレオはこれまでにないほどの衝撃を受けた。連なって見える光のまだら模様が、実は今まで肉眼では見えなかった無数の星の集団だということがわかったのである。その瞬間、宇宙ははるかに巨大になった。ガリレオは、科学者らしい冷静な言葉遣いで、次のように報告している。

私たちが三番目に観測したのは、天の河の本質、すなわち実体である。私たちは筒眼鏡によってそれを詳細に調べることができた。こうして、この眼で確かめることによって、数世紀の間、哲学者たちを悩ませてきたすべての論争に終止符が打たれ、私たちは果てしのない議論から解放された。銀河は、実際には重なり合って分布した無数の星の集合にほかならない。だから、どの領域に筒眼鏡を向けても、星の大群が視野に入ってくる。そのなかには、十分に大きくはっきり目立った星もいくつかあるが、大部分の小さな星はほとんど見分けが付かない。

［『星界の報告』より。一部改変］

ガリレオと同世代の人々も熱狂的に反応している。彼の発見は、科学者のみならず、ヨーロッパ全土のあらゆる人々の想像力に火をつけた。スコットランドの詩人、トマス・セゲットはこう賞賛している。(38)

コロンブスは流血で奪い取った大地を人類にもたらした。
ガリレオは何人《なんぴと》も傷付けることのない新世界を人類にもたらした。
望むべくはどちらか？

ヴェネツィアのイギリス人外交官、ヘンリー・ウォットン卿《きょう》は、『星界の報告』の刊行当日に本を手に入れ、すぐさま次の手紙を添えてイングランド王のジェームズ一世に本を送った。(39)

本日陛下にお送りするのは、わたくしめの世界から届いた、これまででもっとも奇怪な情報（そう呼んでもかまわないでしょう）です。それが同封したパドヴァの数学教授の本であり、まさに本日、国外から届いたものであります。彼は光学的な装置を利用しまして、木星の周囲を回る四つの新星、そして数多くの未知の恒星を発見したというのです。

ガリレオの業績だけで何冊も本が書けるくらいだが（実際に書かれている）、それは本書の範囲を逸脱するため、ここでは驚くべき発見の数々がガリレオの宇宙観に及ぼした影響のみを分析していきたいと思う。特に、ガリレオは数学と広大な宇宙にどのような関係性を見出したのだろうか？

偉大なる自然の書

科学哲学者のアレクサンドル・コイレ（一八九二～一九六四）はかつて、ガリレオが科学的思考にもたらした革命は一点に集約されると指摘した。それは、数学が科学の文法だという発見である。アリストテレス学派は自然を質的に説明することで満足するばかりか、自然を説明する際にアリストテレスの権威までも利用しようとした。一方、ガリレオは自然そのものの声に耳を傾けるべきだと訴え、数学的関係や幾何学的モデルが宇宙の言葉を読み解く鍵であると主張した。両者の考え方の違いは、各学派の第一人者の記述に表れている。アリストテレス学派のジョルジョ・コレージオは、「暗中模索《あんちゅうもさく》に陥りたくない者は、自然の偉大なる解釈者、アリストテレスに相談するといい」と述べている(40)。さらに、ピサの別のアリストテレス学派の哲学者、ヴィンチェンツォ・ディ・グラツィアは次のように付け加えている(41)。

ガリレオの証明について考察する前に、数学的推論によって自然界の事実を証明しようとする人々がいかに真理からかけ離れているかを証明しなければならないだろう。私の誤解でなければ、ガリレオはそのひとりである。自然科学や人文科学のあらゆる分野には独自の原理・原則があり、その原理・原則に従って独特の性質を示している。したがって、ある科学分野の原理を用いて、別の科学分野の性質を証明することなど不可能なのだ［傍点は筆者］。ゆえに、数学的主張で自然の性質を証明できると考える者は、単なる狂人である。なぜなら、ふたつの科学はまったく相容《あい》れないからだ。自然科学者の研究する自然界の物体は、それにふさわしい自然な状態として運動状態を備えている。しかし、数学者はあらゆる運動を一般化しようとするのだ。

科学の分野同士がいっさい相容れないとするこのような考え方は、ガリレオを苛立《いらだ》たせた。ガリレオは、流体静力学に関する論文『浮体について』の原稿で、数学を自然の謎を暴《あば》く強力な道具として紹介している[42]。

> 私はひとりの論敵から痛烈な非難を浴びることを覚悟している。まるで彼が耳元でこう叫ぶのが聞こえてくるかのようだ——問題を物理的に論じるのと数学的に論じるのはまったく別だ。幾何学者は空想にふけっていればいい。哲学の問題に首を突っ込むな。哲学の結論と数学の結論は別物なのだから。真実はひとつとはかぎらない。現代の幾何学は真の哲学を習得する邪魔になる。幾何学者と哲学者の両方になることはできないのだから、幾何学を学ぶ者は必然的に物理学を学ぶことはできず、物理的な問題について物

理的に論じることもできないと。これはまるで、どこかの医者が癇癪《かんしゃく》を起こして、かの偉大な解剖学者で外科医のアックァペンデンテ［イタリアのアックァペンデンテの解剖学者、ヒエロニムス・ファブリキウス（一五三七〜一六一九）のこと］に対し、「外科学の知識と内科学の知識はまったく正反対で、互いに害を及ぼすのだから、薬物は使わずメスと軟膏《なんこう》だけで病気を治しなさい」と言うようなものである。

観測結果の見方によって自然現象の解釈が一八〇度変わってしまうケースもある。そのわかりやすい例が太陽黒点の発見だ。先ほど述べたように、イエズス会の天文学者、クリストフ・シャイナーは黒点を入念に観察した。しかし、完璧な宇宙像を求めるアリストテレス学派の偏見が、彼の判断を歪《ゆが》めてしまった。そのため、彼は黒点の位置や順序が毎回まったく同じにならないことに気付くと、黒点は太陽のシミではないと即断してしまった。天界が不変であるという思い込みによって、想像力を奪われ、黒点が見分けも付かないほど変化する可能性を排除してしまったのである。(43)その結果、黒点は太陽の周囲を回る星でなければならないと結論付けた。一方、ガリレオは黒点と太陽表面の距離の問題に対して、まったく別の角度から挑んだ。彼は説明の必要な三つの観測結果に着目した。ひとつめに、黒点は太陽の中央にあるときよりも太陽の両端の近くにあるときの方が薄《うす》べったく見えること。ふたつめに、太陽の中央に近づくにつれて黒点同士の距離が広がって見えること。三つめに、黒点の移動速度が太陽の端から中央に近づくにつれて増加するように見えること。ガリレオは、ひ

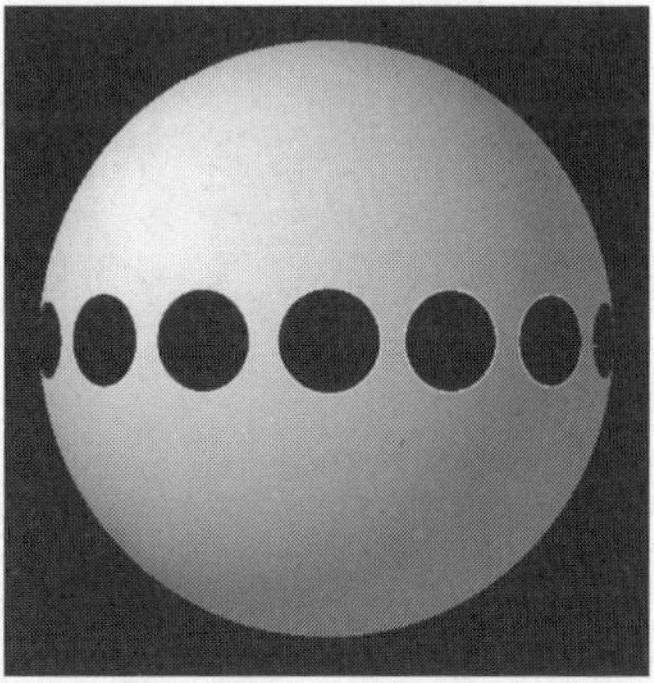

図19

とつの単純な幾何学的説明を用いて、黒点が太陽表面と接していて、太陽とともに移動していると仮定すれば、三つすべての観測結果と辻褄《つじつま》が合うことを示した。彼は〈短縮化〉と呼ばれる球面上の視覚現象に基づき、詳しい説明を示した。短縮化とは、球面上の図形が端に近づけば近づくほど薄く、互いに近づいて見える現象である（図19は、球面上に円を描いた場合の効果）。

ガリレオの説明は、科学的プロセスの基礎にきわめて重要な影響を与えた。彼は、観測データを適切な数学理論に組み込まなければ、現実を有意義に説明することはできないことを示した。幅広い論理的文脈のなかで理解しないかぎり、ひとつの観測結果から何通りもの解釈が生まれかねないのである。

ガリレオは対立を拒まなかった。数学の性質や科学的役割に関する彼の考え方がもっともはっきりと表れているのは、彼の論駁《ろんばく》書『偽金《にせがね》鑑識官』である。この傑出した著作は人気を博《はく》し、ローマ教皇のウルバヌス八世は食事中にこの本を朗読させたという。奇妙なことに、ガリレオの『偽金鑑識官』の基本的な主張は明らかに誤っている。というのも、彼は彗星を月下の世界で起こる光の偶発的な反射現象だと主張しているのだ。

『偽金鑑識官』の出版にまつわる物語は、まるでイタリアのオペラのようにドラマチックだ。(44) 一六一八年秋、三つの彗星が立て続けに現れた。特に三つめの彗星は三カ月近くも肉眼で確認できた。一六一九年、イエズス会のローマ学院の数学者、オラツィオ・グラッシが、三つの彗星の観測結果に関する小冊子を匿名で発表した。彼はデンマークの偉大な天文学者、ティコ・ブラーエにならい、彗星は月と太陽の中間に存在すると結論付けた。この小冊子は見過ごされてもおかしくなかったが、ガリレオはあるイエズス会士がグラッシの論文を地動説への打撃ととらえていると聞くと、反論することを決意した。彼の反論は講演形式で、おおむね彼自身が書いたものを弟子のマリオ・グイドゥッチに講演させた。(45) ガリレオはこの講演を『彗星論議』として出版し、グラッシとティコ・ブラーエを名指しで批判した。すると、今度はグラッシの反撃の番だった。彼はロタ―リオ・サルシという偽名を使って弟子のひとりを装い、手厳しい反論を繰り広げ、ガリレオを徹底的に批判した(タイトルは『天文学的哲学的天秤』)。グラッシは自身の弟子のふりをしながら、距離の計算にティコの手法を用いた点について次のように弁解している。

仮に私の師がティコに従ったとしよう。これはそれほどの大罪《たいざい》か? ほかに誰に従えというのだ? プトレマイオス［アレクサンドリアで活躍した天動説の提唱者］か? 彼の支持者たちの喉元《のどもと》に突き付けられた軍神マルスの剣《つるぎ》は、今や彼らの喉を掻き切らんとしている。ではコペルニクスだろうか？　信心深い彼は、むしろ自分からみんなを追い払うだろう。そして、つい最近糾弾《きゅうだん》された自身の仮説を拒絶し、否定するであろう［訳注：この少し前、コペルニクスは著書『天体の回転について』で地動説を訴え、教皇庁から異端の判決を受けている］。とすれば、星々の未知なる軌道について、指導者と認められるのはティコただひとりである。(46)

この文章から、一七世紀初頭のイエズス会の数学者がどれだけ微妙な立場に置かれていたのかがわかる。一方では、グラッシのガリレオ批判は非常に的確で鋭い。しかしもう一方では、地動説を信じることができないばかりに、自分自身に足枷《あしかせ》をはめ、推論全体を台無しにしてしまっている。

ガリレオの知人たちは、グラッシのバッシングで彼の権威が損なわれることを心配し、彼に反論を勧めた。それが一六二三年の『偽金鑑識官』の出版へとつながる。

先ほど述べたように、『偽金鑑識官』には、数学と宇宙の関係に関するガリレオの明確で強い主張が表れている。特に次の一節がそうである。

私にはサルシが牢固《ろうこ》たる信念を秘めているように見えます。哲学的に考えるには、誰か有名な著者の意見に依拠《いきょ》する必要があり、われわれの考え方が他人の論説に結び付いていない場合には、まったく不毛不妊の状態にとどまらざるをえない、という信念です。おそらく彼は哲学を、本当のことが書かれてあるかどうかは少しも重要でない『イリアス』や『狂えるオルランド』のようなフィクション小説だとでも考えているのでしょう。サルシさんとやら、そうは問屋がおろしませんぞ。哲学は、眼の前に絶えず開かれているこのもっとも巨大な書(すなわち宇宙)のなかに書かれているのです。しかし、まずはその言語を学び、そこに書かれている文字を解読しないかぎり、その書は理解できません。その書は数学の言語で書かれており、その文字は三角形、円、そのほかの幾何学図形であって、これらの手段がなければ、人間の力ではその書を一字一句たりとも理解できないのです。そして、それなしには、暗い迷宮を虚《むな》しくさまようだけなのです。(47)

[『偽金鑑識官』山田慶兒・谷泰訳、中央公論新社。一部改変]

度肝を抜かれるに違いない。「なぜ数学は自然を説明するのに不条理なほど有効なのか」という疑問が提起される数世紀も前に、ガリレオは答えを知っていたのだ。彼にとって、数学はずばり宇宙の言語だった。宇宙を理解するためには、その言語を覚えねばならない。神はまさに数学者なのだと。

ガリレオの書物に見られるさまざまな思想をつなぎ合わせると、彼の数学観の全体像が浮かび上がってくる。ひとつめに、ガリレオにとって数学とはつまるところ幾何学だったということ。彼が絶対数[訳注：相対的な比率を問題としない絶対的な数値や数量のこと]の計算に関心を示すことはほとんどなかった。彼は数々の現象をたいてい数量の比率で相対的に表現した。その意味では、やはりガリレオはアルキメデスの真の弟子といえよう。彼はアルキメデスのてこの原理や幾何比較の手法を効果的に多用したのだ。ふたつめに、彼は幾何学と論理学の役割をはっきりと区別していたということ。これは彼の最後の著書『新科学対話』によく表れている。(48) この本は、サルヴィヤチ、サグレド、シムプリチオという名の三人の話者による闊達《かったつ》な対話形式を取っている。この三人の役割はきわめて明確だ。サルヴィヤチはガリレオ自身といっていい。サグレドは哲学好きの貴族で、すでにアリストテレス哲学の幻想から目を醒《さ》ましていて、新しい数理科学の威力に説き伏せられてしまう。シムプリチオは、ガリレオの以前の著書ではアリストテレスの魔力に取り憑《つ》かれた人物として描かれていたが、本書では頭の柔らかい学者として描かれている。二日めの議論で、サグレドはシムプリチオと面白いやり取りをおこなっている。

サグレド：何と言えばいいのでしょうか、シムプリチオ君。人間の頭の働きを鋭くし、正確にものを考えるように訓練するには、幾何学があらゆるもののなかでもっとも有力な手段である、と言っては過言でしょうか。プラトンは彼の弟子たちに、何よりもまず数学に通達するようにと諭していますが、まったく的《まと》を射《い》ていたのではないでしょうか。

シムプリチオは賛成し、論理学との比較に話を移す。

シムプリチオ：実際私は、論理学は推理の優れた手引きではあるものの、発見への刺激という点から見れば幾何学の鋭い類別力とは比べものにならない、ということがやっとわかってきました。

すると、サグレドが両者の違いを明確にする。

サグレド：論理学は私たちに、すでに発見され完成された論理や証明の正しさの吟味法を教えてくれます。しかし、正しい論理や証明を発見する方法を教えてくれるとは思いません。

［以上、『新科学対話』今野武雄・日田節次訳、岩波書店。一部改変］

ガリレオの言わんとしていることは単純だ。彼にとって、幾何学は新しい真理を**発見**するための道具だったのである。一方、論理学は既存の発見について**吟味**したり**議論**したりするための手段だった。第7章では、これとは別の見方——数学全体は論理から生じるものであるという考え方——も紹介する。

ガリレオは、いかにして数学が自然の言語だという考えに行き着いたのだろうか？　これほど重大な哲学的結論を急に思い付いたとは考えにくい。実際、この考え方のルーツは、はるか昔、アルキメデスの書物にまでさかのぼることができる。アルキメデスが初めて数学を用いて自然現象を説明して以来、中世の数学者、イタリア宮廷付きの数学者と、紆余曲折《うよきょくせつ》の歴史を経《へ》ながら、数学は議論に値する学問としての地位を得ていった。ガリレオの時代になると、イエズス会の数学者たち――特にクリストファー・クラヴィウス――は、数学を形而上学（モノや人の存在に関する哲学的原理）と物理的実在の中間に位置付けるようになった。クラヴィウスは、著書『ユークリッド「原論」に関する注釈』の序文で次のように記している。

> 数学的原理は知覚可能などんな事物とも切り離して考えられるものを扱う。したがって、数学的原理が物質的なものにかかわっているといっても、その対象を考えれば形而上学と自然科学の中間に位置するのは明らかである。

ガリレオは数学を単なる仲介物や手段とは見なかった。彼はもう一歩踏み込み、数学を神の母語《ぼご》と見なしたのである。しかし、神と数学を同一視したことは重大な問題を生んだ――ガリレオの人生をも脅《おびや》かす問題を。

科学と神学

ガリレオによると、神は数学という言語を用いて自然を設計した。カトリック教会によれば、神は聖書の〝著者〟だ。では、数学による科学的説明が聖書と矛盾する場合にはどうするのか。この疑問に対し、一五四六年のトリエント公会議に参加した神学者たちは、「何人《なんぴと》も、自らの判断に頼って聖書を曲解《きょっかい》し、聖にして母なる教会が昔も今も支持している意味に反して、自己流の解釈をおこなってはならない。聖書の真の意味を判断するのは教会の役割である」と明確に答えている［訳注：一六世紀初頭、ルターが中心となって宗教改革が盛んになったため、宗教改革に対抗して教会の粛正や教義の確定などを図るために、一五四五～六三年にかけてトリエントを中心にトリエント公会議と呼ばれる全二五回のカトリック教会の総会議が開催された］。したがって、一六一六年、コペルニクスの太陽中心説について意見を求められた神学者たちは、「聖書の内容と多くの点で明らかに矛盾するので、間違いなく異端である」と結論付けている。つまり、教会がガリレオの地動説に反対した本当の理由は、地球が宇宙の中心でなくなるからというよりも、聖書を解釈する教会の権威が脅かされるからだったのだ(49)。ローマ・カトリック教会と改革派の神学者たちの対立が深刻化するなかで、ガリレオと教会は明らかな衝突コースを歩んでいたのである。

一六一三年末になると、事態は急展開を迎える。ガリレオの弟子だったベネデット・カステリが、トスカーナ大公とその側近たちに天文学の新発見を説明したところ、案の定、彼はコペルニクスの宇宙論と聖書の矛盾について問い詰められた。聖書の一節によれば、神がアヤロンの谷で太陽と月を静止させ、ヨシュアとイスラエルの人々はエモリ人に勝利したとされる。カステリは懸命に地動説を弁護したが、ガリレオはその話を聞いてやや戸惑《とまど》い、科学と聖書の矛盾について見解を表明せずにはいられなかった。一六一三年一二月二一日、ガリレオはカステリ宛てに長い手紙を書いている。(50)

だが、聖書では、大多数の人々が理解しやすいように、表面的には厳密な意味と異なる内容も数多く言わねばならないのだ。一方、自然は冷徹で不変である。自らに秘められた原理や仕組みが人間に理解できるかどうかなど気にも留めていない。そして、それを理由に、定められた法則から逸脱することもない。したがって、聖書の一節を根拠にして、経験で明らかになる自然現象や、証拠から必然的に導かれる自然現象を疑ってはならないのだ。聖書には無数の文章があり、さまざまな解釈の余地がある。なぜなら、聖書の文章は、自然現象のように厳密な法則に縛《しば》られてはいないからだ。

聖書の意味に関するこの解釈は、厳格な神学者たちの意見とは明らかに食い違っていた。(51)たとえば、一五八四年、ドミニコ会士のドミンゴ・バニェスは、「聖霊《せいれい》が聖書のあらゆる内容を教えただけでなく、聖書の一字一句まで口述し、伝えたのである」と記している。ガリレオはこれに納得しなかったようだ。彼はカステリへの手紙でこう付け加えている。

私は、聖書に権威があるのは、救いにとって不可欠な真理を人間に説くためだと考えている。しかし、その真理は人間の理解をはるかに超越しているがゆえに、学習や、聖霊の啓示以外のどのような手段をもってしても、信じうるものにはならない。しかし、われわれに五感、理性、理解力を給《たま》わった神は、人間にそれを用いることを許さない。そして、われわれがそうした能力で手に入れられるはずの知識を、別の方法で伝えようとするのだ。したがって私は、特に聖書に記された科学の知識を信じる義務があるとは思わない。聖書にはほとんど科学に関する記述がなく、結論も食い違っている。天文学はその最たるものである。天文学の記述は乏《とぼ》しく、惑星さえ列挙されていないのだ。

ガリレオの手紙は、信仰の問題全般を審議するローマの異端審問所（検邪聖省）に送られ、権力者のロベルト・ベラルミーノ枢機卿《すうききよう》（一五四二〜一六二一）のもとに届けられた。地動説に対するベラルミーノの当初の反応はどちらかといえば穏やかだった。彼は、周転円《しゆうてんえん》（図17）の提唱者たちが実際にはその存在を信じていないのと同じで、太陽中心説は〝便宜的〟なモデルにすぎないととらえていたからだ。それ以前の人々と同様に、ベラルミーノも天文学者の提唱する数学モデルは観察物を説明するための便利な小道具でしかなく、物理的実在とは何のつながりもないと考えていたのである。そのような〝便宜的〟な道具で、地球が本当に動いていることを証明できるはずはなく、コペルニクスの著書『天体の回転について』が直接的な脅威になることはないと考えていた。とはいえ、「地球が動いているという主張は、すべてのスコラ哲学者やスコラ神学者を苛立《いらだ》たせるだけでなく、聖書を偽《いつわ》りと見なし、聖なる信仰を汚すものである」と彼は付け加えている。

図20

この悲劇的な物語の詳しい顚末《てんまつ》は、本書の範囲や主なテーマから外れるので、ここでは簡単に述べるだけにしておこう。一六一六年、コペルニクスの著書は禁書目録で禁止書物となる。ガリレオは、古代の著名な神学者、聖アウグスティヌスのさまざまな言葉を引用しながら、自然科学と聖書の関係について弁解したが、納得は得られなかった。[52] 彼はコペルニクスの理論と聖書の内容には（表面的な点を除けば）食い違いがないと訴えたが、当時の神学者たちはガリレオの主張を〝自分たちの縄張《なわば》りへの不当な侵入〟ととらえた。皮肉なことに、当の神学者たちは、科学の問題に遠慮なく口出ししていたのだが。

暗雲が立ち込めはじめても、ガリレオは理性が勝つと信じていた。しかし、信仰を敵に回したのは大きな過ちだった。彼は一六三二年二月、『天文対話』を刊行した[53]（図20は初版の口絵)。この論争書で、ガリレオは地動説に対する見解を詳しく述べている。さらに、力学的な釣り合いや数学を用いて科学を追究すれば、神の心を理解できるとまで主張した。つまり、幾何学を用いて問題の解《かい》を求めることで、神のような洞察力や理解を得られるというのである。教会の反応は迅速で厳しかった。教会は同年八月には早くも『天文対話』を発禁とし、その翌月にはガリレオを異端の嫌疑でローマへ召喚した。一六三三年四月一二日、ガリレオは裁判にかけられ、同年六月二二日には「異端の疑いがきわめて強い」と判定された。裁判官は、「太陽は東から西に動くのではなく世界の中心であり、地球は動いていて世界の中心ではないという、神聖なる聖書とは矛盾する誤った教義を信じている」とガリレオを糾弾《きゅうだん》し、次のような過酷な判決を下した。

汝《なんじ》には、われわれより追って沙汰《さた》あるまで、検邪聖省の定める牢獄に入るよう申し付け、さらに汝の身のためとなる苦業として、向こう三年間は週一回、七つの悔罪詩篇を繰り返し読誦《どくしょう》するよう命ずる。ただしわれわれは、上述の刑罰と贖罪《しょくざい》の苦業のすべてあるいは一部を、軽減、変更、ないし撤回する権限を留保する。(54)

[『ガリレオ裁判』一瀬幸雄訳、岩波書店。一部改変]

打ちひしがれた七〇歳のガリレオは、圧力に耐え切れなかった。彼は抵抗する気力を失い、異端誓絶文を教会に提出し、「太陽は世界の中心であって不動、地球は世界の中心ではなくて動くという偽りの見解を完全に放棄する」と誓った。彼は次のように締めくくっている。

そこで私は、諸猊下《げいか》ならびにすべての忠実なカトリック信徒の心から、私に対し正当にも抱かれたこの強い嫌疑を取り除こうと願い、ここに誠心誠意しかも偽りのない信仰心を披瀝《ひれき》して、前述のもろもろの誤りと異端、および一般に聖なる教会に違背《いはい》するその他のあらゆる過誤、異端、宗派を、宣誓のうえ抛棄《ほうき》し、呪い、かつ嫌悪するものであります。さらに私は、今後同様の嫌疑を持たれかねないどのようなことも、口頭と著述とを問わず、二度と述べたり主張したりしないと誓います。(55)

［前掲書より。一部改変］

ガリレオの最後の著書『新科学対話』が出版されたのは一六三八年七月のことだった。原稿がイタリアから持ち出され、オランダのライデンで出版されたのである。『新科学対話』では、「それでも地球は回っている」という伝説的な台詞《せりふ》の裏側にあるガリレオの心情が、力強く表現されている。この挑戦的な台詞は、通説では彼が裁判の最後に口走ったとされているが、作り話の可能性が高い。

一九九二年一〇月三一日、カトリック教会はようやくガリレオの〝名誉回復〟を決定した。ローマ教皇ヨハネ・パウロ二世は、ガリレオが一貫して正しかったことは認めたが、検邪聖省の直接的な批判は避け、次のように話した。

逆説的なことに、敬虔《けいけん》な信者だったガリレオは、この問題［科学と聖書の表面的な矛盾］について、敵対する神学者たちよりも深い洞察力を持っていることを証明しました。大半の神学者は、聖書とその解釈のあいだにれっきとした区別が存在すると気付かず、科学的研究の分野に属するはずの問題を、宗教原理の問題へと不当にすり替えてしまったのです。

世界じゅうの新聞がお祭り騒ぎになった。《ロサンゼルス・タイムズ》紙は、「バチカン、地球が太陽の周りを回っていると正式に認める」と伝えた。

しかし、浮かれる者ばかりではなかった。謝罪があまりにも簡単で遅すぎると考える者もいた。スペインのガリレオ研究者、アントニオ・ベルトラン・マリは次のように記している。

教皇はいまだに自分がガリレオや彼の科学に対して物を言える立場にあると考えている。それこそ、教皇自身が何も変わっていないという証拠だ。彼の態度はガリレオを裁いた裁判官らとなんら変わらない――裁判官の過ちを認めたという点以外は。[56]

公正を期《き》すために付け加えておくと、教皇にはもともと勝ち目のない戦いだった。この問題を無視し、ガリレオ批判を放置しつづけたとしても、教会のミスを完全に認めたとしても、結局は非難を浴びただろう。現在、インテリジェント・デザイン［訳注：生命や宇宙が高度な知的存在によって設計されたとする説］という名のもとで、創造論を新たな〝科学〟理論として取り入れようとする動きがある。しかし、ガリレオは四〇〇年近くも前にすでにこの論争を戦い抜き、そして勝利したことを忘れてはならない。

第4章　魔術師たち——懐疑主義者《デカルト》と巨人《ニュートン》

映画『ウディ・アレンの誰でも知りたがっているくせにちょっと聞きにくいSEXのすべてについて教えましょう』の全七話のなかのひとつで、ウディ・アレンが中世の王様やその側近たちを芸で楽しませる宮廷道化師の役を演じている。王妃に熱を上げた道化師は、彼女を誘惑するために媚薬《びやく》を飲ませる。狙いどおり、王妃は道化師に恋をするが、無情にも彼女の貞操帯《ていそうたい》［訳注：主に夫が妻の性交や自慰を防ぐために着けさせる下着］には大きな鍵が付けられている。王妃の部屋でもどかしい状況に陥った道化師は、イライラした様子でこうつぶやく。

「早くしなくちゃ——ルネサンスがここまでやってきて、みんなが絵を描きはじめる前に」

冗談はさておき、一五〜一六世紀のヨーロッパの状況をここまで大げさに表現するのも理解できる。ルネサンスは、絵画、彫刻、建築の分野で数々の傑作を生み出した。今日《こんにち》になっても、当時の偉大な芸術作品はわれわれの文化の大きな部分を占めている。科学の分野では、コペルニクス、ケプラー、そして特にガリレオが中心となり、天文学で太陽中心説の革命が

図21

起きた。ガリレオの望遠鏡観測が生んだ新たな宇宙観、彼が力学実験から得た洞察は、ほかの何よりも後世の数学の発展に寄与したといえるだろう。アリストテレス哲学が崩壊し、カトリック教会の神学的思想に逆風が吹きはじめると、哲学者たちは人類の知識を築き上げるための新しい土台を模索するようになった。紛《まぎ》れもない真理の集合体ともいえる数学は、新たなスタートにとって強力な足場になると思われた。

果敢にも、あらゆる理性的思考を規定し、知識、科学、倫理を統一する法則を発見しようとしたのが、フランスの若き軍人で紳士のルネ・デカルトという人物だった。

夢見る人

多くの人々が認めるように、デカルト（図21）といえば人類最初の偉大な近代哲学者であり、最初の近代生物学者でもある。イギリス経験論哲学者のジョン・スチュアート・ミル（一八〇六～七三）は、デカルトの数学の業績について、「精密科学の発展にもっとも重要な一歩をもたらした」と称している。[1]この言葉を聞けば、デカルトの知性がいかほどのものだったかがわかるだろう。

ルネ・デカルトは、一五九六年三月三一日、フランスのラ・エという町に生まれた。[2]この町は、史上もっとも著名な住人にちなんで、一八〇一年に「ラ・エ＝デカルト」に改称され、一九六七年からは単に「デカルト」と呼ばれている。彼は八歳でイエズス会のラ・フレーシュ学院に入学し、一六一二年までラテン語、数学、古典、科学、スコラ哲学を学んだ。身体《からだ》が弱かったため、午前五時という無茶な時間に起床するのを免除され、朝を寝床《ねどこ》で過ごすことができた。彼は生涯にわたって朝の時間を瞑想に充《あ》てた。彼がフランスの数学者、ブレーズ・パスカルに伝えたところによると、健康や効率を保つ秘訣《ひけつ》は、好きな時間に起きることなのだという。これから説明するように、この発言は悲劇を予言するものとなった。

ラ・フレーシュ学院を卒業後、デカルトはポワティエ大学で法学士の学位を得るが、弁護士にはならなかった。見聞《けんぶん》を広めたかったデカルトは、ネーデルランド（現オランダ）のブレダに駐留していたオラニエ公マウリッツの軍隊に入隊した。ブレダでの偶然の出会いが、その後のデカルトの頭脳の成長に大きな影響を及ぼす。逸話によれば、デカルトは街中《まちなか》を歩いているとき、難解そうな数学の問題が書かれた貼り紙を見かけた。彼は最初に通りがかった通行人に、オランダ語からラテン語かフランス語に訳してほしいと頼んだ。[3]数時間後、デカルトはその問題を見事に解き、自らの数学の才能を確信したという。その通行人というのが、ほかならぬオランダの数学者で科学者のイザーク・ベークマン（一五八八〜一六三七）だった。ベークマンの影響で、デカルトはそれから数年間、物理と数学の研究に明け暮れる。[4]その後の九年間、彼はパリでの生活と軍隊での兵役をせわしなく繰り返した。当時のヨーロッパでは、宗教的・政治的な闘争や三十年戦争の勃発《ぼっぱつ》もあって、プラハであれ、ドイツであれ、トランシルヴァニアであれ、戦争や行軍《こうぐん》に参加するのは簡単だった。とはいえ、そんな時期でさえ彼は「数学の研究にどっぷりと浸《つ》かっていた[5]」という。

一六一九年一一月一〇日、デカルトは三つの夢を見る。その夢は彼自身の残りの人生に劇的な影響を与えただけでなく、近代世界が幕を開けるきっかけともなった。デカルトはある覚書《おぼえがき》のなかで夢について振り返り、「私は興奮に包まれ、偉大なる科学の基礎を発見した」と語っている。それほどの影響を与えたその夢とは？

実際のところ、ふたつは悪夢だった。最初の夢で、デカルトは激しい旋風《つむじかぜ》に襲われ、左足を中心にぐるぐると回った。さらに、一歩歩くたびに倒れてしまいそうな感覚にも襲われた。すると、目の前に老人が現れ、異国のメロンを差し出すというものである。次の夢は、またしても悪夢だった。部屋に閉じ込められ、辺《あた》りには不吉な雷鳴が響き渡り、火花が飛び散るというものである。三つめの夢は、最初のふたつとは正反対で、平和で穏やかなものだった。部屋を見渡すと、テーブルの上に数冊の本が現れたり消えたりしている。そのなかには『詩《コルプ》人大全《ス・ポエタルム》』という詩集や、百科事典がある。詩集を適当にめくると、四世紀ローマの詩人アウソニウスの詩の冒頭部分が目に留まる。そこには、「わが人生、いかなる道に従わん（Quod vitae sectabor iter?)」と書かれていた。すると、どこからともなく男が姿を現し、「然《しか》りと否《いな》(Est et non)」という別の詩を引用する。デカルトは男にアウソニウスの詩を見せようとするが、視界全体がぼやけていく。

夢というのは奇妙で得体の知れないものが多い。しかし、大事なのは夢の内容ではなく、その人が夢をどう解釈するかだ。デカルトの場合、この三つの不可解な夢がもたらした影響は絶大だった。彼は百科事典が科学的知識の集合を暗示していて、詩集が哲学、啓示、熱狂を示していると考えた。そして、ピタゴラスの有名な反意語、「然りと否」は「真と偽」を表すと考えた(メロンには性的な意味合いが含まれているという精神分析の解釈もある)。この夢で、デカルトは理性で人間の知識全体を統一するのが自分の使命だと確信した。彼は一六二一年に軍隊を退役したが、それから五年間は旅と数学の研究に明け暮れた。有力な宗教指導者、ピエール・ド・ベリュル枢機卿《すうききょう》(一五七五〜一六二九)はもとより、当時デカルトに会った人は誰でも、彼の明晰《めいせき》で鋭い思考に感銘を受け、彼に本の出版を勧めたという。ほかの若者なら、そんなアドバイスには耳も貸さなかっただろうが、デカルトは違った。真実の追究という目標に突き進んでいた彼は、すぐさま助言に従った。彼は落ち着いて学問に専念するため、オランダに移り住み、二〇年間にわたって次々と傑作を生み出していった。

デカルトの最初の名著は、科学の基礎をテーマとした一六三七年の『理性を正しく導き、もろもろの学問において真理を探究するための方法序説』である(図22は初版の扉)。この『方法序説』には、光学、気象学、幾何学に関する三つの優れた附録《ふろく》が付いていた。さらに、

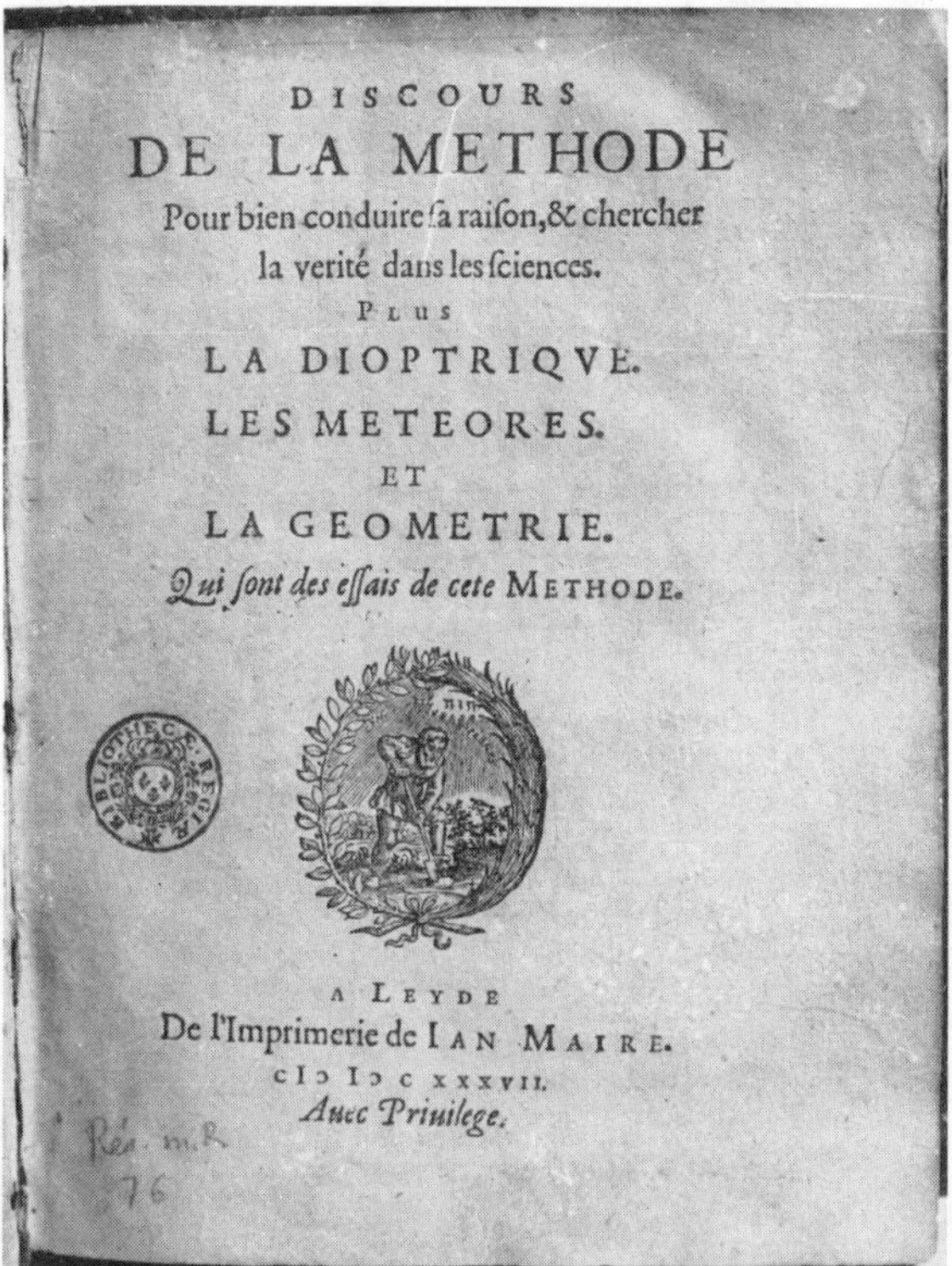

DISCOURS
DE LA METHODE
Pour bien conduire ſa raiſon, & chercher
la verité dans les ſciences.
PLUS
LA DIOPTRIQVE.
LES METEORES.
ET
LA GEOMETRIE.
Qui ſont des eſſais de cete METHODE.

A LEYDE
De l'Imprimerie de IAN MAIRE.
CIↃ IↃ C XXXVII.
Auec Priuilege.

図 22

哲学の研究をまとめた一六四一年の『省察《しょうさつ》』、そして物理学の研究をまとめた一六四四年の『哲学原理』と続く。当時、デカルトの名はすでにヨーロッパじゅうに知れわたっており、彼の崇拝者や文通相手のなかには、オランダに亡命していたボヘミア王女エリザベト（一六一八〜八〇）もいた。一六四九年、情熱的なスウェーデン女王クリスティーナ（一六二六〜八九）から哲学の指導を依頼されると、王族にめっぽう弱かった彼は依頼を引き受けた。デカルトが女王に送った手紙は、今日《こんにち》からすれば滑稽《こっけい》にも感じられるような、一七世紀の宮廷特有のうやうやしい表現で埋め尽くされていた。「私がここであえて女王に申し述べておきたいのは、あらゆる手立てを尽くしても成し遂げたいとは思わないほど難しい命令をお出しにならないでいただきたいということと、私がスウェーデン人やフィンランド人に生まれていたとしても［女王に対して］今以上に情熱的にも完璧にもなれないということでございます」。ところが、聞く耳を持たない二三歳の女王は、デカルトに朝五時という無茶な時間から授業をさせた。寒すぎて思考さえも凍り付いてしまうような土地では、それが致命傷となった。彼は友人に宛てた手紙で、「この土地はどうも私の性《しょう》に合わない。私が望むのは平穏と安息だけなのだが、この世でもっとも権力のある王でさえ、それを与えてはくれない」と記している。(6) それから数カ月間、デカルトはスウェーデンの厳しい冬に立ち向かい、生まれてからずっと避けてきた早起きを続けた結果、肺炎を患《わずら》ってしまう。一六五〇年二月一一日の午前四時、彼は朝の呼び出しから逃れるように、五三歳で息を引き取った。現代の幕開けに貢献した男は、自身の尊大な性格と若き女王の気まぐれによって命を落としたのである。

図23

デカルトはスウェーデンで埋葬されたが、彼の遺骨の少なくとも一部は、一六六七年にフランスへと移された[7]。しかし、遺骨はフランスを転々とし、ようやく一八一九年二月二六日、サン＝ジェルマン＝デ＝プレ大聖堂の礼拝堂に埋葬された。図23の私の隣に写っているのは、デカルトの質素な黒い記念碑である。デカルトのものといわれている頭蓋骨は、スウェーデンで人の手から手へと渡り、最後はベルセリウスという化学者が購入し、フランスに移送した。現在、頭蓋骨はパリの人類博物館に所蔵されており、ネアンデルタール人の頭蓋骨とは正反対の場所に展示されていることが多いという。

現代人

「現代人」といえば、一般的には二〇世紀（現在では二一世紀）の専門家と難なく会話できる人々を指す。デカルトが真の現代人たる理由は、それまでの哲学や科学の常識すべてを疑ったからだ[8]。彼にとって、教育は混乱を助長し、自分の無知を思い知らせるものでしかなかった。よく知られる著書『方法序説』で彼は、「哲学は数世紀もの間、もっとも優れた人たちによって研究されてきたにもかかわらず、いまだに論争の種にならないもの、すなわち疑わしくないものは何ひとつないのだ」〔『方法序説』山田弘明訳、筑摩書房。一部改変〕と述べている。デカルトの哲学思想の多くも、後世の哲学者によって欠陥が指摘されてきたという点では例外ではない。しかし、もっとも基本的な概念をも疑うという彼の斬新な姿勢こそ、彼が正真正銘の現代人たる所以《ゆえん》といえるだろう。本書の観点と照らし合わせてより重要なのは、デカルトは数学の手法や推論プロセスが、当時のスコラ哲学にはなかった一種の厳密性を備えていると考えていた点である[9]。彼は次のように断言している。

> 幾何学者たちがもっとも難しい証明に達するためにいつも使っている、きわめて単純で容易なあの推論の長い鎖は、私が次のように考えるきっかけとなった。すなわち、人間の知識の範囲に属するすべての事柄は、同じ仕方で互いにつながっていると〔傍点は筆者〕。そして真でないどんなものをも真として受け入れることを差し控え、ひとつのものから他のものを演繹するために必要な順序を常に守りさえするなら、どんなに遠く離れたものでも最後には到達できないものはないし、どんなに隠されたものでも発見できないものはない、と。

〔前掲書より。一部改変〕

この大胆な発言は、ある意味ではガリレオの見解を超えている。宇宙が数学の言語で書かれているというだけでなく、あらゆる人間の知識が数学の論理に従っていると言っているからだ。彼は「この学問は、ほかのすべてのものの源泉なるがゆえに、われらが人間から享《う》けたほかのすべての認識の手段よりも価値がある」〔『精神指導の規則』野田又夫訳、岩波書店。一部改変〕とも述べている。したがって、誤解を導きやすい五感にいっさい頼ることなく物質世界を記述できると証明することが、デカルトの目標のひとつになった。そして、彼は数学でそれを実現できると考えていた。彼は意識によって目で見たものが処理され、知覚が観念に変わるのだと説いた。彼に言わせれば、「自分が起きているか眠っているかを区別する確実な証拠はない」のである。しかし、われわれが現実と認識しているものが夢にすぎないとしたら、地球や空も悪霊か何かが人間の感覚に植え付けた幻想でないと言い切れるだろうか？　ウディ・アレンはかつてこう述べている。「もしすべてが幻想で、本当は何も存在しないとすれば、私は間違いなくカーペットにお金を払いすぎだろうね」

この厄介な疑念から生まれたのが、デカルトの「我《われ》思う、ゆえに我在《われあ》り」という有名な台詞《せりふ》である。(10) つまり、思考の背後には意識がなくてはならないというわけだ。逆説的かもしれないが、疑うという行為そのものを疑うことは不可能である。彼は一見すると取るに足らないこの前提を用いて、信頼できる知識体系を組み立てていった。哲学、光学、力学、医学、発生学、気象学など、ありとあらゆる学問に手を染め、そのすべてで一定の成果を上げた。しかし、彼は人間の論理能力を強調する一方で、論理だけでは基本的な真理は解明できないとも考えていた。彼は本質的にガリレオと同じ結論に達し、「論理学については、その三段論法やその他の教則の大部分は、ものごとを学ぶのに役立つよりもむしろ、……（中略）……知っていることを他人に説明することに役立つ」〔『方法序説』より。一部改変〕と記している。そこで、あらゆる学問の基礎を作り直す（あるいは一から築き上げる）ために、彼は数学的手法から取り入れた原理を用いて、厳密に理論を展開させている。彼は著書『精神指導の規則』でこの厳密なガイドラインについて説明している。まず、ユークリッド幾何学の公理と同じように、疑いようのない基本的な真理を仮定する。次に、難解な問題をより手頃な問題へと細分化し、初歩的な問題から難解な問題へと議論を進めていく。さらに、ほかの答えを見逃していないことを確認するため、手順全体を再確認する。言うまでもなく、この入念に組み立てられた厳密な手順を踏んだからといって、デカルトの結論に誤りがないとはいえない。実際のところ、デカルトは哲学に大躍進をもたらしたことでもっともよく知られているが、彼の実績のなかでもっとも後世まで生き延びたのは数学の実績なのである。そこで次に、ジョン・スチュアート・ミルが「精密科学の発展にもっとも重大な一歩をもたらした」と称した、驚くほどシンプルなデカルトの数学的発想を紹介しよう。

ニューヨーク市の地図に秘められた数学

図24を見てほしい。これはニューヨーク市マンハッタンの一画《いっかく》の地図である。あなたは三四丁目通りと八番街の交差点（左下の●）に立っていて、五九丁目通りと五番街の交差点（右上の●）にいる人物に会いに行くとする。おそらく、たどり着くのは訳《わけ》もないはずだ。これがデカルトの新しい幾何学の発想の原点だった。これについては、『方法序説』の附録《ふろく》『幾何学』で一〇六ページにわたってまとめられている。[11] 信じ難《がた》いことに、この驚くほど単純な発想が数学に革命をもたらした。彼はまず、一組の数値を使えば、マンハッタンの地図と同じように平面上の点（たとえば図25aの点A）の位置を明確に示すことができるという、当たり前のような事実を出発点にした。次に、彼はこの事実を用いて強力な曲線理論――〈解析幾何学〉――を構築した。二直線の交点を数値の組で表す座標系は、デカルトに敬意を表《ひょう》して〈デカルト座標系〉と呼ばれている。慣習的に、水平方向の直線は〈x軸〉、垂直方向の直線は〈y軸〉、その交点は〈原点〉と呼ばれる。たとえば、図25aの「A」と書かれた点は、x座標が3でy座標が5なので、(3, 5) という数値の組で表現される（ちなみに、原点は (0, 0) と表現できる）。それでは、原点から距離がちょうど5となるすべての点を表すとどうなるか？　当然ながら、円の幾何学的定義からわかるように、原点を中心とする半径5の円の円周部分である（図25b）。たとえば、この円周上の (3, 4) という点を取ると、容易にわかるようにこの座標は $3^2+4^2=5^2$ を満たす。実際、円周上のすべての点 (x, y) は $x^2+y^2=5^2$ を満たす。これはピタゴラスの定理を用いれば簡単に証明できる。さらに、式 $x^2+y^2=5^2$ が成り立つ点は、平面上ではこの円周上のみである。言い換えれば、

Central Park
W. 59th St.
E. 59th St.
8th Ave.
5th Ave.
W. 34th St.
E. 34th St.
Empire State Bldg.
Midtown Manhattan
Hudson River

図 24

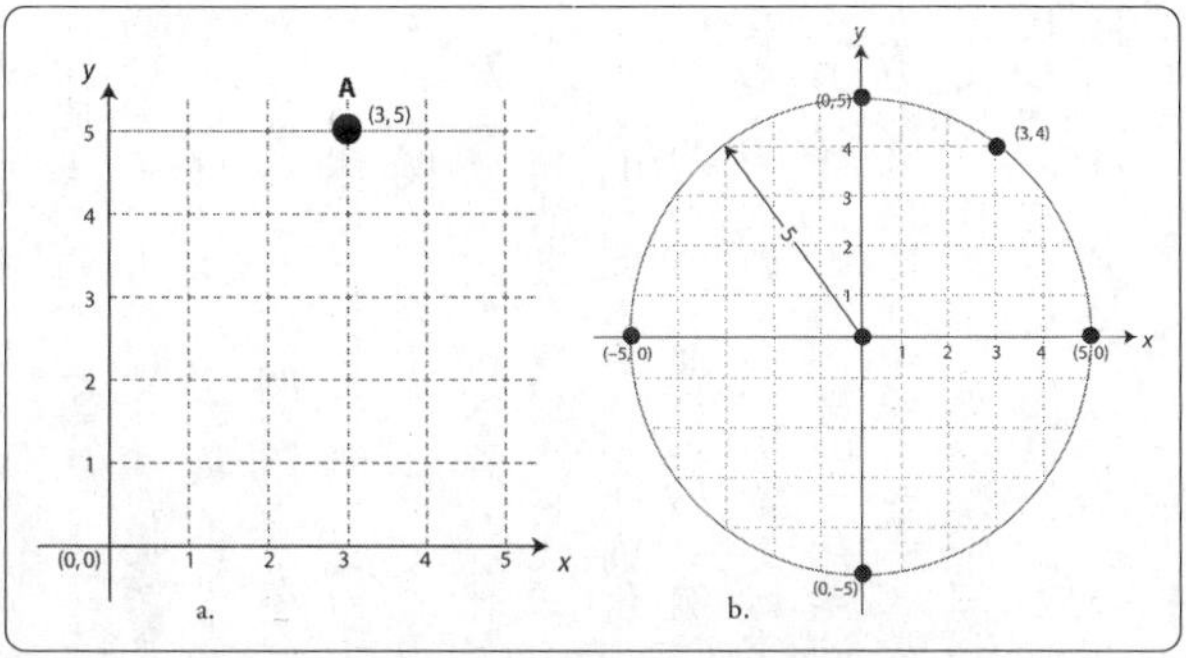

図25

代数方程式 $x^2+y^2=5^2$ はこの円を正確かつ一意に表していることになる。つまり、デカルトは幾何学曲線を代数方程式や数値で、あるいは代数方程式や数値を幾何学曲線で表す方法を発見したといってもいい(12)。単純な円を例に取ると大したことではないと思うかもしれないが、毎週の株価の動き、過去一〇〇年間の北極の気温、宇宙の膨張速度など、われわれが目にするあらゆるグラフは、デカルトの天才的な発想がもとになっているのである。この発見を境《さかい》に、幾何学と代数学は数学の別個の分野ではなくなり、ひとつの真理を二通りの方法で表現したものにすぎなくなったわけだ。円を表す方程式には、ユークリッド幾何学の定理など、ありとあらゆる円の性質が暗黙のうちに含まれている。それだけではない。デカルトは、同じ座標系にふたつの曲線を描いたとき、その交点の座標を求めるには、それぞれの代数方程式の共通解《かい》を求めればよいことを発見した。こうして、デカルトは代数学の力を借りることで、従来の幾何学の〝重大な欠点〟を補った。たとえば、ユークリッドは、点を部分や大きさを持たない実体と定義した。しかし、デカルトが平面上の点を（x, y）という順序対《じゅんじょつい》で定義したことにより、ユークリッドのあいまいな定義は過去のものになったのである。とはいえ、こうした斬新な発想も氷山《ひょうざん》の一角《いっかく》にすぎない。たとえば、ふたつの量xとyがあり、すべてのxの値に対応する一意の値yが存在するとき、yはxの〈関数〉であると呼ぶ。関数はわれわれの身近にもある。ダイエット中の日々の体重、毎年の誕生日の子どもの身長、車の運転速度と燃費の関係――そのデータはいずれも関数で表すことができる。

　関数は現代の科学者、統計学者、経済学者の必需品である。同じ関数的パターンを何度も示す実験結果や観測結果は、〈自然法則〉へと昇格する。自然法則とは、自然現象が必ず従う数学的なふるまいを法則化したものである。たとえば、本章で後ほど説明するニュートンの万有引力の法則がその一例だ。万有引力の法則によれば、ふたつの質点《しってん》間の距離が二倍になると、そのあいだの重力は常に四分の一になる。デカルトのアイデアによって、ほぼありとあらゆるものが数学で体系的に表現されるようになった。これこそ、神は数学者という考え方の骨格にほかならない。数学的な観点から見れば、デカルトはそれまで別物ととらえられていた代数学と幾何学を同列化することで、数学の限界を押し広げ、〈解析学〉という現代数学の道を切り開いた。これにより、数学者たちは数学のある分野から別の分野へと自由自在に行き来できるようになった。その結果、さまざまな自然現象を数学で記述できるようになっただけでなく、数学そのものが幅広く、豊かで、統一的な学問へと変化したのである。

偉大な数学者、ジョゼフ＝ルイ・ラグランジュ（一七三六〜一八一三）は、「代数学と幾何学が別々の道を進んでいれば、その進歩は遅く、応用は限られていただろう。しかし、ふたつの科学が結ばれたとき、両者は互いに刺激しあい、完成に向かって急速に前進しはじめたのだ」と述べている。

デカルトは数学で重大な功績を残したが、彼自身の科学的関心は数学に限られていたわけではなかった。彼にとって、科学はいわば一本の樹《き》であり、形而上学が根《ね》、自然学が幹《みき》、そして機械学、医学、道徳が三本の大枝《おおえだ》だった。三本の大枝が機械学、医学、道徳だというのは一見すると意外に思えるかもしれないが、実はこの三つはデカルトが新しい発想を取り入れたいと考えていた三つの主要分野──宇宙、人体、日々の行動──と見事に対応している。彼はオランダに移住してからの四年間（一六二九〜三三年）で、宇宙論と物理学に関する著書『世界論』を書き上げた。(13) しかし、もうすぐ出版というところで、彼のもとに悩ましい知らせが届いた。デカルトは、親友で相談相手だった自然哲学者、マラン・メルセンヌ（一五八八〜一六四八）への手紙で、次のように嘆いている。

私は新年の贈り物で君に『世界論』を送るつもりだった。そしてつい二週間前までは、全体の複写が間に合わなければ一部分だけでも送ろうと思っていた。だが先日、ガリレオの『天文対話』が昨年イタリアで出版されたと聞いて、ライデンとアムステルダムに求めに出かけたとき、出版されたにはされたが、すぐにローマですべて焼却され、ガリレオは有罪となり、罰金を受けたと聞いた。私はあまりにも驚いたもので、論文をすべて燃やそう――少なくとも他人《ひと》に見せるのはやめよう――と思った。イタリア人で、しかも教皇に気に入られていたはずのガリレオが、地球が動いていると立証しようとしたかどで犯罪者に仕立て上げられるなど、私には想像も付かないことだ。何人かの枢機卿《すうききょう》が彼の説を批判していたのは知っているが、ローマでは学問として公《おおやけ》に教えられていたとも聞いている。彼の説が誤りだとしたら、私の哲学の基礎もすべて間違っているということになる［傍点は筆者］。なぜならば、地球が動いているという説は、私の哲学からきわめて明快に導き出せるからだ。そして、この説は私の論文のあちこちに織り込まれているゆえ、それを削れば論文全体が台無しになってしまう。かといって、教会の認めない内容が一字一句たりとも含まれている論文はどうしても発表したくなかった。だから、不完全な論文を出版するくらいなら、中止した方がましだと思ったのだ。

そして、デカルトは『世界論』の出版を断念した（不完全な原稿は一六六四年になってようやく出版された）。しかし、一六四四年刊の『哲学原理』には、同じ内容がほぼすべて収録されている。彼はこの対話篇で、自らの自然法則や渦《うず》の理論を発表した。彼の法則のうちふたつは、有名なニュートンの運動の第一法則および第二法則とほとんど同じだったが、残りの法則は間違っていた[14]。渦の理論では、太陽が空間に充満する宇宙物質の渦の中心にあると仮定していた。惑星は、川にできた渦のなかを漂う葉っぱのように、渦の力でくるくると流されながら、別の渦を形成し、衛星を周囲に取り巻いていると考えられた。デカルトの渦の理論は大間違いだったが（後にニュートンが激しく糾弾《きゅうだん》している）、初めて地球上と同じ法則を使って宇宙理論全体を構築しようとしたという点では、なかなか面白い試みだった。言い換えれば、デカルトにとっては地上界の現象と天上界の現象に区別はなく、地球は統一的な物理法則に従う宇宙の一部にすぎなかったのである。残念なことに、彼は詳細な理論を築き上げるときの鉄則を自ら破ってしまった——彼は厳密な数学に頼ることも、観測に頼ることもしなかったのである。しかし、デカルトの宇宙観——太陽や惑星が周囲にあるなめらかな宇宙物質をかき回しているという説——のなかには、ずっとあとになってアインシュタインの重力論の土台になった要素もある。アインシュタインの一般相対性理論によれば、重力は広大な空間に作用する神秘的な力などではない。むしろ、ボウリングの球《たま》がトランポリンをたわませるのと同じように、太陽などの質量を持つ物体が周囲の空間を歪《ゆが》めていると考える。そして惑星は、この歪んだ空間のなかで、最短の経路を移動するにすぎない。

これまで、デカルトの思想についてごく簡単に説明してきたが、彼の哲学分野の功績については敢えて割愛《かつあい》した。というのも、本書のテーマである数学の性質とはだいぶずれた話になってしまうからである（神に関するデカルトの見解については本章で後ほど紹介する）。しかしながら、最後にイギリスの数学者、ウォルター・ウィリアム・ラウズ・ボール（一八五〇〜一九二五）が一九〇八年に記した興味深い解説を紹介しておこう。

彼［デカルト］の哲学理論で論じられているテーマについては、それまで二〇〇〇年間にわたって論じられ、そして今後二〇〇〇年間も変わらず活発に論じられつづける問題、と言えば十分だろう。重要で興味深い問題には違いないが、その性質上、厳密な証明といえる答えも、そして反証といえる答えも見つかっていない。できるとすれば、別の説明よりも有力な説明を見つけることだけだ。したがって、デカルトのような哲学者がついに答えを見つけたと思っても、あとになってその仮定に欠陥を指摘する哲学者が現れるのだ。どこかで読んだ話だが、哲学とは主に神、自然、人間の関係を考察するものなのだという。古代ギリシャの哲学者は、神と自然の関係にとらわれ、人間を別物として扱った。カトリック教会は神と人間の関係にとらわれるあまり、自然を無視してしまった。そして、近代の哲学者は人間と自然の関係にとらわれている。これが脈々《みゃくみゃく》と続いている哲学思想の歴史的な一般化として正しいかどうかを論じるつもりはないが、近代哲学の範囲について述べたこの主張は、デカルトの論述の限界を示している。

デカルトは『幾何学』の最後で、「私がここに述べた事柄についてだけでなく、発見する喜びを残しておくためにあえて省略した事柄についても、後世の人々が私に感謝してくれることを期待したい」［『増補版デカルト著作集（1）』原亨吉ほか訳、白水社。一部改変］と述べている（図26）。デカルトは、自分が亡くなったときにわずか八歳だった少年が、「数学は科学の根幹である」という彼の思想を大きく前進させるとは知るよしもなかった。人類史上、お

LIVRE TROISIESME. 413

les Problefmes d'vn meſme genre, iay tout enſemble donné la façon de les reduire à vne infinité d'autres diuerſes; & ainſi de reſoudre chaſcun deux en vne infinité de façons. Puis outre cela qu'ayant conſtruit tous ceux qui ſont plans, en coupant d'vn cercle vne ligne droite; & tous ceux qui ſont ſolides, en coupant auſſy d'vn cercle vne Parabole; & enfin tous ceux qui ſont d'vn degré plus compoſés, en coupant tout de meſme d'vn cercle vne ligne qui n'eſt que d'vn degré plus compoſée que la Parabole; il ne faut que ſuiure la meſme voye pour conſtruire tous ceux qui ſont plus compoſés a l'infini. Car en matiere de progreſſions Mathematiques, lorſqu'on a les deux ou trois premiers termes, il n'eſt pas malayſé de trouuer les autres. Et i'eſpere que nos neueux me ſçauront gré, non ſeulement des choſes que iay icy expliquées; mais auſſy de celles que iay omiſes volontairement, affin de leur laiſſer le plaiſir de les inuenter.

F I N.

図26

図27

そらくその天才以上に〝発見する喜び〟に恵まれた人物はいないだろう。

そこに光ありき

一八世紀のイギリスの偉大な詩人、アレクサンダー・ポープ（一六八八～一七四四）が三九歳のとき、アイザック・ニュートン（一六四二～一七二七）は亡くなった（図27はウェストミンスター寺院内にあるニュートンの墓[15]）。ポープは有名な二行連句で、ニュートンの功績を次のように綴《つづ》っている。

大自然とその法則は闇のなかに隠れたる
神、ニュートンあれと言い給《たま》ひければ、
　そこに光ありき

［訳注：聖書の創世記に「神、光あれと言い給ひければ、そこに光ありき」との一節があり、神のこの言葉から天地創造が始まったとされ

る」

ニュートンの死からおよそ一〇〇年後、バイロン卿《きょう》(一七八八〜一八二四)は叙事詩『ドン・ジュアン』に次の一節を加えている。

そしてアダムこのかた、落下と、
つまりはリンゴの実を相手に、
取っ組み合えたのは、この男
たったひとりだけなのさ。
[『ドン・ジュアン』小川和夫訳、冨山房。一部表記を修正]

たとえ神話をすべて抜きにしたとしても、ニュートンは後世の科学者たちにとって伝説的な人物であったし、今もなおそうである。彼の有名な台詞《せりふ》に、「私が遠くを見ることができたとすれば、それは巨人の肩に乗っていたからだ」というものがあるが、これは偉大な発見をした科学者に求められる心の広さや謙虚さの模範例として挙げられることも多い。実際のところ、ニュートンは科学界の宿敵だった物理学者で生物学者のロバート・フック(一六三五〜一七〇三)からの手紙に対し、皮肉をこめてこの台詞を記したともいわれている。[16] フックは、折に触れてはニュートンの光の理論や重力理論を盗作だと批判した。一六七六年一月二〇日、彼はニュートンへの私信で、「［光の理論に関する］貴方《あなた》の考えも私の考えも、目指すものは同じ。それは真実の発見です。ですから、われわれは批判に耳を貸すこともできるはずです」と、より歩み寄りを見せた口ぶりで記している。ニュートンもその口調をまねた。彼は一六七六年二月五日付けの返信で、「デカルト［光に関するデカルトの見解のこと］はすばらしい足がかりを築いてくれました。貴方も、特に薄膜《はくまく》の色の哲学的考察など、いくつかの多大な貢献をしてくださいました。私が遠くを見ることができたとすれば、それは巨人の肩に乗っていたからです」と記した。(17) ところが、当のフックは非常に小柄で、ひどい猫背を患《わずら》っており、巨人とは程遠い人物だった。そのため、ニュートンの有名な台詞は、単に「おまえには何の世話にもなっていない」という嫌味だったのではないかとの説もある。ニュートンはことあるたびにフックを批判していたし、「私の理論によってフックの発言はすべて否定された」と述べたこともある。さらに、フックが亡くなるまで著書『光学』を出版することを拒んだ。そう考えると、あながち的外《まとはず》れな説とはいえないかもしれない。重力理論の話題ともなれば、ふたりの溝はいっそう広がった。(18) ニュートンは、フックが重力法則の創始者を名乗っていると聞くと、重力に関する自身の著書の巻末から、フックの名前をひとつ残らず削《けず》った。一六八六年六月二〇日、ニュートンは天文学者の友人、エドモンド・ハレー（一六五六～一七四二）に宛てて次のように記している。

フックはむしろ自分の無能さを詫《わ》びるべきだったのです。彼の言葉を聞いていれば、物事の道理というものをわかっていないのは明らかです。おかしいではありませんか？　発見をおこない、問題を解決し、何から何までこなす数学者たちが、つまらない計算や単調な作業に耐え忍ばなければならず、何もかもわかったようなふりをする人々が、先人の発明だけでなく、後世の発明の手柄まで横取りしてしまうというのは。

ニュートンはこの手紙で、フックを評価できない理由をきっぱりと述べている――フックは自分自身の考えを数学の言語で組み立てることができなかったのだ。ニュートンの理論が傑出していて、欠かせない自然法則と認められるようになったのは、すべての法則が明確で一貫性のある数学的関係で表現されていたからだ。一方、フックの理論的アイデアは、確かにニュートンと同じくらい独創的なものも多かったが、直感、憶測、予想の域を脱していなかった。[19]

余談だが、二〇〇六年二月、ずっと現存しないと考えられていた、王立協会の一六六一年から一六八二年までの手書きの議事録が突然発見された。ロバート・フック直筆《じきひつ》の五二〇ページ以上の羊皮紙文書が、イングランドのハンプシャー州の家屋《かおく》で見つかったのである。五〇年ほど前から戸棚に保管されていたようだ。一六七九年一二月の議事録を見ると、地球の回転の実証実験に関するフックとニュートンのやり取りが記録されている。

ニュートンの科学的功績の話に戻ろう。彼は「宇宙は数学で記述できる」というデカルトの思想を現実に変えた。彼はその記念碑的な著作、『自然哲学の数学的諸原理』（通称『プリンキピア』）の序文で次のように述べている。

そういうわけでこの著作を哲学《フィロソフィア》の数学的諸原理として提出いたします。哲学における困難はすべて次の点にあると思われるからです――さまざまな運動の現象《あらわれ》から自然界のいろいろな力を研究すること、そして次にそれらの力からほかの現象を説明すること。第一篇および第二篇の一般的な諸命題はこれを目的としています。そして第三篇ではその実例を、世界体系（宇宙系）の解説において与えています。すなわちそこでは天体現象から、前二篇で数学的に説明された諸命題によって、物体を太陽や各惑星に向かわせる重力を導き出しています。次にそれらの力から、ほかの数学的な諸命題によって、惑星や彗星や月や海の運動を導いています。[20]

〔『世界の名著（31）ニュートン――自然哲学の数学的諸原理』河辺六男訳、中央公論新社。一部改変〕

驚くべきことに、ニュートンは『プリンキピア』の序文で掲げた約束をすべて果たしている。そして、彼がデカルトの研究に対して優越感を抱いていたのも確かだろう。というのも、デカルトの『哲学原理』とは対照的に、ニュートンは『数学的諸原理』を自著のタイトルに選んだからだ。ニュートンは、より実験を重視した著書『光学』でも、同じように数学的な推論や方法論を取り入れている。[21] 彼は『光学』の冒頭で、「本篇での私の意図は、光の諸性質を仮説によって説明するのではなくて、推論と実験によって提案し、証明することである。このため私は次の定義と公理を前提としたい」［『光学』島尾永康訳、岩波書店］と記したあと、まるでユークリッド幾何学の本のように、簡潔な定義と命題を載《の》せている。そして、本の最後では、「数学と同様、自然哲学においても、難解な事柄の研究には、分析の手法による研究が総合の方法に常に先行しなければならない」［前掲書より。一部表記を修正］と締めくくっている。

ニュートンが当時の数学的手法を用いて成し遂げた偉業はまさに奇跡的である。奇《く》しくもガリレオの亡くなった年に生まれた天才は、力学の基本法則を築き上げ、惑星の運動法則を見出し、光や色の現象の論理的な基礎を打ち立て、微積分学の研究の土台を敷《し》いた。これだけでも、ニュートンはもっとも卓越した科学者のひとりとしてふさわしいはずだ。しかし、ニュートンを史上最高の魔術師――つまり史上もっとも偉大な科学者――へと押し上げたのは、重力に関する研究だ。彼の研究は、天上界と地上界の隙間《ギャップ》を埋め、天文学と物理学を融合させ、全宇宙を数学という一本の傘《かさ》で覆ったのである。その偉大なる書、『プリンキピア』はいかにして生まれたのか？

私は重力が月の軌道にまで及ぶと考えるようになった

古物研究家で医師のウィリアム・ストゥークリ（一六八七〜一七六五）は、初めてニュートンの伝記を記した人物である。ふたりは四〇歳以上も年齢が離れていたものの、親しい仲だった。彼の著書『アイザック・ニュートン卿《きょう》の生涯に関する回顧録（*Memoirs of Sir Isaac Newton's Life*）』には、科学史上もっとも有名な次の伝説が記されている。[22]

一七二六年四月一五日、私はケンジントンのオーベルズ邸宅にあるアイザック卿の住まいを訪れ、夕食をともにし、一日じゅうふたりきりで過ごした。……（中略）……夕食後、暖かくなってきたので、私たちふたりは庭に出て、リンゴの木の木陰《こかげ》で紅茶を飲んだ。すると彼は、重力のアイデアがひらめいたのは今日と似たような状況だったと話してくれた［一六六六年にニュートンはペスト流行の影響でケンブリッジから故郷に戻っている］。庭で物思いにふけっていたとき、木からリンゴが落ちたのだという。なぜリンゴは必ず地面に垂直に落ちるのかと彼は考えた。なぜ、横にも上にも行かず、常に地球の中心に向かうのか？　それは、地球が引っ張っているからだ。物質には引き付ける力があるに違いない。そして、地球に働く引力は、地球の片方ではなく、中心にすべて集まっているはずだ。したがって、リンゴは垂直に、すなわち地球の中心に向かって落ちるのだ。物質が物質を引っ張るとすれば、その力は質量に比例するはずだ。したがって、地球がリンゴを引っ張るのと同じく、リンゴも地球を引っ張っている。重力と呼ばれる力が存在し、それは宇宙全体にまで及ぶ。……（中略）……これこそ、数々の驚くべき発見が生まれた瞬間なのである。そして、彼は強固な土台の上に、ヨーロッパじゅうの人々が驚く哲学を築いていったのだ。

このリンゴにまつわる神話のような出来事が、一六六六年に本当に起きたのかどうかは別にしても、この伝説はニュートンの並外れた才能や深い分析力を十分には伝え切れていない[23]。ニュートンが一六六九年以前に重力理論に関する最初の論文を書いていたのは間違いないが、彼はリンゴが落ちるのを見なくても、地球が地表に向かって物体を引き付けることに気付いていたはずだ。さらに、落ちるリンゴを見ただけで、普遍的な重力法則を築き上げられるほどの発想が湧《わ》いたとも考えにくい。実際、いくつかの証拠によれば、普遍的に働く重力について明確に説明するのに必要な概念は、一六八四～八五年ごろにようやく思い付いたようだ。科学史上でも類を見ない偉大な発想にたどり着くまでには、ニュートンほどの才能の持ち主でさえ、数え切れないほどの思考の段階を踏まなくてはならなかったのである。

すべての原点は、ユークリッドの巨大な幾何学論文『原論』との冴《さ》えない出会いだった[24]。ニュートン自身の証言によれば、彼は当初、それぞれの命題の見出しにしか目を通さなかったという。というのも、あまりに簡単すぎて、こんなものを証明して何が楽しいのかと感じたからだという。彼が初めて目を留《と》め、何行か説明を読んだのは、「直角三角形において、斜辺の長さの二乗は残りの二辺の長さの二乗の和に等しい」という命題――すなわちピタゴラスの定理――だった。意外なことに、ニュートンはケンブリッジ大学のトリニティ・カレッジ在学中に数学書を何冊か読んではいたが、当時刊行されていた本の多くは読んだことがなかった。彼には読む必要すらなかったのかもしれない。

ニュートンの数学的思考や科学的思考に大きな影響を与えた本を一冊挙げるとすれば、間違いなくデカルトの『幾何学』だろう。彼は一六六四年にその本を読み、何度も読み返しながら、少しずつ自分のものにしていった。関数や自由変数の持つ柔軟性は、ニュートンにとって無限の可能性を秘めるものだった。解析幾何学は、微積分学の構築や、関数、接線、曲率の研究の道を切り開いただけでなく、ニュートンの〝科学者魂〟にも火をつけた。定規やコンパスを用いた退屈な説明は時代遅れとなり、どんな曲線も代数式で表せるようになったのだ。すると、一六六五～六六年にかけて、ロンドンで恐ろしいペストが猛威をふるった。毎週数千人単位の死者が出るなか、ケンブリッジ大学も閉鎖を余儀《よぎ》なくされた。ニュートンは大学を離れ、ウールスソープという僻村《へきそん》にある実家に戻ることになった。そこで彼はのんびりとした田舎暮らしを続けつつも、月を軌道上に引き留めている力と、地球の重力（リンゴを落下させる力）が実はまったく同じ力であることを証明しようとした。彼は一七一四年ごろに記した覚書《おぼえがき》で、当初の苦労を次のように綴《つづ》っている。

そして同じ年［一六六六年］、私は重力が月の軌道にまで及ぶと考えるようになった。そして、球面に内接して回転する球体がその球面を押す力を求める方法を発見し、惑星の公転周期が軌道の中心からの距離の二分の三乗に比例するというケプラーの法則から、惑星を軌道上に引き留める力は回転の中心からの距離の二乗に反比例すると導いた。そのうえで、月を軌道に引き留めるのに必要な力と、地表上の重力を比較したところ、かなり近いことがわかった。これはすべてペストが流行した一六六五～六六年の二年間のことであった。このころ、私は想像力の絶頂期にあり、あとにも先にもこれほど数学や哲学に心血《しんけつ》を注いだことはなかった。(25)

ニュートンはここで、惑星の運動に関するケプラーの法則から、ふたつの球体間の重力は距離の二乗に反比例するという重大な結論を導いている。つまり、もし地球と月の距離が三倍になれば、月が受ける重力は九分の一になるということだ。

理由は定かではないが、ニュートンは一六七九年まで、重力や惑星の運動に関して、これといった研究をしていない。(26)しかし、宿敵のロバート・フックから二通の手紙を受け取ったことをきっかけに、力学全般、特に惑星の運動に対する興味が再燃する。よみがえった好奇心は劇的な成果を生み出す。彼は自身の築いた力学法則を用いて、惑星の運動に関するケプラーの第二法則を証明したのだ。特に、ニュートンは惑星が楕円軌道を描きながら太陽の周囲を回るとき、惑星と太陽を結ぶ線分の一定時間に掃《は》く面積が常に等しいことを証明した（図28）。また、楕円軌道を描く物体について、楕円の焦点に対する引力は距離の二乗に反比例することも証明した。これらの発見は、『プリンキピア』刊行に向けた大きな一歩となった。

『プリンキピア』

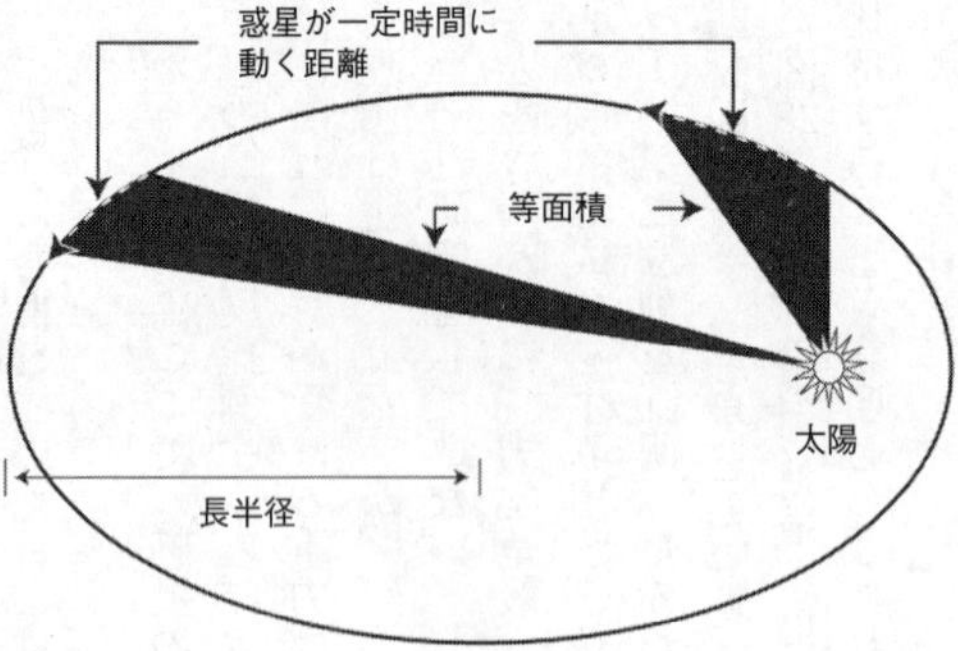

図28

ハレーがケンブリッジ大学のニュートンを訪れたのは、一六八四年春から夏のことであった。ハレーはそれまで、著名な建築家のクリストファー・レン（一六三二〜一七二三）やロバート・フックを相手に、惑星の運動に関するケプラーの法則について話し合っていた。この話し合いのなかで、フックとレンは何年か前に逆二乗の法則を導いたものの、完璧な数学理論を築き上げるには至らなかったのだと話していた。そこでハレーは、ニュートンに核心を突《つ》く質問を投げかけた。「あなたは逆二乗の法則に従って引力を受ける惑星の軌道がどのような形を描くかご存知ですか？」と。驚くべきことに、ニュートンは数年前に楕円だと証明したと答えた。このエピソードについて、数学者のアブラーム・ド・モアブル（一六六七〜一七五四）はある覚書で次のように記している（図29に示すのは覚書の一ページ）。

一六八四年、ハレー博士はケンブリッジ大学の彼

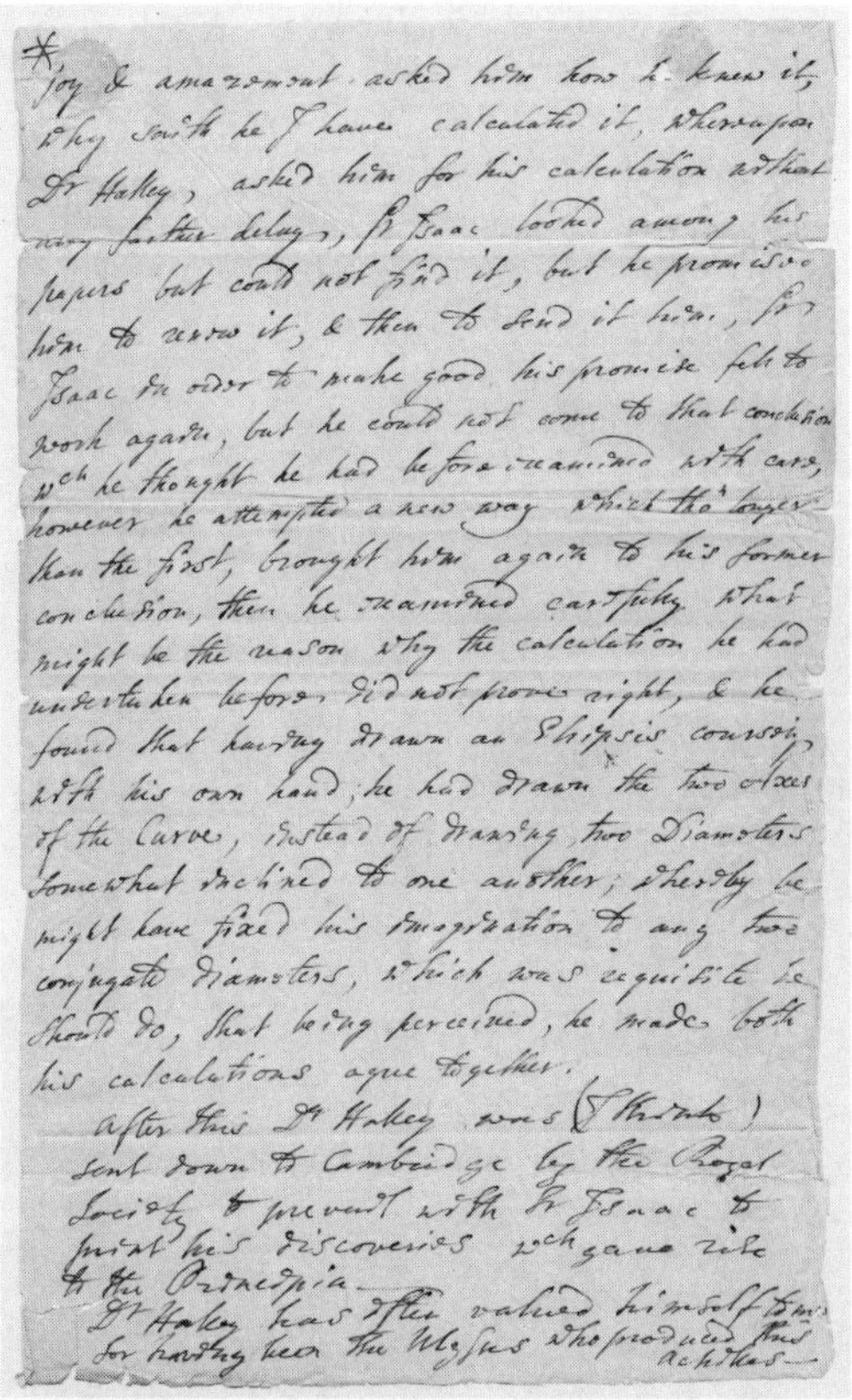
* joy & amazement asked him how he knew it,
why saith he I have calculated it, whereupon
Dr Halley asked him for his calculation without
any farther delay, Sr Isaac looked among his
papers but could not find it, but he promised
him to renew it, & then to send it him, Sr
Isaac in order to make good his promise fell to
work again, but he could not come to that conclusion
wch he thought he had before examined with care,
however he attempted a new way which tho' longer
than the first, brought him again to his former
conclusion, then he examined carefully what
might be the reason why the calculation he had
undertaken before did not prove right, & he
found that having drawn an Ellipsis coursely
with his own hand, he had drawn the two Axes
of the Curve, instead of drawing two Diameters
somewhat inclined to one another, whereby he
might have fixed his imagination to any two
conjugate diameters, which was requisite he
should do, that being perceived, he made both
his calculations agree together.
After this Dr Halley was (I think)
sent down to Cambridge by the Royal
Society to prevail with Sr Isaac to
print his discoveries wch gave rise
to the Principia.
Dr Halley has often valued himself [illegible]
for having been the Ulysses who produced this
Achilles—

図29

［ニュートン］を訪れた[27]。ふたりで幾許《いくばく》かの時間を過ごしたあと、ハレーは太陽に対する引力が距離の二乗に反比例すると仮定したら、惑星の軌道はどうなるかと訊《たず》ねた。するとアイザック卿《きょう》は楕円と即答した。博士は驚嘆し、どうしてご存知なのかと訊ねた。そりゃあ、計算したからですよ、とアイザック卿。すぐに博士は、その計算を見せてほしいと頼んだ。アイザック卿は書類を探したが見つからなかったため、書き直して送ると約束した。

ハレーは一六八四年一一月に再びニュートンのもとを訪れる。その間《かん》に、ニュートンは必死で作業をしていた。ド・モアブルは次のように簡単に記している。

アイザック卿は約束を守るため、再び研究に取りかかったのだが、かつて念入りに確認したつもりでいた結論にたどり着くことができなかった。しかし、彼は新しい方法を試みた。最初よりも念入りな方法を用いて、彼は以前と同じ結論を導くことに成功した。その後、以前の計算がうまくいかなかった理由を詳しく調べたところ、いずれの計算も一致することが判明した。

この短すぎる説明からは、ニュートンがハレーの一回めの訪問から数カ月のあいだに何をしたのかが釈然としない。彼は論文『回転する物体の運動について（*De Motu Corporum in*

Gyrum)』で、円軌道や楕円軌道を描く物体の大半の性質や、ケプラーのすべての法則を証明し、さらには空気などの抵抗物質内の粒子の運動も説明している。ハレーは圧倒され、驚異的な発見をすべて公表するよう説得した。ついに『プリンキピア』が誕生しようとしていた。

当初、ニュートンは『プリンキピア』を『回転する物体の運動について』の増補版程度に考えていた。しかし、いざ取りかかってみると、さらに詳しい考察が必要なテーマが見つかった。彼の脳裏《のうり》に引っかかっていたのは特に次のふたつだった。まず、彼は重力法則を築く際に、太陽、地球、惑星を大きさのない数学的な質点と仮定していた。もちろん、これが現実と異なることは承知していたため、法則を太陽系に適用して得られる結果は近似にすぎないと理解していた。彼が一六七九年以降、重力の研究から遠ざかったのは、この不満が原因ではないかと推測する人々もいる(28)。リンゴの受ける力について考察する場合には、さらに事態は深刻化する。明らかに、リンゴの木の真下《ました》にある地面は、地球の裏側部分と比べてリンゴとの距離がだいぶ短い。とすると、地球の重力の総和《そうわ》をいったいどのように計算すればよいのか？　天文学者のハーバート・ホール・ターナー（一八六一～一九三〇）は、一九二七年三月一九日の《ロンドン・タイムズ》紙の記事で、ニュートンの苦悩を次のように説明している。

当時、彼の頭には、引力が距離の二乗に反比例するという一般概念はあったが、その完全な適用方法を見出すのに大きな苦労を抱えていた。それは凡人には気付かぬことであった。なかでももっとも重大な問題は、一六八五年まで解決できなかった。……(中略)……それは、地球の遠方にある月などの物体にかかる引力と、地表付近のリンゴにかかる引力をどう結び付けるかという問題だった。前者の場合、地球を構成する無数の粒子は、月からの距離も方向もほとんど差がない(ニュートンは粒子のそれぞれに自身の法則を適用し、法則を普遍化したいと考えていた)。しかし、リンゴとなれば、距離も方向も大きな差がある。リンゴの場合、個々の引力を合計し、合力《ごうりょく》を求めるにはどうすればよいのか？　引力が集中する〝重心〟のようなものがあるとしたら、それはどこなのか？

ようやく突破口が見えたのは一六八五年春のことだった。ニュートンはふたつの球体について、「一方の球体が他方を引き付ける力は、中心間の距離の二乗に反比例する」という基本定理を証明したのだ。つまり、重力に関して言えば、球体は中心にすべての質量が集中した質点のようにふるまうということだ。数学者のジェームズ・ウィットブレッド・リー・グレーシャー(一八四八〜一九二八)は、この美しい証明の重要性を訴えた。一八八七年に開かれたニュートンの『プリンキピア』の二〇〇周年記念式典の演説で、彼は次のように語っている。(29)

このすばらしい定理を証明した瞬間に、宇宙のあらゆるメカニズムがいっせいに彼の目の前に広がったのです。そして彼自身、数学的研究によって明らかになるまで、これほど美しい結果が得られるとは思ってもいませんでした。……（中略）……彼はそれまで、法則を太陽系に適用した場合、結果は近似にすぎないと考えていました。しかし、その法則が実は厳密なものなのだとわかったとき、ニュートンの目にはどれだけ違う姿に映ったことでしょう。……（中略）……この〝近似〟から〝厳密〟への突然の変化が、ニュートンの研究意欲に刺激を与えたことは間違いありません。ニュートンはその日から、天文学の具体的な問題に、絶対の精度を持った数学的解析を用いることができるようになったのですから。

ニュートンが『回転する物体の運動について』の原稿の執筆中に頭を悩ませていたもうひとつの問題は、惑星が太陽を引き付ける力の影響を無視しているという点だった。つまり、当初の理論では、太陽を現実世界には〝まず存在しえない〟ような、不動の力の中心と見なしていたのである。しかも、この理論は、「引き付ける物体と引き付けられる物体の作用は常に相互的で等しい」とするニュートンの第三法則とも矛盾していた。第三法則に従えば、どの惑星も太陽が惑星を引き付けるのとまったく同等の力で太陽を引き付けているはずだ。そこでニュートンは、「ふたつの物体［地球と太陽など］が存在するとき、引き付ける物体も引き付けられる物体も静止していることはありえない」と結論付けた。一見すると些細《ささい》なこの発見が、万有引力という概念の誕生に向けた大きな一歩となる。ニュートンの思考を追ってみよう。太陽が地球を引っ張っているなら、地球も太陽を同じ力で引っ張っているはずだ。つまり、単に地球が太陽の周りを回っているのでなく、地球と太陽が共通の重心を中心に回っている。それだけではない。ほかの惑星もすべて太陽を引き付けていて、しかも太陽だけでなく全惑星からの引力を受けている。これと同じことが、木星とその衛星、地球と月、リンゴと地球にも言える。然《しか》らば答えは歴然。重力というものはただひとつしかなく、宇宙内のあらゆる物体同士に作用するのである。それがニュートンに必要なすべてだった。一六八七年七月、五一〇ページからなる濃密なラテン語の著書『プリンキピア』が出版された。ニュートンは四パーセント程度もばらつきのある観測や実験から、一〇〇万分の一の精度を上回る重力法則を築き上げた。彼は史上初めて、自然現象の説明と観測結果の持つ予測能力を統合したのである。物理学と数学は永久に結び付き、科学と哲学の分離は避けられなくなった。

一七一三年、ニュートン自身や数学者のロジャー・コーツ（一六八二～一七一六）などによって大幅な編集が加えられた『プリンキピア』第二版が発売された（図30はその扉）。冷《れい》血漢《けっかん》として知られるニュートンは、尽力してくれたコーツに序文で謝辞を述べることさえしなかった。それでも、三三歳のコーツが高熱で亡くなると、ニュートンは「彼が生きていれば、人類に重大な発見をもたらしていただろう」と一定の評価を述べている。

面白いことに、第二版ではニュートンの神に対する印象的な思想が、思い付きのように述

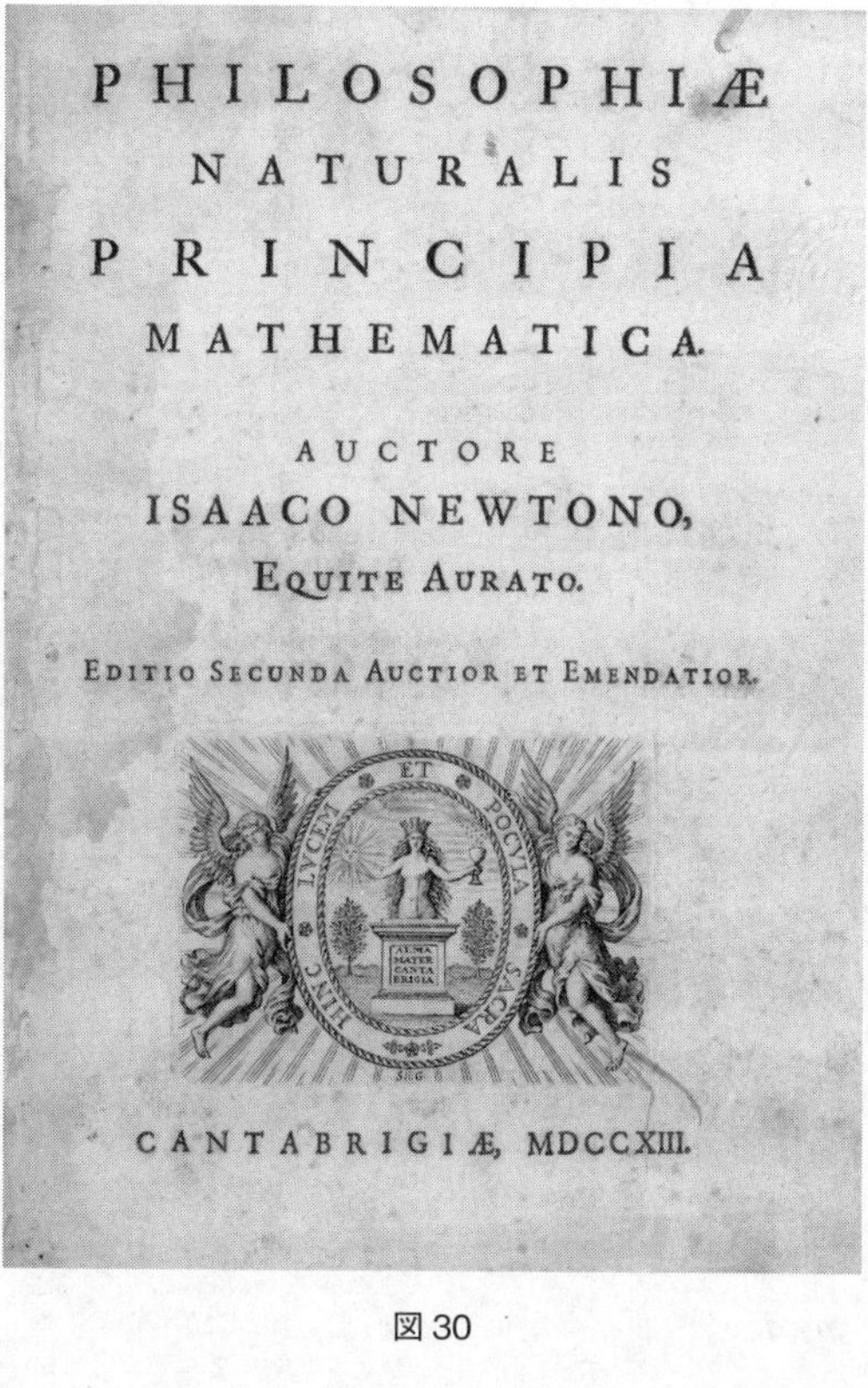
PHILOSOPHIÆ
NATURALIS
PRINCIPIA
MATHEMATICA.
AUCTORE
ISAACO NEWTONO,
EQUITE AURATO.
EDITIO SECUNDA AUCTIOR ET EMENDATIOR.
ET POCULA SACRA
HINC LUCEM
ALMA MATER CANTABRIGIA
CANTABRIGIÆ, MDCCXIII.

図 30

べられている。一七一三年三月二八日、『プリンキピア』第二版の完成まであと三カ月もないころ、彼はコーツへの手紙で、「自然現象から神を語るのは、まさしく自然哲学に属することなのです」と述べている。実際、彼は『プリンキピア』の総仕上げともいえる「一般的註解」というセクションで、永遠にして無限、全能にして全知なる神について、自らの考えを述べている。

だが、宇宙の数学性がこれほど明らかになっても、神の役割は変わらないままだったのだろうか？　それとも、神はますます数学者と同一視されるようになっていったのか？　重力の法則が確立するまで、惑星の運動は紛《まぎ》れもなく神の仕業《しわざ》と考えられていた。ニュートンやデカルトは、科学で自然を説明するという世の中の流れをどう思っていたのか？

ニュートンとデカルトにとっての〝神〟という数学者

当時の大半の人々と同じように、ニュートンもデカルトも信心深い男だった。ヴォルテールというペンネームで知られるフランスの作家、フランソワ＝マリー・アルエ（一六九四～一七七八）は、ニュートンをテーマにした著書を数多く記しているが、「神が存在しないとすれば、われわれが神を発明せねばならないだろう」と言ったことで有名だ。

ニュートンにとっては、世界の存在そのものや、宇宙の数学的な規則性が、神の存在証明だった。[30] このような因果的推論を最初に用いたのは神学者のトマス・アクィナス（一二二五ごろ～一二七四ごろ）であり、哲学用語でいえば〈宇宙論的証明〉や〈目的論的証明〉に分類される［訳注：中世キリスト教神学において、神の存在を理性で証明しようとする手順を「神の存在証明」と呼ぶ。カントの分類によれば、神の存在証明には「目的論的証明」、「本体論的証明」、「宇宙論的証明」、「道徳論的証明」の四つの立場がある。トマス・アクィナスは著書『神学大全』で神の存在証明について記している］。簡単に言えば、宇宙論的証明とは、物質世界が何らかの方法で誕生したのは事実であるから、さかのぼれば第一原因《カウサ・プリマ》、すなわち創造主である神が存在しなければならないという主張だ。目的論的証明とは、世界に設計の跡《あと》が認められることから、神の存在を証明しようとするものだ。ニュートンは『プリンキピア』のなかで、「この太陽、惑星、彗星の壮麗きわまりない体系は、全知全能の存在の深慮《コンシリウム》と支配《ドミニウム》によって生ぜられたとしか考えようがありません。また、もし恒星がほかの同様な体系の中心であるとしたら、それらも同じ全知の意図のもとに形作られ、すべて〝唯一者《ウユゥス》〟の支配に服するものでなければなりません」［『自然哲学の数学的諸原理』より。一部改変］と述べている。宇宙論的証明、目的論的証明、あるいはそのほかの主張が神の存在の証明として妥当かどうかについては、何世紀にもわたって哲学者のあいだで議論が交わされている[31]。結局のところ、有神論者は証明などなくても神を信じるし、無神論者はどんな証明を提示されても納得しない、というのが私の個人的な印象だ。

ニュートンは、自身の法則の普遍性を引き合いに出して、主張にひとひねりを加えた。彼は、宇宙全体が同じ法則に従い、安定しているという事実を、神の〝導きの手〟が存在する証拠と考えたのである。彼は同著で、「わけても恒星の光は太陽の光と同一の本性［傍点は筆者」を持ち、あらゆる体系はあらゆる体系に、互いに光を送り交わすからです。しかもこの恒星を中心とする諸体系が、自身の重力によって互いに落下することのないよう、神は恒星同士を限りない隔たりに置き給《たも》うたのです」〔『自然哲学の数学的諸原理』より。一部改変〕と記している。

さらに、著書『光学』では、自然法則だけでは宇宙の存在を説明するのに十分ではないと明確に述べている。ニュートンにとって、宇宙物質を構成するすべての原子《アトム》を創造し、維持しているのは神だった。「有形の事物《じぶつ》に秩序を与えることは、それらを創造した者にこそふさわしいからである。そして、もしそれが神の御業《みわざ》であるならば、世界の起原をほかに求めること、つまり、世界は単なる自然法則によって渾沌《こんとん》から生じたのであろうなどと主張することは、非哲学的である」〔『光学』。一部改変〕と彼は記している。別の言い方をすれば、ニュートンにとって神は比喩としての数学者ではなかった。文字どおり、創造主である神が数学法則に従う物質世界を作ったということなのだ。

ニュートンよりもさらに哲学に傾倒していたデカルトは、神の存在証明に取り憑《つ》かれていた。デカルトにとって、われわれ自身の存在証明（「我《われ》思う、ゆえに我在《われあ》り」）から、客観科学の構築へと進む過程で、全知全能なる神の存在を紛《まぎ》れもなく証明することは避けて通れない道だった。この〝神〟こそが、あらゆる真理の究極の源《みなもと》であり、人間の推論の信頼性を保証する唯一の存在だと彼は主張した。この怪しげな循環論法は、デカルトの時代でもすでに批判を浴びていた。その急先鋒に立ったのはフランスの哲学者、神学者、数学者のアントワーヌ・アルノー（一六一二～九四）だった。彼の発した疑問は単純にして痛烈だった——人間の思考プロセスの信頼性を保証するために、神の存在を証明しなければならないとすれば、人間の頭脳が導き出した神の証明そのものは、いったいどうやって信頼すればいいのか？　デカルトは、この推論の悪循環から逃れようと手を尽くしたが、後世の哲学者の多くはその方法に納得しなかった。デカルトが考え出したもうひとつの存在証明もまた、同じくらい怪しげなものだった。哲学の用語では〈本体論的証明〉と呼ばれている。哲学的神学者だったカンタベリーの聖アンセルムス（一〇三三～一一〇九）は、一〇七八年に初めて本体論的証明を提唱した。以降、この推論手法は何度も現れている。その推論手法とはこうだ。神はその定義に従って完璧無比であるため、想像しうるもっとも偉大な存在である。しかし、神が存在しないと仮定すれば、さらに偉大な存在を考えうることになる。つまり、神の持つあらゆる完全性を備えた存在よりも、さらに偉大な存在が存在しうる。これは、神が想像しうるもっとも偉大な存在であるという定義に矛盾する。ゆえに、神は存在しなければならない。デカルトの言葉を借りれば、「内角の和が二直角に等しいという事実が三角形の本質から切り離せないのと同じく、存在は神の本質から切り離せない」[32]のだ。

哲学者の多くは、このような論理的なからくりに納得しなかった。物質世界で重要な意味を持つもの——特に神ほど偉大なもの——の存在を証明するには、論理だけでは不十分だと考えたからだ。

不思議なことに、デカルトは無神論を広めたとして糾弾されており、彼の著書は一六六七年にカトリック教会の禁書目録に載《の》せられた。彼が神を真理の究極の保証人と主張していたことを考えると、不可解な嫌疑だった。

純粋に哲学的な疑問は置いておくことにして、本書の目的と照らし合わせてもっとも興味深いのは、神があらゆる「永久不変の真理」を創造したとするデカルトの見解である。「神のほかの創造物と同じく、永久不変の数学的真理も、神が創造したものであり、神に完全に依存している」と彼は断言している。つまり、デカルトにとって神は、数学の創造者というだけでなく、数学法則が支配する物質世界の創造者でもあるという意味で、数学者以上の存在だったわけだ。一七世紀末にかけて広まっていったこの世界観に従うならば、明らかに人間は数学を発明したのではなく、発見したにすぎないことになる。

さらに重要なのは、ガリレオ、デカルト、ニュートンの研究によって、数学と科学の関係が大きく変化したことだ。まず、科学の爆発的な発展が、数学研究の強力な原動力になった。次に、ニュートンの法則の登場で、微積分学のような抽象的な数学分野が、物理的な説明の要《かなめ》になった。そしてもっとも重要なのは、数学と科学の境界が見分けの付かないほどぼやけ、数学を理解することと、科学の広大な領域を探求することが、ほぼ等しい意味を持つようになったことだ。これによって、古代ギリシャ時代以来といっても過言ではないほどの数学ブームが訪れた。数学者たちは、発見の可能性を無限に秘めた世界が、自分たちの征服を待っていると感じていたのである。

第5章　統計学者と確率学者——不確実性の科学

世界は止まっていない。われわれの周りにあるほとんどのものは動いているか、絶えず変化している。安定しているように見えるわれわれの足下《あしもと》の地球も、自転軸を中心に回転し、太陽の周囲を公転し、さらには太陽とともに銀河系の中心の周りを回っている。われわれの吸う空気は、ランダムに運動しつづける無数の分子で構成されている。植物は成長し、放射性物質は崩壊し、気温は季節ごと一日ごとに変動し、人間の平均寿命は増加しつづけている。しかしながら、宇宙のこの絶え間ない変化は、数学の行く手を阻《はば》まなかった。ニュートンやライプニッツのもたらした〈微積分学〉という数学分野は、運動や変化の厳密な解析や正確なモデル化を可能にした(1)。今や、微積分という道具は絶大な力を誇るようになり、スペース・シャトルの運動から伝染病の拡散まで、ありとあらゆる問題の分析に用いられるようになった。映画では動きをフレームごとに分解してとらえることができるが、それと同じように微積分を使えば、変化をきめ細やかに測定し、瞬間的な速度、加速度、変化率など、瞬時の量を決定できるのだ。

ニュートンやライプニッツの偉大な足跡《そくせき》に従い、「理性の時代」(一七世紀後半〜一八世紀)の数学者たちは微積分学を発展させ、さらに強力で応用性の高い〈微分方程式〉という数学分野を築き上げた。科学者たちはこの新しい武器を手に、バイオリンの弦《げん》が奏でる音楽から、熱伝導、コマの運動、液体や気体の流れまで、さまざまな現象の詳細な数学理論を構築できるようになった。それからしばらく、微分方程式は物理学の発展に欠かすことのできない道具となった。

微分方程式が切り開いた新たな広野《こうや》を初めて探検したのが、有名なベルヌーイ家の面々《めんめん》である。(2) 一七世紀中盤から一九世紀中盤にかけて、ベルヌーイ家は八人もの大数学者を輩出してきた。しかしながら、ベルヌーイ家は数学の功績もさることながら、家族同士の激しい論争でもよく知られている。(3) ベルヌーイ家は数学的な優越をめぐって常に競争しつづけていたが、彼らが議論していた問題のなかには、今日《こんにち》から見ればくだらなく思えるようなものもある。それでも、そういった難解な問題の解決が、重大な数学的発見につながることも少なくなかった。総じて言えば、数学をさまざまな自然現象を説明する言語として確立するうえで、ベルヌーイ家が大きな役割を果たしたのは間違いない。

ベルヌーイ家でも特に優秀な兄弟、ヤコプ(一六五四〜一七〇五)とヨハン(一六六七〜一七四八)の複雑な心中《しんちゅう》を示すエピソードを紹介しよう。ヤコプ・ベルヌーイは〈確率論〉の先駆者だった(彼については本章で後ほど説明する)。しかし、一六九〇年、ヤコプはル

図31

ネサンス時代を代表する男、レオナルド・ダ・ヴィンチが二世紀前に提唱した問題の研究に追われていた。弾力はあるが伸縮しない鎖を二点で吊したとき（図31）、鎖はどのような形をなすか？　レオナルドはノートにそのような鎖を何本かスケッチした。デカルトも友人のイザーク・ベークマンから問題を教えられたが、解こうとした形跡は残っていない。最終的に、この問題は〈懸垂曲線《カテナリー》〉の問題と呼ばれるようになった（鎖を意味するラテン語 catena より）[4]。ガリレオは鎖が放物線の形をなすと考えたが、フランス人イエズス会士のイグナティウス・パルディ（一六三六～七三）が誤りを証明した。しかし、彼は正しい形状を数学的に求めようとはしなかった。

ヤコプ・ベルヌーイが問題を提起してからちょうど一年後、弟のヨハンが微分方程式を用いて問題を解いた。ライプニッツと、オランダの数理物理学者、クリスティアン・ホイヘンス（一六二九～九五）も解いたが、ホイヘンスの解法ではあいまいな幾何学的手法が用いられていた。ヨハンは、ヤコプの死後一三年が経《た》っても、兄や教師を手こずらせた問題を解いたことを自慢の種にしていた。彼はフランスの数学者、ピエール・レモン・ド・モンモール（一六七八〜一七一九）に宛てた一七一八年九月二九日の手紙で、次のように喜びをあらわにしている。

この問題を出したのは私の兄——それは事実だ。しかし、だからといって彼が解《かい》を知っていたということになるのか？　そんなことはない。私の提案で兄がこの問題を提唱したとき（思い付いたのは私が先だったのだ）、ふたりとも答えがわからず、解くのをあきらめた。しかし、《ライプニッツ氏が一六九〇年の《ライプツィヒ学術論叢《ろんそう》》の三六〇ページで、以前にこの問題を解いたが解法は公表しなかったことを告げ、研究者たちに問題を解く時間を与えると、兄と私は再びやる気になり、問題に没頭したのだ。[5]

ヨハンは問題を考えたのも自分だと堂々と言ってのけると、喜びを隠す素振《そぶ》りもなく、次のように続けた。

兄の努力は失敗に終わった。私はといえば、幸運にも問題を完全に解く絶妙な方法を見つけたのだ（自慢しているつもりはない。事実を述べているだけだ）。そのおかげで一晩じゅう寝る暇がなかったが、……（中略）……翌朝、私は喜び勇んで兄のところに走っていった。そうしたら、情けないことに、兄はまだ四苦八苦している。いつまで経っても答えが出ず、放物線じゃないかと、ガリレオみたいなことを言ってるんだ。やめろ、やめろ、懸垂曲線が放物線だと証明しようなんていう無駄な努力は。間違っているんだから。そう私は言った。……（中略）……それなのに、君は兄が解法を見つけたんじゃないかと言う。……（中略）……君に訊《き》きたい。もし兄が問題を解いたのだとしたら、ホイヘンスやライプニッツと同じ最初の正解者の名誉が手に入るっていうのに、それを私に譲るなんてお人好しなことをすると思うか？

数学者も人の子だという証拠がいつか必要になったときには、このエピソードで十分だろう。しかし、家族同士に対立があったからといって、ベルヌーイ家の功績に傷が付くわけではない。懸垂曲線の一件のあと、ベルヌーイ家のヤコブ、ヨハン、ダニエル（一七〇〇～八二）は吊《つ》りひもに関するさまざまな問題を解決しただけでなく、微分方程式の理論全般を前進させ、抵抗物質中の飛翔体の運動を求めた。

懸垂曲線のエピソードは、数学の威力のもうひとつの側面を示している。一見すると些細《ささい》な物理的問題にも数学的な解決策が潜んでいるということだ。ちなみに、懸垂曲線は、今もミズーリ州セントルイスの有名なゲートウェイ・アーチ［訳注：ミシシッピ川沿いの公園に一九六五年に建てられたアーチ状のモニュメント。高さは一九二メートルにも及び、頂上には展望台も設置されている］を訪れた無数の観光客を楽しませている。フィンランド出身の建築家、エーロ・サーリネン（一九一〇～六一）と、ドイツ系アメリカ人の構造家、ハンスカール・バンデル

（一九二五〜九三）は、ゲートウェイ・アーチの設計にあたって、懸垂曲線をひっくり返したような形を用いたのだ。

自然科学の分野で、宇宙のふるまいを支配する数学法則が発見されたとなると、必然的に次のような疑問が浮かんでくる。生物、社会、経済のプロセスにも同じような原理が存在するのか？　数学は自然のみの言語なのか？　それとも、人間の言語でもあるのか？　たとえ普遍的な原理が存在しなかったとしても、数学的な道具を用いれば、少なくとも社会的行動をモデル化し、説明することができるのか？　当初、多くの数学者は微積分学の何らかの〝法則〟を使えば、多かれ少なかれ未来の出来事を正確に予測できると確信していた。そのひとりが偉大な数理物理学者、ピエール＝シモン・ラプラス（一七四九〜一八二七）だった。ラプラスは全五巻の著書『天体力学（*Mécanique céleste*）』で、近似的にとはいえ太陽系の運動を初めてほぼ完璧に求めた。さらに、彼は巨人ニュートンをも悩ませた問題も解いた。なぜ太陽系は安定しているのか？　ニュートンは、互いの引力の影響で、惑星は太陽に落下してしまうか、自由空間に飛び出していってしまうはずだと考えた。そして、そうならないのは神の御業《みわざ》によるものだと考えたのである。ラプラスの見方は違った。彼は神の御業には頼らず、太陽系が一定期間――それもニュートンの予測よりもはるかに長い期間――安定していられることを数学的に証明した。この難問に対処するため、彼は〈摂動《せつどう》論〉という数学的形式を導入し、各惑星の軌道のわずかな摂動の累積的な影響を計算した。その集大成として、ラプラスは太陽系の起源に関する最初のモデルを提唱した。彼は〈星雲説〉を唱え、太陽系はガス状の星雲が固まって形成されたと主張した。

こうした偉大な実績を考えると、彼が著書『確率の哲学的試論』で次のような大胆な宣言をしたのも不思議ではない(6)。

すべての事象は、たとえそれが些細であるために自然の偉大な法則に従うとは見えないようなものでさえも、太陽の運行と同じく必然的にこの法則から生じている。これらの事象と宇宙の全体系とを結ぶつながりを知らないので、人は……（中略）……目的因によるものとしたり、偶然によるものとしたりする。……（中略）……したがって、われわれは、宇宙の現在の状態はそれに先立つ状態の結果であり、それ以後の状態の原因であると考えなければならない。ある知性が、自然を動かしているすべての力と自然を構成しているすべての存在物の各々の状況を知っているとし、さらにこれらの情報を分析する能力を持っているとしよう。するとこの知性は、宇宙のもっとも大きな物体の運動も、またもっとも軽い原子の運動をも同一の方程式のもとに取り入れるであろう。この知性にとって不確かなものは何ひとつないであろうし、その目には未来も過去と同様に浮かぶことであろう。天文学に完全性を与えることができた人間の精神は、この知性が何たるかをおぼろげながらに示しているのだ。

〔『確率の哲学的試論』内井惣七訳、岩波書店。一部改変〕

念のために言っておくと、ラプラスが仮定している究極の〝知性〟というのは神のことではない［訳注：この超越的存在は後に〈ラプラスの悪魔〉と呼ばれるようになった］。ニュートンやデカルトとは違って、ラプラスは神を信じていなかった。彼が『天体力学』をナポレオン・ボナパルトに贈呈すると、神についての言及がいっさいないと聞いていたナポレオンは、彼にこう指摘した。「聞いたところでは、そなたはこの巨大な本で宇宙の仕組みを記しているが、宇宙の創造者についてはいっさい触れていないというではないか」。するとラプラスは、「そのような仮説は不要だったからです」と即答した。面白いと思ったナポレオンは、数学者のジョゼフ＝ルイ・ラグランジュに彼の言葉を伝えた。するとラグランジュは「ははあ、それは見事な仮説だ。それならいろいろと説明が付く」と答えた。しかし、話はそれで終わりではない。ラグランジュの反応を伝え聞いたラプラスは、素《そ》っ気《け》なくこう返したという。「いえ、この仮説ならすべての説明が付くのです。しかし、何も予言できるわけではありません。学者として、私は予言を可能にする研究をおこなう義務があります」

二〇世紀に入って量子力学――原子内部の世界に関する理論――が発展すると、決定論的な宇宙観は楽観的すぎることがわかってきた。現代物理学によって、あらゆる実験の結果を予言することは原理的にさえ不可能であることが明らかになった。むしろ、理論で予言できるのはそれぞれの結果が起こる確率でしかない。社会科学が相手ともなれば状況はさらに複雑になる。無数の要素が絡《から》みあっているうえに、きわめて不確実な要素が多いからだ。一七世紀の研究者は、かなり早いうちから、ニュートンの重力法則に匹敵するような、厳密で普遍的な社会原理を導き出すのはそもそも不可能だと気付きはじめた。それからしばらく、人間の複雑さを考えれば確実な予言など不可能に等しいと考えられていた。それに集団全体の心理まで加味しなければならないとすれば状況はさらに絶望的だ。しかしながら、独創的な思想家たちは、絶望するどころか、画期的な数学の道具を生み出した。それが〈統計〉と〈確率〉である。

死と税金より確実なもの

イギリスの作家、ダニエル・デフォー（一六六〇～一七三一）は、ロビンソン・クルーソーの冒険物語でもっとも有名だが、超自然的存在をテーマとした『悪魔の政治史（*The Political History of the Devil*）』という著書も執筆している。この本で、デフォーは悪魔の行動の痕跡はあらゆるところにあると述べ、「死や税金と同じくらい確実なものは、信じるに値するはずだ」と記している。ベンジャミン・フランクリン（一七〇六～九〇）も確実性に関しては同じ見方をしていたようだ。彼は八三歳のとき、フランス人物理学者のジャン＝バティスト・ルロワに宛てた手紙で、「合衆国憲法が発効された。あたかも憲法が永久不滅であるかのようにうたっているが、この世界で確実と言い切れるのは死と税金だけである」と述べている。確かに、われわれの人生は予測不可能である。天災や人災は付きものだし、往々《おうおう》にして偶然の出来事に左右される。「… happens（～が起きる）」という表現は、人間が想定外の出来事に脆《もろ》く、偶然を制御できないことを表すために生まれたものである［訳

注：英語のhapやhappenには「偶然」「運」というニュアンスが含まれる。happyは運（hap）がいいという意味に由来する」。このようなハードルがあるにもかかわらず――いや、あるからこそ――、一六世紀以降の数学者、社会科学者、生物学者は、不確実性を体系的に扱おうと真剣に取り組んできたのだ。統計力学という分野が確立し、さらに物理学の根幹（量子力学）が不確実性に左右されていることが明らかになると、二〇世紀や二一世紀の物理学者たちも参戦しはじめた。厳密な予測が不可能であるという事実と闘うために彼らが持ち出した武器が、ある結果の確率を計算するという方法だった。結果の予測が不可能なら、その確率を計算するのが次善の策である。山勘《やまかん》や予想から少しでも脱却するために考えられた道具――統計や確率――は、今や現代科学の大部分だけでなく、経済からスポーツまで、ありとあらゆる社会活動の土台になっているのである。

われわれは何かを決断をするとき、無意識に確率や統計を用いている。たとえば、あなたはアメリカの二〇〇四年の自動車事故の死亡者数が四万二六三六人だということは知らないだろう。しかし、それが三〇〇万人だったとしたら、おそらくあなたの耳にも届いていたはずだ。そして、朝に車に乗り込むのをためらっていたかもしれない。では、なぜ交通事故の死亡者数が四万二六三六人だとわかると、車に乗っても大丈夫だと安心できるのだろう。それは、後ほど説明するように、膨大な数を標本にしているからだ。たとえば、人口が四九人しかいないテキサス州の町の一九六九年の死亡者数では、これほど当てにならないはずだ。確率や統計は、経済学者、政治コンサルタント、遺伝学者、保険会社など、膨大な量のデータから意義ある結論を導き出そうとする人が構える弓にとって、とりわけ重要な矢なのである。今や数学は、それまで精密科学の範疇《はんちゅう》には含まれていなかった分野にまで浸透している。そして、その橋渡し役を果たすのは、たいてい確率や統計なのである。それでは、この実りある分野はいかにして生まれたのか？

「統計《スタティスティクス》」という単語は、イタリア語の「国家《スタート》」と「国政に携わる人《スタティスティカ》」に由来しており、当初は政府役人が収集したデータの集まりを指すにすぎなかった。現代的な意味での「統計」の研究に初めて本格的に取り組んだのは意外な人物だった——一七世紀ロンドンのある小売店主である。ジョン・グラント（一六二〇～七四）は、ボタン、針、布の販売を生業《なりわい》にしていた。暇な時間がたっぷりとあったため、独学でラテン語とフランス語を学んでいたのだが、一六〇四年からロンドンで毎週発行されるようになった死亡表に興味を持ちはじめた[7]。死亡表とは、教区《きょうく》別の死亡者数を週ごとにまとめたもので、壊滅的な伝染病の兆《きざ》しをいち早く知らせることを主な目的として発行されるようになった。この生《なま》のデータを用いて、グラントは興味深い観察を開始し、その結果を八五ページの冊子『死亡表に関する自然的および政治的諸観察』として出版した。図32に掲載するのは彼の著書にある表のひとつで、六三種類もの死因と死亡者数がアルファベット順に掲載されている。彼はイギリス王立協会の会長への献辞で、「あるものは商業および政治に関し、他のものは空気、地方、季節、多産性、健康、疾病、長寿、および人類の性および年齢間の割合に関するのであります」［『死亡表に関する自然的および政治的諸観察』久留間鮫造訳、第一出版］と述べ、博物学の論文であることを印

(9)

The Diſeaſes, and Caſualties this year being 1632.

Abortive, and Stilborn	445	Jaundies	43
Affrighted	1	Jawfaln	8
Aged	628	Impoſtume	74
Ague	43	Kil'd by ſeveral accidents	46
Apoplex, and Meagrom	17	King's Evil	38
Bit with a mad dog	1	Lethargie	2
Bleeding	3	Livergrown	87
Bloody flux, ſcowring, and flux	348	Lunatique	5
Bruſed, Iſſues, ſores, and ulcers,	28	Made away themſelves	15
Burnt, and Scalded	5	Meaſles	80
Burſt, and Rupture	9	Murthered	7
Cancer, and Wolf	10	Over-laid, and ſtarved at nurſe	7
Canker	1	Palſie	25
Childbed	171	Piles	1
Chriſomes, and Infants	2268	Plague	8
Cold, and Cough	55	Planet	13
Colick, Stone, and Strangury	56	Pleuriſie, and Spleen	36
Conſumption	1797	Purples, and ſpotted Feaver	38
Convulſion	241	Quinſie	7
Cut of the Stone	5	Riſing of the Lights	98
Dead in the ſtreet, and ſtarved	6	Sciatica	1
Dropſie, and Swelling	267	Scurvey, and Itch	9
Drowned	34	Suddenly	62
Executed, and preſt to death	18	Surfet	86
Falling Sickneſs	7	Swine Pox	6
Fever	1108	Teeth	470
Fiſtula	13	Thruſh, and Sore mouth	40
Flocks, and ſmall Pox	531	Tympany	13
French Pox	12	Tiſſick	34
Gangrene	5	Vomiting	1
Gout	4	Worms	27
Grief	11		

Chriſtened { Males—4994, Females-4590, In all—9584 }   Buried { Males —4932, Females—4603, In all —9535 }   Whereof, of the Plague-8

Increaſed in the Burials in the 122 Pariſhes, and at the Peſthouſe this year 993
Decreaſed of the Plague in the 122 Pariſhes, and at the Peſthouſe this year, 266

C   7 In

図 32

象付けている。実際、彼がおこなったのは単なるデータの収集と発表ではなかった。たとえば、ロンドンやハンプシャー州のラムジという教区で男女別の洗礼数や埋葬数の平均を調査し、生まれる男女の比率が一定していることを初めて証明した。特に、ロンドンでは女児一三人に対して男児一四人だったものの、ラムジでは女児一五人に対して男児一六人であることを突き止めた。さらに、彼は「旅行者たちが他国でも同じであるかどうかを調査するよう期待する」と述べている。また、「男児の方が多いことで、一夫多妻が自然に妨げられるというのは、人類にとってはありがたいことである。なぜなら、一夫多妻のもとでは、女性はわが国のように夫と対等に、しかも同額の経費で暮らすことはできないだろうから」とも述べている。今日《こんにち》では、出生時の男女比は一般的におよそ一・〇五対一と推定されている。伝統的に、男児の方が過剰なのは、男の子の胎児や赤ん坊の方が虚弱なため、母なる自然が男児を増やすよう操作しているからだと考えられている。ちなみに、理由は定かではないが、アメリカでも日本でも、一九七〇年代以降、男児の割合は年々減少しつづけている。

グラントのもうひとつの画期的な取り組みは、死因別の死亡者数データを用いて、生きている人々の年齢分布——「生命表」——を作ろうとしたことだ。これは政治的に見て明らかに重要だった。というのも、戦争要員になれる人々——一六〜五六歳の男性——の数に影響するからだ。厳密に言えば、彼には年齢分布を割り出すのに十分な情報がなかった。しかし、そこで彼は想像力を発揮した。彼は子どもの死亡率を次のように推定したのである。

死因に関して第一にこういうことが観察される。すなわち、二〇年間にあらゆる疾病および事故による二二万九二五〇人の死亡者があったが、そのうち七万一一二四人は鵝口瘡《がこうそう》、驚風《きょうふう》、佝僂病《くる》、歯熱、腸虫で、また早産児、嬰児《えいじ》、孩児《がいじ》、肝臓肥大者、被圧息児として死んだ。すなわち、全体の三分の一は四、五歳以下の小児を襲ったと推測される病気で死んだのである。さらに、疱瘡《ほうそう》、水疱、麻疹《はしか》、および驚風を伴わざる腸虫による死者は一万二二一〇人あったが、このうちでもまた約二分の一は六歳以下の子どもであろうと想像する。ところで、仮に上述の二二万九二五〇人中の一万六〇〇〇人がかの異常な大きな死因、すなわちペストで死んだものとすれば、総出生者中の約三六パーセントは六歳になる前に死んだことになるであろう。

［前掲書より。一部改変］

つまり、グラントは六歳未満の死亡率を（71124＋6105）÷（229250－16000）＝0.36と推定したのである。同じようなやり方で、グラントは老人の死亡率も推定することに成功。こうして、彼は年齢別の死亡率の推移に関して数学的仮定を立てることで、六歳から七六歳までの隙間を埋めていったのだ。グラントの結論の多くはとりわけ信頼性が高いものではなかったが、彼の研究がわれわれの知る統計学の第一歩になったのは確かだ。それまで偶然や運命で片付けられていた出来事（病死など）の割合が、実際にはたいへん規則的であるという彼の観察結果は、社会科学に科学的で定量的な思考をもたらした。

グラント以降の研究者たちは、彼の方法論の一部を取り入れながらも、統計の利用方法について数学的な理解を深めていった。意外なことに、グラントの生命表にもっとも大きな改良を施したのが、天文学者のエドモンド・ハレーだった。ニュートンに『プリンキピア』の出版を説得したあの人物である。なぜ生命表はこれほど関心を惹《ひ》き付けたのか？　その理由のひとつは、生命保険の根幹にかかわるからだろう。生命保険会社（そして玉《たま》の輿《こし》を狙う女性）は、「六〇歳まで生きた人間が、八〇歳まで生きる確率はいかほどか？」という疑問の答えを知りたがっているのだ。

生命表を作るにあたって、ハレーは一六世紀末からシュレジエン地方の都市ブレスラウ［訳注：現在のヴロツワフ］に保管されていた詳細な記録を当たった。地元のカスパー・ノイマンという牧師が、自分の教区で「月の満ち欠けや、7や9で割り切れる年齢が健康に影響を及ぼす」という迷信が広まるのを防ぐため、この記録を取っていたのだ。こうして発表されたハレーの『生命保険の価格を決定するために、ブレスラウ市の興味深い出生数および葬儀数の表から導いた、人間の推定死亡率（An Estimate of the Degrees of the Mortality of Mankind, drawn from curious Tables of the Births and Funerals at the City of Breslaw; with an Attempt to ascertain the Price of Annuities upon Lives）』という長いタイトルの論文は、生命保険の数学の基礎となった。[8] 保険会社が確率をどう評価するのかを理解するために、ハレーの生命表を見てみよう（次ページ）。

たとえば、この表によると、六歳で生存している七一〇人のうち、五〇歳になっても生存

ハレーの生命表

現年齢	人　数	現年齢	人　数	現年齢	人　数
1	1000	11	653	21	592
2	855	12	646	22	586
3	798	13	640	23	579
4	760	14	634	24	573
5	732	15	628	25	567
6	710	16	622	26	560
7	692	17	616	27	553
8	680	18	610	28	546
9	670	19	604	29	539
10	661	20	598	30	531
現年齢	人　数	現年齢	人　数	現年齢	人　数
31	523	41	436	51	335
32	515	42	427	52	324
33	507	43	417	53	313
34	499	44	407	54	302
35	490	45	397	55	292
36	481	46	387	56	282
37	472	47	377	57	272
38	463	48	367	58	262
39	454	49	357	59	252
40	445	50	346	60	242
現年齢	人　数	現年齢	人　数	現年齢	人　数
61	232	71	131	81	34
62	222	72	120	82	28
63	212	73	109	83	23
64	202	74	98	84	20
65	192	75	88		
66	182	76	78		
67	172	77	68		
68	162	78	58		
69	152	79	49		
70	142	80	41		

しているのは三四六人である。したがって、六歳の人間が五〇歳まで生き延びる確率は、346/710 = 0.49 で四九パーセントとなる。同じように、六〇歳の二四二人のうち、八〇歳になっても生きているのは四一人。よって、六〇歳の人が八〇歳まで生き延びる確率は 41/242 = 0.17、つまり一七パーセントだ。理屈は単純。過去の経験から将来の事象の確率を求めようというわけだ。予測に用いる標本が十分に大きく（ハレーの生命表の標本は三万四〇〇〇人）、一定の仮定が成り立つなら（死亡率はいつでも同じなど）、算出された確率の信頼性はかなり高い。ヤコプ・ベルヌーイはこの問題を次のように説明している。[9]

私は訊《き》きたい。あらゆる年齢のあらゆる人間のあらゆる体のあらゆる部位にできる病気をひとつ残らず数え上げ、どの病気がほかの病気よりもどのくらい致命的かを判断し、……（中略）……さらにそれに基づいて将来の生と死の関係まで予言することなど、人間にできるのか？

ベルヌーイは、このような予言は「相互関係があまりにも複雑で、われわれの感覚を常に欺《あざむ》く非常にあいまいな要素によって左右される」と結論付けたあと、次のように統計学的・確率論的なアプローチを提案している。

しかしながら、われわれの求めている答えを導く別の方法がある。それは、事前に計算できない物事を少なくとも事後的に確認する方法、つまり類似した無数の状況で観察された結果から、将来的な結果を究明するという方法である。ただしこの場合、状況が類似していれば、未来の事象は過去の事象と同じ規則に従って発生する（あるいは発生しない）という仮定が必要である。たとえば、ティティウスなる人物がいるとしよう。彼と年齢も体質も同じ人々が三〇〇人いたとして、二〇〇人が一〇年間以内に亡くなり、一〇〇人が一〇年以上生きたとすれば、かなりの信頼性をもって、ティティウスが今後一〇年間で亡くなる確率は亡くならない確率の二倍であると結論付けることができるだろう。

ハレーは、自身の論文にかなり哲学的な注記を付け加えている。そのなかの一節がなかなか面白い。

これまでに述べた用途に加えて、この表から類推できることがもうひとつある。われわれは、人生の短さを嘆き、老人になるまで生きなければ損をしたと考えがちだが、それがいかに不当かがわかるのだ。この世に生《せい》を享《う》けた者のなかで、実に半数は一七年間のうちに亡くなる。一七年間で一二三八人が六一六人にまで減っているからだ。したがって、〝早すぎる死〟を嘆くのではなく、いつかは朽《く》ち果てる人間の肉体や、弱くて脆《もろ》い人間の骨や組織に定められた、死という運命を甘んじて受け入れるべきなのだ。そして、人類の半数がたどり着けない一七歳という年齢を、何年も超えて生き抜いてこられたことに感謝しなければならないのである。

ハレーの悲しい統計が取られた時代と比べれば、現代社会は大きく状況が改善している。しかし、どの国でも改善しているわけではない。たとえば、二〇〇六年のザンビアでは、一〇〇〇人の出生児のうち、推定で一八二人が五歳以下で死んでいる。ザンビアの平均寿命は悲しいことに今でも三七歳にとどまっている。

しかし、死を扱うものだけが統計ではない。統計は、単なる身体的特徴から知的創造物まで、人間の生活のあらゆる側面に浸透している。社会科学の〝法則〟を生み出す統計の威力に初めて目を付けた人物のひとりが、ベルギーの博学者、ランベール＝アドルフ＝ジャック・ケトレー（一七九六〜一八七四）である。彼は統計学でよく用いられる「平均的人間《アベレッジ・パーソン》」という概念の生みの親といえよう。

平均的人間

アドルフ・ケトレーは、一七九六年二月二二日、ベルギーの古都ヘントに生まれた[10]。公務員の父はアドルフが七歳のときに他界した。ケトレーは自立のため、やむなく一七歳という若さで数学を教えはじめた。彼は教師の仕事をしながらも、詩やオペラの台本を書き、二本の演劇の執筆に参加し、文学作品を何冊か翻訳した。それでも、彼が好きだったのは数学で、ヘント大学で初めての科学博士の学位を取得した。一八二〇年、ブリュッセルの王立科学アカデミーの会員に選出されると、すぐに頭角を現しはじめた。その後の数年間は、教師の仕事や、数学、物理学、天文学の論文発表に専念した。

ケトレーは科学史の講座の冒頭で決まってこう述べた。「科学が発展するにつれ、科学は数学の分野へと足を踏み入れてきた。科学はいわば数学という中心に向かって収束している。計算によって、科学はずっと近づきやすいものになった。そのことから判断しても、科学は完璧の域に達したといえるだろう」

一八二三年一二月、ケトレーは天文学の観測技術を研究することを主な目的として、国費でパリに派遣された。しかし、当時の数学の中心地であったパリを三カ月間訪れたことが、ケトレーをまったく別の道――確率論――へといざなったのである。ケトレーの確率論への情熱に火をつけたのが、かのラプラスだった。後にケトレーは、統計学や確率論の経験を次のようにまとめている。

「偶然」という、よく用いられる神秘的な単語は、われわれの無知を隠す覆《おお》いのようなものにすぎないと考えるべきである。それは、事象を個別にとらえるのに慣れ切った愚か者に、絶対的な権力を振りかざす亡霊なのだ。しかし、その亡霊は哲学者を前にすれば無に等しい。哲学者はその目で長期にわたる事象をとらえ、変異に惑わされない洞察力を持っている。自然法則をとらえる力さえ十分に持っていれば、変異は消え失せてしまうのである。[11]

この結論の重要性は計り知れない。ケトレーは偶然の役割を否定したうえで、社会現象には原因があり、統計結果の示す規則性を用いれば、社会秩序に潜む法則を明らかにできるという大胆な推論を繰り広げたのだ（ただしその証明は完全にはなされていない）。

この統計学的なアプローチを検証するために、彼は大胆にも人体に関する無数のデータを収集するプロジェクトを開始した。たとえば、五七三八人のスコットランド人兵士の胸囲や、一〇万人のフランス人徴集兵の身長を測定して度数をプロットし、その分布を調べた。言い換えれば、一五二〜一五七センチの兵士は何人、一五七〜一六二センチの兵士は何人といった具合に、身長別に兵士の数をグラフ化したのである。さらに、彼はデータが十分にある〝精神的〟な特徴についても同様のグラフを作成した。たとえば、自殺、結婚、犯罪傾向などである。意外なことに、人間の特徴はいずれも〈正規分布〉という釣鐘《つりがね》型の度数分布に従うことがわかった（図33。正規分布は〝数学王〟ことカール・フリードリヒ・ガウスにちなんで〈ガウス分布〉とも呼ばれる）。身長、体重、手足の長さはおろか、当時の最先端の心理テストで測定された知能指数さえも、同じタイプの曲線に分布されたのだ。正規曲線自体は物珍しいものではなかった。数学者や物理学者は一八世紀半ばから正規曲線を知っていたし、ケトレーも天文学の研究でこの曲線には馴染《なじ》みがあった。衝撃的だったのは、むしろ正規曲線と人間の特徴の関係だった。それまで、この曲線は測定の誤差によく見られることか

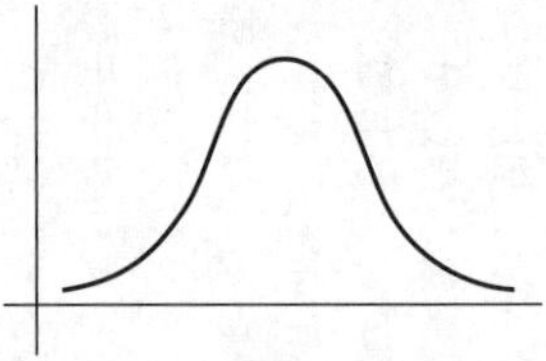

図33

ら、〈誤差曲線〉と呼ばれていたほどだった。

たとえば、容器に入っている液体の温度を正確に測定するとしよう。高精度の温度計を使って、一時間にわたって一〇〇〇回連続で目盛りを読み取る。しかし、ランダムな誤差や温度の変動があるので、測定値は一定にはならない。むしろ、測定値は中央値の周囲に分布し、中央値より高い温度が測定されることもあれば、低い温度が測定されることもある。測定された温度の回数をプロットすれば、ケトレーが人間の特徴を測定したときと同じ、釣鐘型の曲線が得られる。実際、どのような物理量を測定しても、測定回数が多いほど、得られる度数分布は正規曲線に近づいていく。この事実は、「数学の不条理な有効性」に関して衝撃的な意味合いをはらんでいる——人間の個人差さえもが、厳密な数学的法則に従うのである。

ケトレーは、この結論をさらに飛躍させている。彼は、人間の特徴が誤差曲線に従うという発見から、母なる自然が作り出そうとしているのは「平均的人間」なのだと結論付けた。[12] ケトレーは、釘《くぎ》を製造する際に製造ミスによって平均の長さ（正しい長さ）との誤差が生ずるのと同じように、母なる自然のミスによって理想の生物学的特徴との誤差が生ずると考えたのである。ある国の人々を測定すると、測定値は平均値を中心にして分布するが、これについてケトレーは、「まるで測定値に誤差の出る不精密な装置を使って、ひとりの人間を何度も測定し直したかのようだ」と述べている。

明らかに、ケトレーの推論は飛躍しすぎている。生物学的な（身体的・精神的な）特徴が正規曲線に従って分布するという発見はきわめて重要だが、母なる自然に意思があるという証拠にはならないし、個人差を単なるミスとして片付けることもできない。たとえば、ケトレーはフランス人徴集兵の平均身長が約一六三センチであることを突き止めた。しかし、身長四五センチあまりの男性も発見されている。一六三センチの男性の身長を測るとき、一二〇センチ近くもの誤差が出るとは考えられない。

人間をひとつの型にはめ込む〝法則〟が存在するというケトレーの考えは別としても、体重からIQまで、さまざまな人間の特徴が正規分布に従うという事実そのものは驚きである。もし驚かないというなら、野球のメジャー・リーグの平均打率や、さまざまな株式で構成される株価指数の年間利益率も正規分布に従うと言ったらどうだろう。逆に言えば、正規曲線に従わない分布には注意が必要だ。たとえば、ある学校の英語の成績が正規分布に従わないとしたら、学校の成績システムを調査する必要があるだろう。といっても、あらゆる分布が正規だというわけではない。シェイクスピアが劇中で使った単語の長さは正規分布ではない。彼は一一～一二文字の単語よりも三～四文字の単語を多く使っている。アメリカの年間世帯所得も正規分布に従わない。たとえば、二〇〇六年で見ると、上位六・三七パーセントの世帯が全所得の約三分の一を占めている。ここから、面白い疑問が浮かび上がる。所得を決める要素となる人間の身体的・精神的な特徴は正規分布に従うのに、所得が正規分布に従わないのはなぜなのか？　このような社会経済的な疑問は本書の範囲を外れるので扱わないことにする。本書の観点から見て重要なのは、人間、動物、植物の測定可能なありとあらゆる物理的特性が、たった一種類の数学関数に従って分布しているという事実だ。

歴史的に、人間の特徴は、統計学的な度数分布の研究の土台になっただけでなく、〈相関〉という数学的概念が確立される基礎にもなった。相関とは、ある変数値の変化が別の変数値に及ぼす変化の度合いを測るものである。たとえば、背の高い女性ほど大きな靴を履《は》いている可能性が高い。同じように、親の知能と子どもの学校の成績に相関関係があることも明らかになっている。

相関という概念は、ふたつの変数同士に厳密な関数的依存関係が存在しない状況で特に役立つ。たとえば、一方の変数をアリゾナ州南部の日中の最高気温とし、もう一方の変数を同じ地域の山火事の件数とする。山火事の件数は湿度や放火数といった変数に依存するので、気温から山火事の発生件数を正確に予測することはできない。つまり、気温が何度であっても、山火事は何件でも起こりうるし、山火事が何件起こったとしても、気温は何度であってもおかしくないのだ。しかし、〈相関係数〉と呼ばれる数学の概念を用いれば、ふたつの変数の関連の強さを定量的に測ることができる。

相関係数という道具を初めて考案したのは、ヴィクトリア女王時代の地理学者、気象学者、人類学者、統計学者のフランシス・ゴルトン卿《きょう》（一八二二～一九一一）である。[13]チャールズ

・ダーウィンの従弟《いとこ》だった彼は、数学の専門家ではなかった。彼は並外れて実践的な男で、画期的なアイデアを思い付いても、その数学的な改良はほかの数学者——特に統計学者のカール・ピアソン（一八五七〜一九三六）——に任せていた。ゴルトンは相関の概念について次のように説明している。

前腕の長さと身長には相関がある。なぜなら、前腕が長ければふつうは身長も高いからだ。ふたつの相関が非常に密接だとすると、前腕が非常に長ければたいてい身長も非常に高いことになる。相関が非常に密接でなければ、前腕が非常に長くても身長は平均的にやや高い程度にすぎない。相関が皆無《かいむ》なら、前腕が非常に長くても身長とは特に関連がなく、身長は全体的に月並みとなる。

ピアソンは、最終的に相関係数に厳密な数学的定義を与えている。相関係数は次のように定義される。相関がきわめて高い場合、つまり一方の変数がもう一方の変数の増減に忠実に従う場合、相関係数の値は1となる。ふたつの量に〈反相関〉がある場合、つまり一方の変数が増加すると他方が減少する（またはその逆）の場合、相関係数の値は-1となる。ふたつの変数が、互いの変数とは無関係に動くとき、相関係数は0になる。たとえば、国民の願望と、国民の代表である政府の行動は、残念ながら相関が0に限りなく近いといえるかもしれない。

現代の医学研究や経済予測は、相関の評価や計算に大きく頼っている。たとえば、喫煙と肺ガン、日焼けと皮膚ガンの関連性は、相関の発見や評価によって明らかになったものである。株式市場のアナリストたちは、市場行動とさまざまな変数の相関を見つけ、定量化しようと絶えず奮闘している。莫大な利益に結び付くからだ。

初期の統計学者たちもすぐに気付いたように、統計データの収集やその解釈は非常に複雑で、細心の配慮を要する。たとえば、二〇センチの穴が開《あ》いた網《あみ》を使っている漁師は、捕《つか》まった魚を見て、二〇センチ以上の魚しかいないと安易に決め付けてしまうかもしれない。しかし、実際には小さな魚が網から逃げているだけなのかもしれない。これは〈選択効果〉と呼ばれ、データの収集装置や分析手法によって生じる結果の偏りを指す。サンプリングには別の問題もある。たとえば、現代の世論調査では一般的に数千人程度にしか調査をおこなわない。とすれば、この標本に含まれる人々の意見が数億人の総意であるという根拠はどこにあるのか？　もうひとつ大事な点がある。相関があるからといって因果関係があるとはかぎらないということだ。たとえば、新しいトースターの売上が増加したのとまったく同時に、クラシック音楽のコンサートの観客が増加したとする。だからといって、自宅に新しいトースターを買うと音楽への関心が高まるとはいえない。むしろ、トースターの売上とコンサートの観客の両方が増加したのは、景気がよくなったからかもしれない。

このような注意点はあるものの、統計は現代社会でもっとも有効な道具となった。文字どおり、社会科学に〝科学〟を吹き込んだわけだ。しかし、そもそもなぜ統計は有効なのか？

その答えは、現代生活のさまざまな側面に根付いている〈確率〉という数学的概念にある。宇宙飛行士の有人探査船に設置する安全メカニズムについて思案するエンジニア、加速器実験の結果を分析する素粒子物理学者、ＩＱテストで子どもを評価する心理学者、新薬の効能を評価する製薬会社、人間の遺伝について研究する遺伝学者——そのいずれもが、確率という数学理論を活用しているのだ。

偶然のゲーム

確率の本格的な研究が始まったのは、ごく些細なきっかけからだった——勝つ可能性に応じて賭け金を決めようというギャンブラーたちの試みである[14]。特に、一七世紀半ば、ギャンブラーとして名高かったフランスの貴族、シュヴァリエ・ド・メレが、フランスの有名な数学者で哲学者のブレーズ・パスカル（一六二三〜六二）にギャンブルの質問をしたことに始まる。パスカルは一六五四年、この質問をめぐって当時のもうひとりのフランス人数学者、ピエール・ド・フェルマー（一六〇一〜六五）と長い手紙のやり取りをおこなった。確率論はこの文通から生まれたといっても過言ではない。

パスカルが一六五四年七月二九日の手紙で論じている面白い例を紹介しよう[15]。ふたりの貴族が一個のサイコロを使ったゲームに興《きょう》じているとする。プレーヤーはそれぞれ三二枚の金貨を賭けている。プレーヤーAは1の出目《でめ》に賭け、プレーヤーBは5に賭けている。賭けた目が出るたびに、プレーヤーは一ポイントを獲得する。ゲームは三ポイント先取。しかし、ゲームがしばらく進み、1が二回、5が一回出た（つまり二対一になった）ところで、事情によりゲームを中断しなければならなくなった。このとき、卓上にある六四枚の金貨をどう配分すればよいか？ パスカルとフェルマーは数学的に合理的な分け方を考えた。二ポイントのプレーヤーが次の回で勝てば、六四枚はすべて彼のものになる。もう一方のプレーヤーが勝てば二ポイントずつになるので、三二枚ずつ分けることになる。したがって、次のサイコロを振ることなく金貨を分ける場合、プレーヤーAはこう主張できる。「私は次の目で負けても三二枚は確実にもらえるはずだ。残りの三二枚は、私のものになるかもしれないし、君のものになるかもしれない。その可能性は半々。だから、まず私が三二枚の金貨をもらい、残りの三二枚を半分ずつ分けよう」。これはもっともである。つまり、プレーヤーAに四八枚を配分し、Bに一六枚を配分することになる［訳注：つまり、二ポイント対一ポイントの時点で中断したのに、金貨の正しい配分は二対一ではなく三対一になる］。このような取るに足らない議論から、数学の奥深い新分野が生まれたとは信じられないかもしれない。しかし、数学が〝不条理〟で神秘的なほど有効だといわれる所以《ゆえん》はここにあるのである。

確率論の本質は次の単純な事実に潜んでいる。(16) 歪《ゆが》みのないコインを空中に投げたとき、どちらの面が出るかは誰にも予想できないということだ。表《おもて》が一〇回連続で出たとしても、次の目は微塵《みじん》も予想しやすくはならない。しかし、確実に予測できるのは、一〇〇〇万回コインを投げれば、表と裏の回数は半々に限りなく近づくということだ。実際、一九世紀末、統計学者のカール・ピアソンは二万四〇〇〇回もコインを投げた。その結果は表が一万二〇一二回だった。これは、ある意味で確率論の本質を示している。確率論は、膨大な回数の実験結果全体については正確な情報を与えてくれるが、一つひとつの実験結果を予測できるわけではないのだ(17)。実験で考えられる結果が n 通りであり、それぞれの発生する可能性が等しいならば、各結果の発生する確率は $1/n$ となる。歪みのないサイコロを振れば、4が出る確率は1/6である。なぜなら、サイコロは六面で、どの面が出る可能性も等しいからだ。では、サイコロを七回振って七回とも4が出たとすると、次の目で4が出る確率は？　確率論ははっきりと教えてくれる――それでも確率は1/6であると。サイコロに記憶などないし、〝流れ〟もない。サイコロがそれまでの出目の偏りを修正しようとする、などというのも迷信にすぎない。確かなのは、サイコロを一〇〇万回振れば、結果は均等になり、4の出る確率は限りなく六分の一に近づいていくということだ。

もう少し複雑な場面を考えてみよう。コインを三枚同時に投げるとする。そのとき、裏が二枚で表が一枚の確率は？　その答えを求めるには、考えうる結果をすべて書き出せばよい。考えられる結果は、裏裏裏、裏裏表、裏表裏、裏表表、表裏裏、表裏表、表表裏、表表表の八通り。このうち、二枚が裏で一枚が表に該当するのは三通り。ゆえに確率は3/8となる。より一般的に言えば、発生する可能性の等しい結果が n 通りあり、そのうちの m 通りが該当する事象ならば、その事象が発生する確率は m/n となる。したがって、確率は常に0から1のあいだの値を取る。該当する事象が現実に起こりえないものであれば、$m=0$（該当する結果なし）となるので、確率は0となる。一方、事象が必ず起こるものである場合、すべての結果が該当することになるので（$m=n$）、確率はn/nで1となる。三枚のコイン投げから、確率論のもうひとつの重要な結論がわかる。互いにまったく独立ないくつかの事象を考察する場合、そのすべてが発生する確率は、個々の発生確率の積になるということ。たとえば、先ほどのコイン投げで三枚とも表が出る確率は1/8だが、これは各コインで表が出る確率をかけ合わせたもの、つまり$1/2 \times 1/2 \times 1/2$と等しい。

あなたはこう考えているかもしれない。カジノ・ゲームやギャンブル以外に、基本的な確率の概念にはどのような使い道があるのか？　驚いたことに、この一見すると取るに足らない確率法則は、現代の遺伝学——生物学的特徴の遺伝を研究する学問——の中心にも潜んでいる。

遺伝学に確率の概念を取り入れたのは、モラヴィアの司祭、グレゴール・メンデル（一八二二～八四）だった。[18] 彼はモラヴィアとシュレジエンの国境近くの村（現在のチェコ共和国のヒンチツェ）に生まれた。彼はブルノにある聖アウグスチノ修道会に入会後、ウィーン大学で動物学、植物学、物理学、化学を学んだ。ブルノに戻ると、聖アウグスチノ修道会の大修道院長の強力な後《うし》ろ盾《だて》のもと、エンドウマメの実験に精力的に取り組んだ。エンドウマメを選んだのには理由《わけ》があった。栽培しやすく、雌雄《しゆう》両方の生殖器官があるため、自家《じか》受粉もほかの植物との他家《たか》受粉も可能だったからだ。メンデルは、緑色の種子しか付かない植物と黄色の種子しか付かない植物を他家受粉させたところ、非常に奇妙な結果を得た（図34）。第一世代には黄色い種子しか付かなかったが、第二世代では必ず三対一の割合で黄色の種子

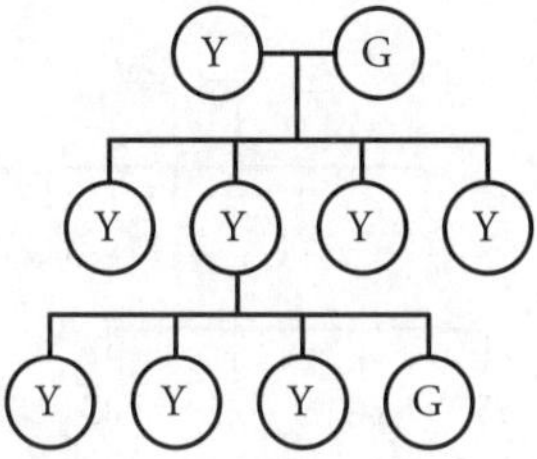

図34

と緑色の種子が付いたのである。この意外な発見から、彼は遺伝学を大きく前進させる三つの結論を導き出した。

①ある特性の遺伝は、何らかの〝要素〟（今日《こんにち》で言う〈遺伝子〉）が親から子に受け継がれることによって発生する。

②子はあらゆる特性の〝要素〟をそれぞれの親からひとつずつ受け継ぐ。

③ある特性は子世代では現れないが、次の世代へと受け継がれる。

しかし、メンデルの定量的な実験結果をどう説明すればよいのか？ 彼は、それぞれの親がふたつのまったく同じ〝要素〟（今日で言う〈対立遺伝子〉。遺伝子の一種）を持つと主張した。すなわち、黄色（Y）ふたつまたは緑色（G）ふたつである（図35）。両者を交配すると、子には各親からひとつずつ、合計ふたつの異なる対立遺伝子が受け継がれる（法則②）。つまり、子の種子には黄色の対立遺伝子と緑色の対立遺伝子が含まれることになる。それでは、なぜ子世代のエンドウマメはす

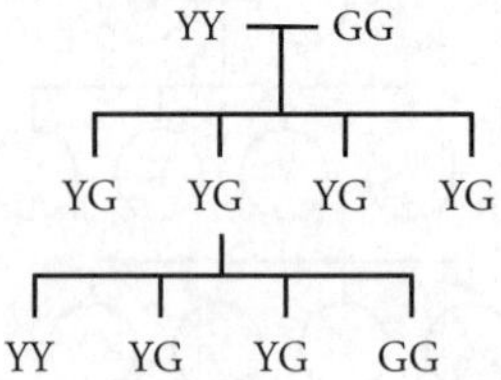

図35

べて黄色になったのか？　メンデルは、黄色の方が色として優性であり、子世代では緑色の対立遺伝子の性質が出現しなかったためと説明した（法則③）。しかし、法則③より、黄色が優性だからといって、劣性である緑色が次世代に受け継がれないわけではない。次の交配では、黄色の対立遺伝子と緑色の対立遺伝子をひとつずつ含む植物同士を受粉させた。子は親からひとつずつ対立遺伝子を受け継ぐので、次世代の種子の対立遺伝子は「緑・緑」、「緑・黄」、「黄・緑」、「黄・黄」のいずれかとなる（図35）。黄色が優性なので、黄色の対立遺伝子をひとつでも持つ種子は黄色いエンドウマメとなる。すべての対立遺伝子の組み合わせは対等であるから、黄色と緑色のエンドウマメの割合は三対一になるのである。

お気付きのように、メンデルの実験は本質的には二枚のコイン投げとまったく同じである。表が緑色、裏が黄色として、黄色のエンドウマメの割合を問えば（黄色が優性とする）、二枚のコインを投げて一枚以上裏が出る確率を問うのとまったく等しい。考えられる四通りの結果（裏裏、裏表、表裏、表表）のうち、裏が含まれるのは三通りなので、確率は明らかに3/4となる。つまり、一枚でも裏が出る回数と一枚も裏が出ない回数の割合は、（長く繰り返せば）三対一になる。これはメンデルの実験とまったく同じだ。

メンデルは一八六五年に論文『植物雑種に関する実験』を発表し、ふたつの学会でも結果を報告したが、当時はほとんど注目されず、再評価されたのは二〇世紀初頭になってからだった[19]。実験結果の正確性に関しては疑問の声があるものの[20]、メンデルは今でも現代遺伝学の数学的基礎を敷《し》いた人物と見なされている。彼の切り開いた道を通って、イギリスの偉大な統計学者、ロナルド・エイルマー・フィッシャー（一八九〇〜一九六二）は集団遺伝学という分野を築いた[21]。これは、集団内の遺伝子の分布をモデル化し、遺伝子頻度が時間の経過とともにどう変化するかを主に研究する数学分野である。今日の遺伝学者は、統計標本とDNA研究を組み合わせ、これから生まれる子どもの特性を予測している。しかし、実際に確率と統計はどう関連しあっているのか？

データと予測

宇宙の進化を解明しようとする科学者は、一般的にふたつの方向から問題に挑んでいる。ひとつは、原始宇宙の構造の微小な変化を手がかりにする方法。もうひとつは、現在の宇宙の状態を事細かに研究する方法だ。ひとつめの方法では、大規模なコンピュータ・シミュレーションを用いて、宇宙の進化を時系列順に追っていく。そしてふたつめの方法では、現在の宇宙に関する無数のデータを手がかりにして、探偵のように過去の宇宙を推理していく。

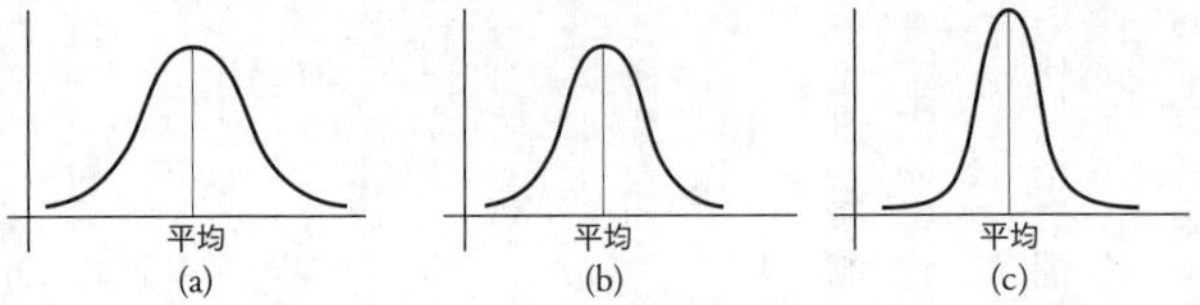

図36

確率と統計の関係もそれと似ている。確率の場合、変数や初期状態が既知であり、もっとも可能性の高い結果を予測することが目的である。一方の統計では、結果が既知であり、過去の原因がはっきりとしていない。

　確率と統計がどう補いあい、手を結ぶのかを簡単な例で見てみよう。まず、これまでの統計の研究から、さまざまな種類の物理量や、人間の多くの特徴までもが、正規分布曲線に従うことがわかっている。より厳密に言えば、正規曲線とは単一の曲線ではなく曲線群を指す言葉である。どの曲線も同一の一般関数で記述でき、ふたつの数学量のみで完全に特徴付けることができる。ひとつめの数学量は〈平均〉、つまりそこを境《さかい》にして分布が対称的になる中央値である。当然ながら、実際の平均の値は測定する変数の種類（体重、身長、ＩＱなど）によって異なる。変数が同じでも、集団が異なれば平均も変わるかもしれない。たとえば、スウェーデン男性の平均身長はペルー男性の平均身長とは異なるだろう。正規曲線を特徴付けるふたつめの数学量は、〈標準偏差〉と呼ばれるものである。標準偏差は、データが平均値近くにどれだけ密集しているかを示す。図36を見ていただきたい。正規曲線（ａ）は、値が広範囲に分散しているので、標準偏差がもっとも

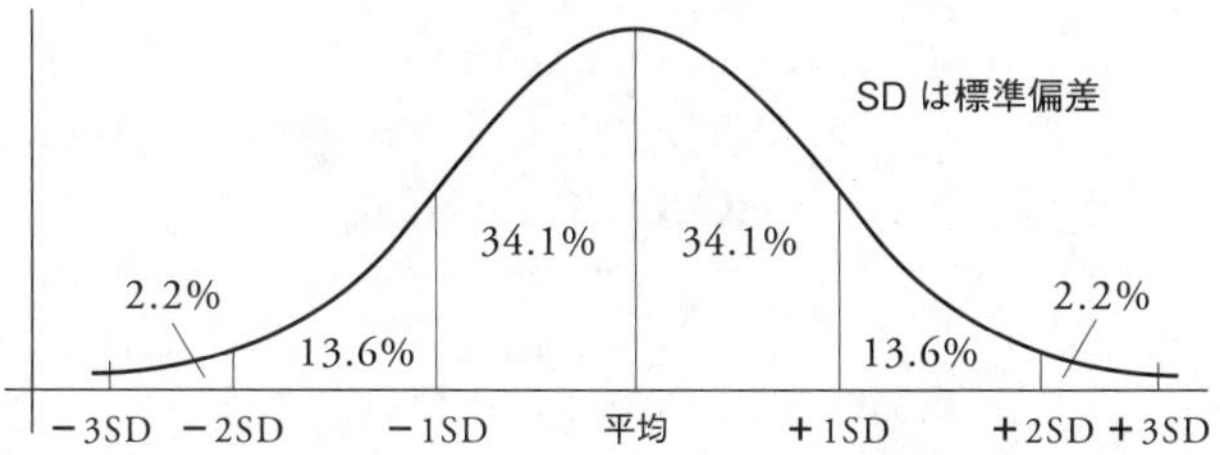

図37

大きい。しかし、ここで面白い事実がある。積分を用いて曲線内部の面積を計算すると、平均や標準偏差の値に関係なく、データの六八・二パーセントが「平均＋－標準偏差ひとつ分」の範囲に収まることを数学的に証明できる（図37）。たとえば、ある（大規模な）集団の平均ＩＱが一〇〇で、標準偏差が一五の場合、その集団の六八・二パーセントの人々は八五～一一五のあいだのＩＱを持つのである。さらに、あらゆる正規分布曲線において、九五・四パーセントが「平均＋－標準偏差ふたつ分」、九九・七パーセントが「平均＋－標準偏差三つ分」に収まる（図37）。先ほどの例で言えば、集団の九五・四パーセントが七〇～一三〇のＩＱを持ち、九九・七パーセントが五五～一四五のＩＱを持つ。

　それでは、この集団のなかから無作為にひとりを選んだとき、その人物が八五～一〇〇のＩＱを持つ確率は？　図37からわかるように、その確率は〇・三四一（三四・一パーセント）である。なぜなら、確率の法則に従えば、考えられる結果の総数を該当する結果の数で割ったものが確率だからだ。あるいは、集団のなかから無作為にひとりを選んだとき、その人物が一三〇

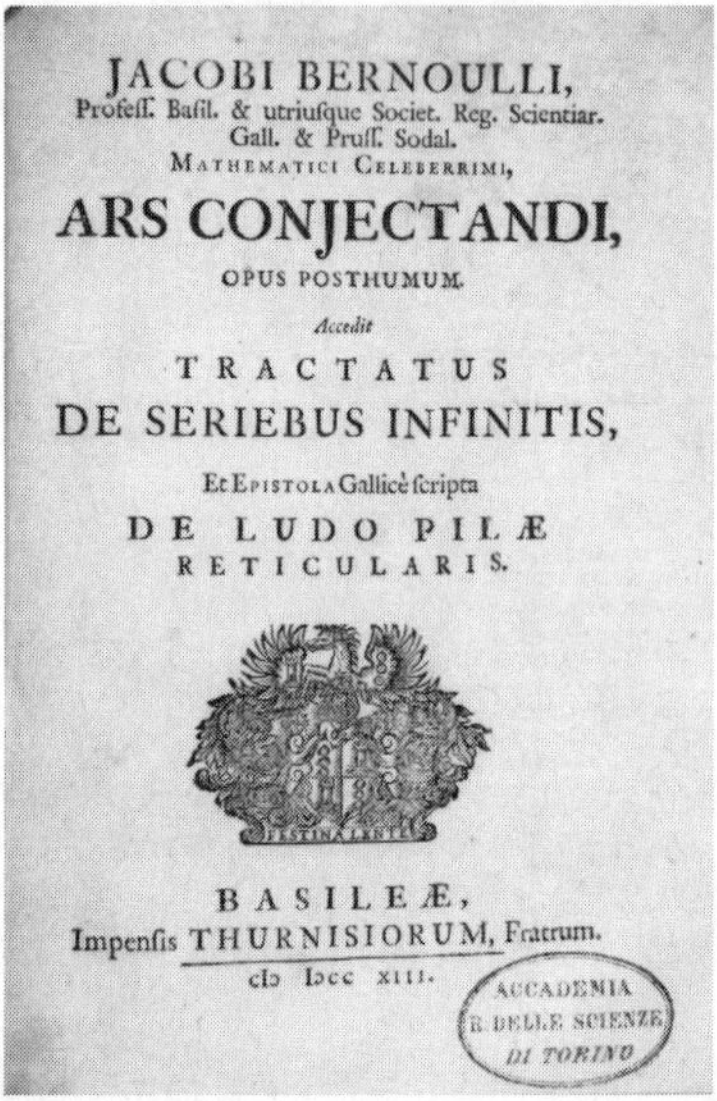

JACOBI BERNOULLI,
Profess. Basil. & utriusque Societ. Reg. Scientiar. Gall. & Pruss. Sodal.
MATHEMATICI CELEBERRIMI,

ARS CONJECTANDI,

OPUS POSTHUMUM.

Accedit

TRACTATUS
DE SERIEBUS INFINITIS,

Et EPISTOLA Gallicè scripta
DE LUDO PILÆ
RETICULARIS.

FESTINA LENTE

BASILEÆ,
Impensis THURNISIORUM, Fratrum.
 cIↄ Iↄcc XIII.

ACCADEMIA R. DELLE SCIENZE DI TORINO

図38

以上のＩＱを持つ確率は？　図37を見れば、その確率は〇・〇二二（二・二パーセント）にすぎないことがわかる。同じように、正規分布の性質や積分による求積法を用いれば、任意の範囲のＩＱ値の確率が計算できる。つまり、確率と、そのパートナーである統計が手を結んで初めて答えがわかるのだ。

何度も述べているように、確率と統計が力を発揮するのは、個々の事象ではなく、多数の事象を扱う場合である。この基本的な発見は〈大数《たいすう》の法則〉と呼ばれ、ヤコブ・ベルヌーイが著書『推測法（*Ars Conjectandi*）』[22]で定理としてまとめている（図38は扉）。定理を簡単に説明すると、ある事象の発生確率がpならば、試行回数の総数に対してその事象が発生する割合はおおむねpになる。さらに、試行回数が無限大に近づくにつれて、事象の発生確率は確実にpに近づく。著書の『推測法』で、ベルヌーイは大数の法則について、「調べなければならないのは、観測の回数を増やすことによって、該当する事象と該当しない事象の割合が真の比率に近づく確率が増加し、やがては任意に定めた確実性の度合いを超えるかどうかである」と説明している〔訳注：簡単に言うと、試行回数を増やせば、実験によって得られた確率と理論上の確率の誤差がいくらでも小さくなりうるか、ということを述べている〕。次に、彼はこの考え方を具体例で説明している(23)。

壺《つぼ》に三〇〇〇個の白石《しろいし》と二〇〇〇個の黒石《くろいし》が入っていて、われわれはその事実を知らないとする。白石と黒石の割合を実験で確かめるために、壺から小石をひとつずつ取り出し、白石と黒石を取り出した回数を記録する（ただし、壺のなかの小石の総数を一定に保つため、色を記録したら小石を壺に戻すことが重要だ）。このとき、試行回数を無限に増やすことによって、白石と黒石を取り出した回数の割合が、壺のなかの実際の小石の割合（三対二）と同じになる確率を、同じにならない確率より一〇倍、一〇〇倍、一〇〇〇倍も高くし、究極的には〝ほぼ疑いようのない〟程度にまですることができるのか？　もしできないなら、観測によってそれぞれの場合の数（つまり、白石と黒石の個数）を突き止めるのは不可能だろう。しかし、もしできるなら、この方法によって究極的には疑いようのない確信を得られるはずである〔そして、ヤコブ・ベルヌーイは『推測法』のその後の章でそれを証明している」。……（中略）……そうすれば、われわれは事象の発生回数を、まるで事前に知っていたかのように、高い精度で事後的に突き止めることができるはずである。

ベルヌーイは定理の完成に二〇年間を費やしたが、それ以来、この定理は統計学の中心的な柱のひとつとなっている。彼は本書の締めくくりで、単なる偶然にしか見えない事象にも、究極的な法則が存在するはずだと訴えている。

現在から未来まで、あらゆる事象を永遠に観測しつづければ、〝確率〟は〝確実〟に変わり、世界じゅうのあらゆる出来事が明確な理由をもって、そして明確な法則に従って発生しているとわかるだろう。そうすれば、われわれはきわめて偶然と思えるものに対しても、ある種の必然性、いわば運命を感じずにはいられないだろう。プラトンは輪廻《りんね》転生《てんせい》を説くにあたって、万物は無限の年月《としつき》を経《へ》て原初の状態に帰《き》すと訴えたが、彼はそのときからすでにこれを知っていたのだろう。

この〝不確実性の科学〟の物語が意味することはきわめて単純だ。数学は、われわれの生活の〝非科学的〟な側面――つまり一見すると純粋な偶然によって支配されている分野――にも応用できるということだ。したがって、数学の「不条理な有効性」を説明するにあたって、議論を物理学の法則に限定するわけにはいかない。むしろ、数学をこれほど普遍的にしている要因とは何なのかを解明する必要がありそうだ。

数学の驚くべき威力には、有名な劇作家で随筆家のジョージ・バーナード・ショー（一八五六～一九五〇）も興味を持っていたようだ。彼はもちろん数学については素人《しろうと》だったが、統計と確率に関して『ギャンブルの悪と保険の善（The Vice of Gambling and the Virtue of Insurance）』という面白い文章を記している(24)。彼はこの文章で、「保険はプロの数学者にしか説明できない事実や計算できないリスクに基づいて作られている」と認めながらも、次のような鋭い指摘をしている。

ここで、商人と船長の商談を想像してほしい。商人は貿易に興味があるのだが、船が難《なん》破《ぱ》したり野蛮人に襲撃されたりするのではないかとひどく恐れている。なるべくたくさんの貨物や乗客を載《の》せたい船長は、自分についてくれれば商品も彼の身も絶対に安全だと説得する。しかし、商人はヨナ、聖パウロ、オデュッセウス、ロビンソン・クルーソーの物語が頭から離れず［訳注：いずれも船が危険な目に遭《あ》ったり、怪鳥に襲われたりする話］、なかなか決心が付かない。そこでふたりは次のような会話を交わす。

船長　大丈夫さ。大金を賭けてもかまわん。わしと一緒に海に出れば、君は一年後だってぴんぴんとしているさ。

商人　だが、私がその賭けに乗るってことは、自分が一年以内に死ぬって方に賭けることになる。
船長　賭けに負けたら負けたでいいじゃないか。どうせ負けるに決まってるが。
商人　だが、もし私が溺れれば船長も溺れる。そのときの支払いはどうなる？
船長　確かに。それなら、陸の人間に頼んで、君の妻と家族に賭け金を賭けておいてやろう。
商人　それなら考えてもいい。だが、荷物はどうなる？
船長　ふぅ、何を言っとる。荷物にも賭けるのさ。別々に賭けてもいい。君の命と、荷物にね。だが、どちらも安全だ。何も起きやせん。それに外国へ行けばすばらしい体験ができるだろう。
商人　だが、私の身と荷物が安全に着いたら、私の命の賭け金と、おまけに荷物の賭け金まで払わなきゃならないんだろう？　無事に着いたところで一文無しだ。
船長　それもそうだ。しかし、わしにとってもそれほどいい話ではないのさ。溺れるとすればわしが先だ。船が沈んだら最後に逃げるのはわしだからな。だが、それでも乗ることを勧めるさ。よし、賭け金を一〇対一にしてやろう。いかがかな？
商人　ふむ、それなら……。

この船長は、金匠が銀行を発見したように、保険を発見したのだ。

ショーは、「学校では数学の意味や使い道などひとつも教えてくれなかった」と不満を漏らしているが、彼が保険の〝数学史〟をこれほど面白く語れるというのはまさに驚きだ。

ショーの文章は例外として、これまではプロの数学者の目を通じて、数学のさまざまな分野の発展を追ってきた。これまでに紹介した数学者たちや、スピノザをはじめとする多くの合理主義哲学者にとって、プラトン主義は自明の理だった。われわれの世界に数学的真理が実在し、人間は観察をしなくとも論理的能力だけで真理を導き出すことができる——それは彼らにとって疑いようがなかったのである。普遍的真理の集合体と見なされていたユークリッド幾何学と、そのほかの数学分野との潜在的なギャップを最初に指摘したのは、アイルランドの哲学者で英国教会主教のジョージ・バークリー（一六八五〜一七五三）だった。彼は小冊子『アナリスト——異端数学者に宛てた対話（*The Analyst; Or a Discourse Addressed to An Infidel Mathematician*）』（異端数学者とはエドモンド・ハレーのことと思われる）で、『プリンキピア』の著者ニュートンやライプニッツの考案した流率法〔訳注：現代の微積分学〕や解析学を根本的に批判している(25)。彼はニュートンの〈流率《フラクシヨン》〉——瞬間的な変化率——という概念が厳密に定義されていないことを示し、流率法そのものに疑いの目を向けた。

流率法はすべての要《かなめ》であり、現代の数学者たちはこの助けを借りて幾何学の謎、さらには自然の謎を暴いている。……（中略）……しかし、この手法が明瞭なのか不明瞭なのか、一貫しているのか矛盾しているのか、説得力があるのか当てにならないのかを、私は最大限の中立性をもって問いたい。そして、その問いの答えを、汝《なんじ》自身の判断、そして公正なる読者の判断に委ねたいのである。

バークリーの指摘は確かに的《まと》を射《い》ていた。実際、完全に矛盾のない解析学の理論が確立するのは一九六〇年代になってからのことである。しかし、数学は一九世紀にさらに劇的な危機を迎えようとしていた。

第6章　幾何学者たち——未来の衝撃

作家のアルビン・トフラーは、著書『未来の衝撃』で、未来の衝撃を「あまりにも短期間に過剰な変化にさらされたことによって発生する深刻なストレスや方向感覚の喪失」と定義している[1]。一九世紀の数学者、科学者、哲学者が味わった衝撃は、まさに未来の衝撃だった。数学は永久不変の真理を明らかにするものであるという、数千年以上前から信じられてきた考えが崩れ去ったのだ。この思いがけない知的大混乱は、〈非ユークリッド幾何学〉と呼ばれる新しい幾何学の出現によって引き起こされたものである。専門家以外にはあまり耳馴染《みみなじ》みのない言葉かもしれないが、この新しい数学分野のもたらした革命は、ダーウィンの進化論に匹敵すると言う人もいるほどだ。

　この世界観の革命的な変化を存分に味わうために、非ユークリッド幾何学の歴史的・数学的な背景を簡単に説明しておこう。

ユークリッド幾何学の〝真理〟

一九世紀初めまで、真実や確実性の極《きわ》みと考えられていた学問がひとつあるとすれば、それはわれわれが学校で教わる伝統的な幾何学、ユークリッド幾何学である。オランダのユダヤ人哲学者、バールーフ・デ・スピノザ（一六三二～七七）は、科学、宗教、倫理学、論理学の統一を試みた大胆な著書に、『幾何学的秩序によって証明された倫理学』というタイトルを付けたが、それも不思議ではない［訳注：本書は岩波書店より『エチカ』のタイトルで邦訳が出版されている］。さらに、大半の科学者は、プラトン主義の数学的形式の世界（イデアの世界）と物理的実在を明確に区別する一方で、ユークリッド幾何学の対象物は物質世界の対象物を抽出して抽象化したものであると見なしていた。デイヴィッド・ヒューム（一七一一～七六）は、科学の基礎はわれわれが思うほど盤石《ばんじゃく》ではないと主張していたが、彼のような経験主義者でさえ、ユークリッド幾何学は岩のように揺るぎないものだと結論付けていたほどである。ヒュームは著書『人間知性研究』で、〝真理〟を二種類に分類している。(2)

人間の推論ないし探求のあらゆる対象は、二種類に自然に区分されよう。すなわち観念の関係および事実の問題である。観念の関係には、……（中略）……直観的あるいは論証的に確実なすべての命題が属している。……（中略）……この種の命題は思考の単なる作用によって発見することが可能であり、宇宙のどこかに存在している何物にも依存することはない。自然のなかに円ないし三角形が存在しないとしても、ユークリッドによって論証された真理は、その確実性と証拠を永久に保つことであろう。……（中略）……事実の問題は、同じやり方で確かめられるものではない。また、それらの真理についてわれわれがいかに大きな証拠を持っていようとも、上述の場合とは同一の性質を持たない。すべての事実の問題は、その反対もなお可能なのである。なぜなら、そうした反対も決して矛盾を含蓄《がんちく》しえない……（中略）……からである。太陽が明日は昇らないであろうということは、太陽が昇るであろうという命題に比べて理解し難《がた》いわけではないし、またより多くの矛盾を含蓄しているわけでもない。それゆえ、われわれがこの命題の虚偽《きょぎ》を論証しようと試みても当然無駄であろう。

〔『人間知性研究』斎藤繁雄・一ノ瀬正樹訳、法政大学出版局。一部改変〕

つまり、あらゆる知識は観察によって得られるというのがヒュームなどの経験論者の主張だったわけだが、幾何学やそこから導かれる〝真理〟は、彼らにとってさえ特別な地位にあったのである。

ドイツの著名な哲学者、イマヌエル・カント（一七二四〜一八〇四）はヒュームに全面的に賛成していたわけではなかったが、彼もユークリッド幾何学を絶対確実で疑いようのない真理と見なしていた。彼は代表作『純粋理性批判』で、精神と物質世界の関係をある意味で逆転させようとした。彼は受動的な精神に物理的実在が判《はん》のように焼き付けられると考える代わりに、われわれの精神が認識対象である宇宙を能動的に〝構築〟または〝処理〟していると考えた。彼は注目を精神の内側に向け、「われわれは何を知りうるか」ではなく「われわれはいかにしてわれわれの知りうることを知りうるか」と問うた。[3]彼の説明によれば、われわれの目が光の粒子を検知しても、脳によって情報が処理され組み立てられるまで、意識上に像が形成されるわけではない。この構築プロセスにおいて重要な役割を果たすのが、人間の直観的で総合的で先天的《アプリオリ》な空間認識であり、その土台となるのがユークリッド幾何学だと考えた。カントはユークリッド幾何学こそが空間を処理および概念化する唯一の正しい道であり、この直観的で普遍的な空間とのかかわりが、われわれの自然界の経験の根底にあると考えたのである。カントは次のように説明している。

空間は人間の外的な経験から引き出される経験的な概念ではない。……(中略)……空間は必然的で先天的《アプリオリ》な像であり、すべての外的な直観の土台となるものである。……(中略)……すべての幾何学の原則に必然的な確実性が備わっているのは、そして幾何学の原則を先天的に構成することができるのは、この先天的な必然性が存在するからである。もしも空間という像が、一般的な外的な経験から作られ、獲得された後天的《アポステリオリ》な概念であったならば、数学的な規定の最初の諸原則は、知覚にすぎないものとなってしまうだろう。そしてこれらのすべての原則は、知覚に備わるあらゆる偶然性を備えたものとなってしまうだろう。すると二点間を結ぶ直線は一本しか引くことができないということも必然的なものではなくなってしまい、そのたびに経験によって教えられなければならな

くなるだろう。(4)

〔『純粋理性批判①』中山元訳、光文社。一部表記を修正〕

つまり、カントによれば、われわれが対象を認識するならば、それは必ず空間的で、ユークリッド幾何学的な性質を帯びているというのだ。

ヒュームとカントの思想は、歴史的にユークリッド幾何学と結び付けられてきたふたつの性質を示しており、いずれも同じくらい重要な意味合いを持っている。ひとつめは、ユークリッド幾何学が物理的空間の唯一の正確な記述であるという主張。ふたつめは、ユークリッド幾何学が堅牢《けんろう》で、自明で、絶対的な演繹《えんえき》構造であるという認識。このふたつの前提は、数学者、科学者、哲学者にとって、宇宙に有意義で必然的な真理が存在するという紛《まぎ》れもない証拠であり、一九世紀までは自明とされてきたのである。しかし、果たして本当にそうなのだろうか？

ユークリッド幾何学の基礎を確立したのは、紀元前三〇〇年ごろのギリシャの数学者、ユークリッド（エウクレイデス）である。彼は全一三巻の名著『原論』で、幾何学を明確な論理的基礎の上に構築しようとした。彼は紛れもなく正しいとされる一〇の公理を仮定し、その公理と論理的な演繹のみを用いて、数々の命題を証明していった。

ユークリッド幾何学の初めの四つの公理はきわめて単純でわかりやすい。(5)たとえば、第一公理は「任意の二点間に一本の直線が引ける」というもので、第四公理は「すべての直角は

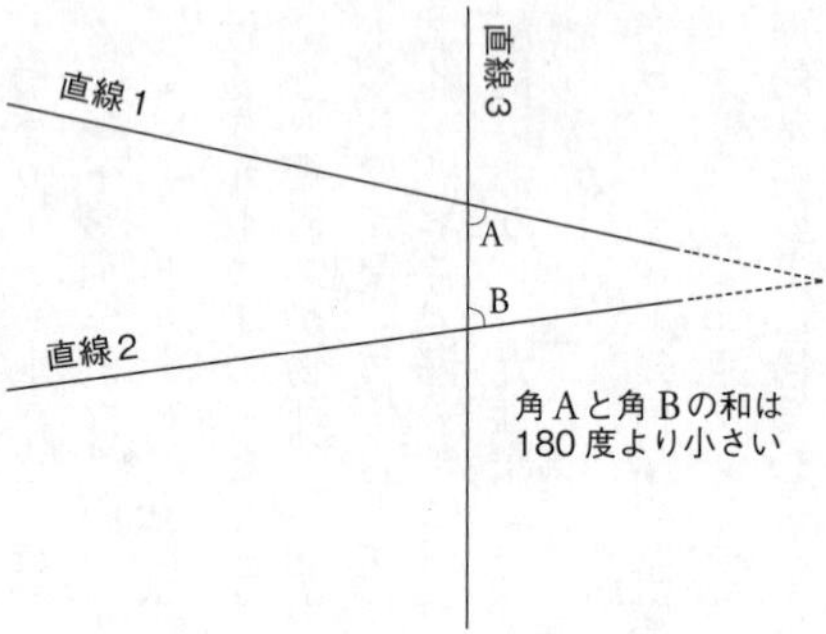

図39

等しい」というものだった。一方、〈平行線公準《こうじゅん》〉と呼ばれる第五公理〔訳注：「第五公準」とも呼ばれる。公理と公準はほぼ同じ意味〕はかなり複雑で、ほかの公理と比べると自明とは言い難《がた》い。その公理は、「平面上の二直線が三本めの直線と交わっていて、同じ側の内角の和が二直角よりも小さいとする。このとき、二直線をその角《かく》のある側に十分に延長すれば、二直線は必ず交わる」というもので、その内容を図示したのが図39である。この命題を疑う者こそいなかったが、ほかの公理のような単純明快さに欠けていた。どうやら、ユークリッド自身もこの第五公理にはいまひとつ満足していなかったようで、『原論』の最初の二八個の命題の証明には、この公理を使っていない[6]。今日《こんにち》、第五公理と同値な命題としてたびたび用いられるのは、「一本の直線とその直線上以外の一点が与えられたとき、その直線と平行でその点を通る直線が一本だけ引ける」というものである（図40）。これは五世紀のギリシャの数学者、プロクロスが自身の注釈書で初めて提唱したものだが、一般的にはスコットラ

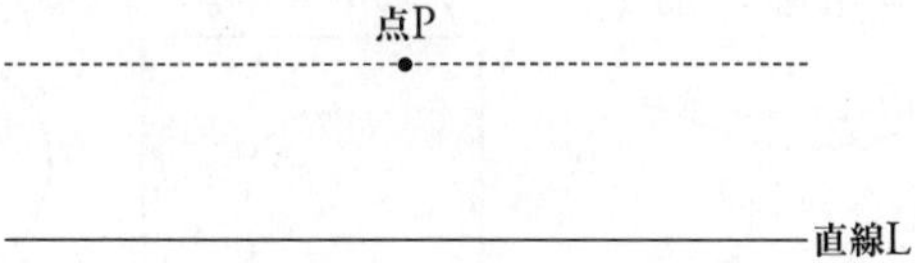

図40

ンドの数学者、ジョン・プレイフェア（一七四八～一八一九）にちなんで〈プレイフェアの公理〉と呼ばれている。プレイフェアの公理（とその他の公理）からユークリッドの第五公理を導くことができ、その逆も可であるという意味で、ふたつの公理は同値である。

それから数世紀にわたって、第五公理に対する不満は次第に高まっていった。その結果、第五公理をほかの九つの公理から証明する試みや、第五公理を別のわかりやすい公理に置き換える試みがおこなわれるようになった。しかし、その試みがことごとく失敗すると、幾何学者たちは面白い発想の転換をおこなった。もし、第五公理が成り立たないとしたら？　彼らは経験を当てにするのをやめ、ユークリッドの公理が本当に自明なのかを疑いはじめたのである。[7] 意外な最終判決が下ったのは一九世紀のことだった。ユークリッドの第五公理とは別の公理を選ぶことで、新しい種類の幾何学を構築できるというのだ。しかも、この〈非ユークリッド幾何学〉を用いても、ユークリッド幾何学と同じくらい正確に物理的空間を記述することができるのだ！

ここで、〝選ぶ〟という言葉の意味を少し説明しておこう。数千年間にわたって、ユークリッド幾何学は空間を記述する必然的で唯一の方法と見なされていた。しかし、別の公理を選んでも、同じくらい妥

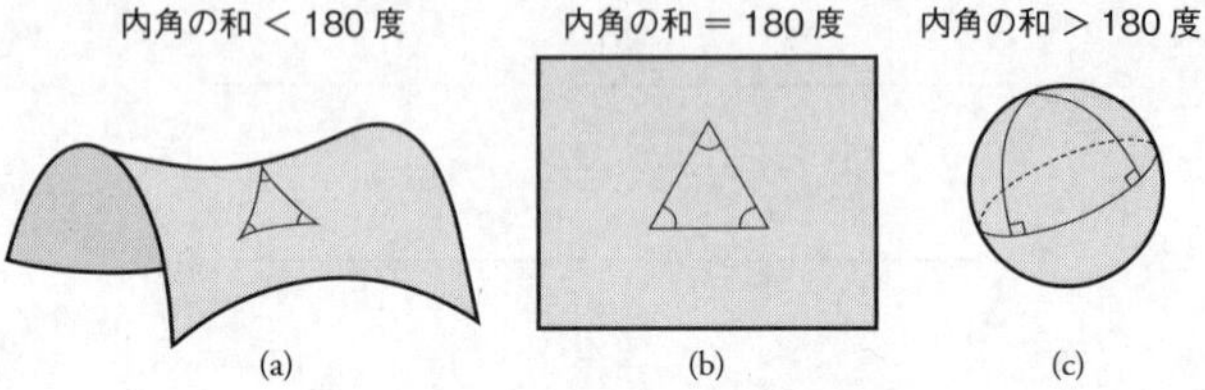

図 41

当な説明が可能だとわかると、すべての考え方が一変した。入念に組み立てられた信頼できる演繹体系が、突如としてゲームのようなものに変わってしまったのだ。公理はそのなかでルールの役割を果たすにすぎない。公理を変えれば別のゲームを遊べる。この発見が数学観にもたらした影響は計り知れない。

　多くの創造力豊かな数学者たちが、ユークリッド幾何学に最後の攻撃を加えはじめた。特に、イエズス会の司祭、ジロラモ・サッケーリ（一六六七〜一七三三）は第五公理を別の命題に置き換えた場合の論理的帰結について研究したし、ドイツの数学者、ゲオルク・クリューゲル（一七三九〜一八一二）とヨハン・ハインリヒ・ランベルト（一七二八〜七七）は、ユークリッド幾何学に代わる幾何学が存在しうるという事実に初めて気付いた。それでも、ユークリッド幾何学が空間の唯一の表現であるという考え方にとどめを刺す人物が必要だった。その栄誉に与《あずか》ったのは、ロシア、ハンガリー、ドイツの三人の数学者だった。

おかしな新世界

　新種の幾何学に関する論文を最初に発表したのは、ロシアのニ

図42

コライ・イワノビッチ・ロバチェフスキー（一七九二～一八五六。図42）だった[8]。これは、たわんだ馬の鞍《くら》のような形をした曲面（図41a）の上に構築できる幾何学で、今日《こんにち》では〈双曲幾何学〉と呼ばれている。双曲幾何学では、ユークリッドの第五公理は、「一本の直線とその直線上以外の一点が与えられたとき、その直線と平行でその点を通る直線が二本以上存在する」という命題に置き換えられる。ロバチェフスキー幾何学とユークリッド幾何学のもうひとつの大きな違いは、ユークリッド幾何学では三角形の内角の和が常に一八〇度になるが（図41b）、ロバチェフスキー幾何学では常に一八〇度未満になる点だ。ロバチェフスキーの研究はほとんど無名のカザン大学の学報に掲載されたため、一八三〇年代後半になってフランス語とドイツ語の翻訳が出回るまで、ほとんど注目を浴びなかった。ロバチェフスキーの研究とは別に、ハ

図43

ンガリーの若き数学者、ボーヤイ・ヤーノシュ［訳注：ハンガリー語では姓・名の順に名を表記する］（一八〇二～六〇）も一八二〇年代に同様の幾何学を構築した[9]。一八二三年、彼は父親のボーヤイ・ファルカシュ（図43）宛てに手紙を送り、若者らしい興奮をあらわにしながらこう記している。「愕然《がくぜん》とするような事実を発見してしまいました。……（中略）……何もないところから、まったく新しい別世界を生み出してしまったのです」。一八二五年までに、彼はすでに父親に新しい幾何学の原案を見せていた。その原稿のタイトルは『空間の絶対科学』だった[10]。興奮するヤーノシュとは対照的に、父のファルカシュは彼の発想にそれほど説得力を感じなかった。それでもファルカシュは、幾何学、代数学、解析学の基礎に関する全二巻の自分の論文『学問好きな若者のための基礎数学論』の附録《ふろく》として、ヤーノシュの新しい幾何学を発表

図44

することを決意した。ファルカシュは一八三一年六月、当時の数学界の第一人者であり、アルキメデスやニュートンと並ぶ三大数学者と見なす人々も多かった、友人のカール・フリードリヒ・ガウス（一七七七～一八五五。図44）にその本を送った。しかし、コレラ流行による混乱で本が紛失したため、ファルカシュはもう一部を送り直すはめになった。ガウスは一八三二年三月六日に返信を送るが、その内容は若きヤーノシュが想像すらしていなかったものだった。

私はこの研究を賞賛できない、と言ったらあなたはきっと驚かれるでしょう。ですが、賞賛するわけにはいかないのです。なぜなら、それは自画自賛になってしまうからです。というのも、この研究の内容、あなたのお子さんが用いた手法、導き出した結論、そのすべてがここ三〇～三五年間で私が思案してきた内容とほとんど一致するのです。ですから、私はただ驚くばかりでした。私自身の研究については、これまでほとんど発表していませんし、生涯発表しないつもりでおりましたから。

念のために付け加えておくと、ガウスはこの画期的な幾何学が、カント哲学者から異端と見なされるのを恐れていたようだ（ガウスはカント哲学者のことを「the Boetians」と呼んでいる。これは古代ギリシャ語で「愚か者」という意味）。ガウスは次のように続ける。

ですが、私が死んで研究がうやむやになってはいけませんので、いつかはすべてを書き遺《のこ》すつもりでもおりました。ですから、私は驚いていると同時に、手間が省けてうれしくもあるのです。そして、このような見事な方法で私の先を越したのが旧友の息子だったことは、喜ばしいかぎりです。

ファルカシュはガウスの賛辞をたいへん喜んだが、ヤーノシュ本人は大きなショックを受けた。それから一〇年近く、彼はガウスが先に思い付いていたという話を信じようとせず、父親が情報を漏らしていたのではないかと疑った。そのせいでヤーノシュと父親の関係にはヒビが入った。しかし、ガウスが本当に一七九九年からこの問題を研究していたという事実を知ると、ヤーノシュは絶望する。彼は亡くなるまでにおよそ二万ページもの原稿を残したが、この出来事を境《さかい》に、彼の数学研究は冴えを失っていった。

ガウスが非ユークリッド幾何学についてかなり研究していたのは間違いないようだ。[11]彼は一七九九年九月の日記で、「幾何学の原理について驚くべき成果が得られた」と記している。さらに、一八一三年には、「平行線の理論に関して、われわれはユークリッドの時代からなんら進歩していない。これは数学の恥である。近いうちに、数学はまったく違う姿になるはずだ」と記している。その数年後、一八一七年四月二八日の手紙で、彼は「ユークリッド幾何学で必然とされていたことは証明不能であると日に日に確信しはじめている」と綴《つづ》っている。最終的に、ガウスはカントの見解と反して、ユークリッド幾何学を普遍的な真理と見なすことはできないと結論付けた。そのうえで、「ユークリッド幾何学を先天的《アプリオリ》に成立する算術と同列に扱うのではなく、力学と同じように扱わなければならない」と主張した。法学の教授だったフェルディナント・シュワイカート（一七八〇〜一八五九）も、ガウスとは別に同じ結論に達し、一八一八〜一九年にガウスに研究成果を伝えた。しかし、ガウスもシュワイカートも結果を発表しなかったため、最初に発表したのはロバチェフスキーとボーヤイと見るのが一般的だ。とはいえ、このふたりだけを非ユークリッド幾何学の〝創始者〟と見なすことはとうていできない。

双曲幾何学は数学の世界に雷鳴《らいめい》のごとく現れ、ユークリッド幾何学のみを空間の完全な記述とする考え方に大きな衝撃を与えた。ガウス、ロバチェフスキー、ボーヤイの研究が世に現れるまで、ユークリッド幾何学は自然界そのものだった。しかし、別の公理を選ぶことで別種の幾何学を構築できるという事実が明らかになると、数学は人間の心とは独立して存在する真理を発見するものではなく、人間の発明にすぎないのではないかという疑いが生まれた。さらに、ユークリッド幾何学と物理的空間の直接的な関連性が失われたことで、数学は宇宙の言語であるという考え方に致命的な欠陥が見えはじめた。

そしてガウスの弟子のひとり、ベルンハルト・リーマンが、非ユークリッド幾何学は双曲幾何学だけではないことを証明すると、ユークリッド幾何学の地位はどん底にまで落ちた。一八五四年六月一〇日、リーマンはゲッティンゲンで「幾何学の基礎にある仮説について」と題するすばらしい講義をおこなった（図45は講義内容の最初のページ[12]）。彼はその冒頭で、「幾何学は空間という概念を前提としている。さらに、空間の構造に関する基本的な原理も仮定している。これらについては名目上の定義しか与えられないが、その基本的な条件については公理という形で提示される」と述べている。しかしながら、「これらの前提同士の関係はあいまいにされている。われわれは、前提同士の関係が必然なのか、どの程度まで必然なのかもわからないし、前提同士の関係がそもそも存在するのかどうかも演繹的にはわからないのだ」と述べている。数ある幾何学理論のなかで、リーマンが論じたのは〈楕円幾何学〉というものだった。これはいわば球面上の幾何学である（図41c）。楕円幾何学では、二点間の最短距離は直線ではなく、球の中心を中心とする円の円弧である。この事実は航空会社にも利用されている。たとえば、アメリカ発ヨーロッパ着の飛行機は、地図上の直線をたどるのではなく、北向きに飛び出し、大きな円を描くように航行する。すぐにわかるよう

Ueber

die Hypothesen, welche der Geometrie zu Grunde liegen.

Von

B. Riemann.

Aus dem Nachlass des Verfassers mitgetheilt durch R. Dedekind[1]).

Plan der Untersuchung.

Bekanntlich setzt die Geometrie sowohl den Begriff des Raumes, als die ersten Grundbegriffe für die Constructionen im Raume als etwas Gegebenes voraus. Sie giebt von ihnen nur Nominaldefinitionen, während die wesentlichen Bestimmungen in Form von Axiomen auftreten. Das Verhältniss dieser Voraussetzungen bleibt dabei im Dunkeln; man sieht weder ein, ob und in wie weit ihre Verbindung nothwendig, noch a priori, ob sie möglich ist.

Diese Dunkelheit wurde auch von Euklid bis auf Legendre, um den berühmtesten neueren Bearbeiter der Geometrie zu nennen, weder von den Mathematikern, noch von den Philosophen, welche sich damit beschäftigten, gehoben. Es hatte dies seinen Grund wohl darin, dass der allgemeine Begriff mehrfach ausgedehnter Grössen, unter welchem die Raumgrössen enthalten sind, ganz unbearbeitet blieb. Ich habe mir daher zunächst die Aufgabe gestellt, den Begriff einer mehrfach ausgedehnten Grösse aus allgemeinen Grössenbegriffen zu construiren. Es wird daraus hervorgehen, dass eine mehrfach ausgedehnte Grösse ver-

1) Diese Abhandlung ist am 10. Juni 1854 von dem Verfasser bei dem zum Zweck seiner Habilitation veranstalteten Colloquium mit der philosophischen Facultät zu Göttingen vorgelesen worden. Hieraus erklärt sich die Form der Darstellung, in welcher die analytischen Untersuchungen nur angedeutet werden konnten; in einem besonderen Aufsatze gedenke ich demnächst auf dieselben zurückzukommen.

Braunschweig, im Juli 1867. R. Dedekind.

図45

に、球面上にふたつの大円を描くと、必ず球の直径の両端で交わる。たとえば、地球に二本の経線［訳注：赤道と直角に交わる線］を引くと、赤道付近では平行に見えるが、北極と南極で必ず交わる。したがって、任意の直線に対して外部の点を通る平行線が一本だけ存在するユークリッド幾何学や、二本以上の平行線が存在する双曲幾何学とは異なり、楕円幾何学では球面上に平行線は一本も引けない。リーマンは非ユークリッド幾何学の概念をさらに前進させ、三次元、四次元、さらにはそれ以上の次元の曲がった空間における幾何学を提唱した。リーマンが論じた主要な概念のひとつが〈曲率〉だ。これは曲線や曲面の曲がり具合を示す量である。たとえば、卵の表面は、先端のとがっている部分よりも横のとがっていない部分の方が曲がり具合は緩やかである。彼は任意の次元の空間について、曲率を数学的に厳密に定義した。そうすることで、デカルトがもたらした代数学と幾何学の結び付きはいっそう密接になった。リーマンの研究によって、任意個の変数を持つ、すなわち任意次元の方程式と幾何学的な図形が対応するようになり、高度な幾何学がもたらした新しい概念は、方程式には欠かせないパートナーとなった。

一九世紀に幾何学の新天地が切り開かれると、その犠牲になったのはユークリッド幾何学の地位だけではなかった。空間に対するカントの思想もたちまち廃《すた》れていったのである。前述したように、カントはわれわれの感覚から入った情報が、ユークリッド幾何学の鋳型《いがた》に従って組み立てられ、意識下に記録されると考えた。一九世紀の幾何学者たちは、すぐに非ユークリッド幾何学的な直観を養い、その直観に従って世界を体験する術《すべ》を身に付けた。つまり、ユークリッド幾何学による空間認識というのは、直観的なものではなく学習的なものだとわかったのである。この劇的な変化に直面したフランスの偉大な数学者、アンリ・ポアンカレ（一八五四〜一九一二）は、幾何学の公理は総合的で先天的《アプリオリ》な直観でも実験的な事実でもなく、取り決めにすぎないと結論付けた。あらゆる取り決めのなかから、われわれは実験的な事実に基づいてひとつを選ぶのだが、その選び方は自由である。言い換えれば、ポアンカレは公理を〝形を変えた定義〟にすぎないと考えたのだ。

ポアンカレの見解が生まれた背景には、これまでに述べた非ユークリッド幾何学だけではなく、ほかのさまざまな幾何学の出現があった[13]。一九世紀も終わりに近づくと、幾何学の世界は渾沌《こんとん》としつつあった。たとえば、〈射影幾何学〉（いわば映画フィルム上の像をスクリーンに投影してできる図形を研究する幾何学）の世界では、文字どおり点と直線の役割を入れ替えることができる。つまり、点と直線に関する定理は、直線と点に関する定理となるのだ［訳注：射影幾何学では、定理において「直線」という言葉と「点」という言葉を入れ替えても、その命題はやはり真になる。これを双対《そうつい》原理という］。〈微分幾何学〉では、微積分を用いて、球面やトーラス［訳注：種数1の閉曲面。二次元で言えば、ドーナツの表面のような曲面。コーヒーカップもトーラスである］といったさまざまな数学的空間の局所的な幾何学的性質を研究する。こういったもろもろの幾何学は、少なくとも一見したかぎりでは、物理的空間の正確な記述というよりは、むしろ数学的な想像力が作り出した巧妙な発明に思える。それでもまだ、神は数学者だといえるだろうか？　もし、〝神は幾何学する〟（歴史家のプルタルコスによれば、プラトンがそう言ったとされる）とすれば、神は数々の幾何学のなかからどの幾何学を選んだのか？

古典的なユークリッド幾何学の欠点が次々と明らかになると、数学者は数学の基礎全体や、数学と論理の関係を真剣に見直す必要に迫られた。この点については第7章で改めて説明する。ここでは、公理の自明性そのものが完全に崩れ去ってしまったことだけを述べておこう。したがって、代数学や解析学の分野で大きな進展が見られた一九世紀のなかでも、数学観にもっとも大きな影響を与えたのは幾何学の革命といえるだろう。

空間、数、人間について

しかしながら、数学者たちは数学の基礎という重要なテーマに取りかかる前に、いくつかの〝小さな〟問題に対処しなければならなかった。まず、非ユークリッド幾何学が提唱され、体系化されたからといって、数学の一分野として正当だという保証はなかった。常に矛盾の恐れをはらんでいたからだ。非ユークリッド幾何学を論理的な推論にかければ、最終的に解決不能な矛盾が導かれる可能性がないわけではない。一八七〇年代までに、イタリアのエウジェニオ・ベルトラミ（一八三五〜一九〇〇）やドイツのフェリックス・クライン（一八四九〜一九二五）は、ユークリッド幾何学が無矛盾であるかぎり、非ユークリッド幾何学も無矛盾であることを証明した。それでも、ユークリッド幾何学の基礎は無矛盾なのか、という大問題が残っていた。さらに、妥当性の問題もある。大半の数学者は、非ユークリッド幾何学をせいぜい好奇の対象としてしかとらえていなかった。ユークリッド幾何学は空間の現実的な記述と見なされ、歴史的に地位を得てきたが、非ユークリッド幾何学は当初、物理的実在とは何のかかわりもないものと見なされていた。したがって、多くの数学者は、非ユークリッド幾何学をユークリッド幾何学の〝哀れな従兄弟《いとこ》〟のように扱っていた。アンリ・ポアンカレはほかの数学者よりはまだ理解のある方だったが、それでも「人間が非ユークリッド幾何学の世界に移り住むことになったら、ユークリッド幾何学から非ユークリッド幾何学に頭を切り換えるのに苦労するだろう」と述べている。したがって、大きく立ちはだかる疑問は次のふたつだった。①数学全般――特に幾何学――を、信頼できる公理的な論理的基礎の上に構築することは可能か？　②数学と物質世界に関係があるとすれば、それはどのような関係か？

数学者のなかには、幾何学の基礎の確立に対して実践的なアプローチを取る者もいた。絶対的な真理と見なされていた幾何学が、厳密なものではなく経験に基づくものだとわかると、失望した数学者たちは算術に目を向けた。デカルトの解析幾何学では、平面上の点を数の順序対、円を一定の方程式を満たす数の組と同一視するが（第4章参照）、この方法は数をもとにして幾何学の基礎を再構築するうえで欠かせない道具だった。ドイツの数学者、ヤコプ・ヤコビ（一八〇四～五一）は、こうした流れの変化を表現するためか、プラトンの「神は永遠《とわ》に幾何学する」という台詞《せりふ》に代えて、「神は永遠に算術する」を自身の座右の銘にした。しかし、それはある意味で幾何学の問題を別の分野に転嫁したにすぎなかった。ドイツの偉大な数学者、ダフィット・ヒルベルト（一八六二～一九四三）は、算術が無矛盾であるかぎりユークリッド幾何学が無矛盾であることを証明したが、その時点では算術の無矛盾性はまったく確証されていなかった。

数学と物質世界との関係については、新しい考え方が広まりはじめた。それまでの数世紀で、数学が宇宙の基準であるという考え方は急速に根付いていった。ガリレオ、デカルト、ニュートン、ベルヌーイ、パスカル、ラグランジュ、ケトレーといった面々《めんめん》が科学のありとあらゆる分野を数学で説明してのけると、自然に数学的な設計が潜んでいる強力な証拠と見なされた。数学が宇宙の言語でないとすれば、基本的な自然法則から人間の特徴まで、さまざまな物事を数学で効果的に説明できるのはなぜなのか。

確かに数学者たちは、数学が扱うのはプラトン主義の抽象的な〝イデア〟にすぎないことは承知していた。しかし一方では、それが実在する物理的対象の理想化としてはまっとうだとも考えていた。実際、〝自然の書〟が数学の言葉で記されているという考えはあまりに根強く、物質世界と直接的なかかわりのない数学の概念や構造を考察したがらない数学者も多かった。たとえば、ジロラモ・カルダーノ（一五〇一～七六）がそのひとりである。カルダーノは優秀な数学者であり、高名な医者であり、そして病みつきのギャンブラーでもあった。一五四五年、彼は代数学の歴史に名を残す名著『偉大なる術（*Ars Magna*）』を発表した。カルダーノはこの包括的な論文で、単純な二次方程式（二次の未知数x^2までが現れる方程式）から、三次方程式や四次方程式の画期的な解法まで、代数方程式の解法を詳細に記している。しかし、古典数学では、量はしばしば幾何学的要素として解釈されていた。たとえば、未知数 x の値は長さ x の線分と同一視されていたし、x^2 は面積、x^3 は体積 x^3 の立体と同一視されていた。そのため、カルダーノは『偉大なる術』の第一章で次のように説明している。[14]

詳しい考察は三乗までで終え、残りはおおまかに触れるにとどめる。なぜなら、一乗は線、二乗は面、三乗は立体を表すがゆえ、その先を考えるのは非常にばかげているからだ。自然が許してはくれないだろう。したがって、三乗以下の問題にはすべて完全なる証明を与えるが、そのほかの問題については、必要性や好奇心から提示するだけで、それより先には進まない。

言い換えれば、われわれが五感で認識する物質世界には三次元までしか存在しないので、それ以上の次元、つまりそれ以上の次数の方程式を相手にするのは愚かだと言っているわけだ。

イギリスの数学者、ジョン・ウォリス（一六一六〜一七〇三）も似たような意見を述べている。ニュートンはウォリスの著書『無限算術（*Arithmetica Infinitorum*）』で解析学の手法を学んだとされるが、ウォリスは別の名著『代数論（*Treatise of Algebra*）』の冒頭で、「適切な言い方をすれば、自然は三次元を超える次元を認めないのだ」と宣言したあと、次のように続けている。[15]

線と線で平面あるいは面になる。面と線で立体になる。しかし、立体と線、平面と平面では何になるのか？　〝平平面《プラノ・プレーン》〟か？　これは自然界の魔物であり、キマイラ［ギリシャ神話に登場する、ヘビ、ライオン、ヤギが合体した火を吐く怪物］やケンタウロス［ギリシャ神話に登場する、人間の上半身と、馬の胴体・脚が合体した怪物］よりも非現実的だ。なぜなら、〝空間〟は長さ、幅、厚さだけで成り立っているからだ。われわれの想像力では、この三つを超える四つめの次元が何なのか、想像も付かない。

ウォリスの言い分も明確だ。実空間を記述しない幾何学など、想像しても意味がないということだ。

しかし、意見は次第に変わりはじめる。(16)四つめの次元として初めて時間を候補に挙げたのは、一八世紀の数学者たちだった。物理学者のジャン・ダランベール（一七一七〜八三）は、一七五四年発表の論文『次元（Dimension）』で、次のように記している。(17)

これまでに述べたように、三次元の先を考えることは不可能だ。しかし、私の知り合いの優秀な男は、時間を四つめの次元と見なせるのではないかと考えている。ある意味では、時間と立体の積が四次元の物体になるというのである。この考え方には反論の余地もあるが、目新しいだけにとどまらぬ利点もあるように思える。

偉大な数学者、ジョゼフ・ラグランジュはさらに踏み込み、一七九七年に次のように断言している。(18)

空間内の点の位置は三つの直交座標によって定まるので、力学の問題における座標は t［時間］の関数ととらえることができる。したがって、力学はいわば四次元の幾何学であり、力学解析は幾何学解析の拡張と見なせるのだ。

この斬新な発想をきっかけにして、数学はそれまで想像不可能と考えられていた多次元の幾何学へと拡大していった。すると、物理的空間との関連性はすっかり忘れ去られてしまったのである。

カントは、われわれの空間認識がユークリッド幾何学の鋳型《いがた》のみに従うと考えた点では確かに間違っていたかもしれない。しかし、われわれの認識が三次元以下でもっとも自然に、直観的に働くというのは紛れもない事実である。われわれの三次元の世界が、プラトンの二次元の影の世界でどう映るかを想像するのは易しいが、三次元の先に進もうと思えば、間違いなく数学者の想像力が必要だ。

任意の次元を扱う幾何学――〈n次元幾何学〉――の分野で画期的な研究をおこなったひとりが、ヘルマン・ギュンター・グラスマン（一八〇九～七七）である。(19) 一二人兄弟のひとりで、一一人の子どもを持つ父親でもあった彼は、学校の教師をしていたが、大学で数学の教育を受けたことはなかった。生涯を通じて、彼は数学の功績というよりも言語学の功績――特にサンスクリットやゴート語の研究――で名をなした。ある伝記作家は彼について、「亡くなってから、忘れたころにたびたび再評価を受けるのは、グラスマンの運命なのかもしれない」と記している［訳注：グラスマンの数学研究はあまりに先進的で、存命中にはなかなか認められなかった］。しかし、通常の幾何学がひとつの特殊な例にすぎない、抽象的な〝空間〟の科学を生み出したのは、ほかでもないグラスマンである。グラスマンは一八四四年、著書『広延論（*Ausdehnunglehre*）』で画期的なアイデアを発表し、〈線型代数学〉と呼ばれる数学分野を打ち出した。

グラスマンは前書きで、「幾何学を数学の単なる一分野と見ることはできない……（中略）……むしろ、幾何学は自然界、すなわち空間に与えられた事物を扱うものなのだ。さらに、私は純粋に抽象的な方法で、幾何学と同じような法則を生み出す数学分野が存在してしかるべきだとも考えた」と記している。

これはまったく新しい数学観だった。グラスマンにとって、古代ギリシャの遺産である古典幾何学は物理的空間を扱うものであり、抽象数学の真の一分野ではなかった。彼にとって、数学は人間の脳の抽象的な構築物であり、必ずしも現実世界に適用できるとはかぎらなかったのである。

グラスマンを幾何学的代数理論へと導いた発想とはどのようなものなのか。それは一見す

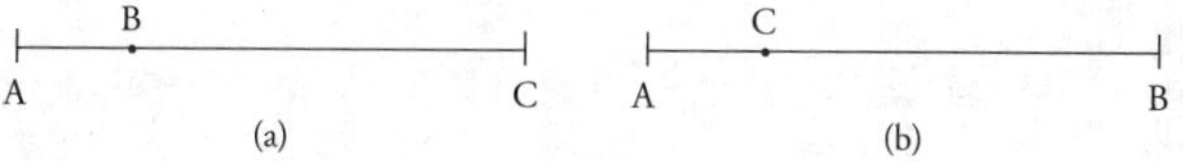

図46

ると些《さ》細《さい》な発想だが、詳しく見てみるとなかなか興味深い[20]。まず、彼は$AB+BC=AC$という単純な式に目を付けた。幾何学の教科書で線分の長さを説明するときに必ず見かける式だが（図46 a）、グラスマンは面白い点に気付いた。彼は、ABやBCなどを単なる長さとして解釈するのではなく、$BA=-AB$という具合に〝向き〟を割り当てることで、点A、B、Cの順序にかかわらずこの式が成立することを発見したのである。たとえば、CがAとBのあいだにあるとしよう（図46 b）。すると、$AB=AC+CB$であるが、$CB=-BC$ゆえ、$AB=AC-BC$となる。したがって、両辺にBCを加えれば、最初の式$AB+BC=AC$を導くことができる。

　これだけでもかなり興味深いが、グラスマンの拡張にはさらに意外な点があった。これが幾何学ではなく代数学だったら、ABという表記は通常、積$A\times B$を表す。この場合、グラスマンの$BA=-AB$という提案は算術のもっとも基本的な法則――ふたつの数の積はかけ算の順序によって変わらないという法則――に反してしまう。グラスマンはこの難点に真っ向から挑み、〈外積代数〉と呼ばれる新しい無矛盾な代数を発明した。外積代数では数種類の積を用いることができると同時に、任意の次元の幾何学を扱うことができた。

ていた(21)。リーマンの独創的な講義をきっかけに、n次元幾何学は嵐のあとのキノコのように爆発的に広がっていた(21)。リーマンの独創的な講義をきっかけに、任意の曲率や次元を持つ空間が研究分野として重要になっただけでなく、イギリスのアーサー・ケイリーやジェームズ・シルベスター、スイスのルートヴィヒ・シュレーフリといった数学者たちが、この分野で独創的な功績を残した。何世紀ものあいだ、数学は空間や数といった概念としか結び付けられてこなかったが、数学者たちはようやくその足枷《あしかせ》から解放されようとしていた。歴史的にこの結び付きはあまりにも強く、一八世紀になっても、スイスの数学者、レオンハルト・オイラー（一七〇七〜八三）は、「一般的に、数学とは量の科学である。あるいは、量の測定方法を研究する科学ともいえる」と述べている。風向きが変わりはじめたのは一九世紀になってからのことだった。

まず、抽象的な幾何空間や、幾何学や集合論における「無限」の概念が登場したことにより、「量」や「測定」の意味が限りなくあいまいになった。次に、数学的な抽象概念の研究が急速に進んだことで、数学と物理的実在の距離はさらに広がり、「生命」や「存在」自体も抽象概念に変わっていった。

集合論の創始者であるゲオルク・カントール（一八四五〜一九一八）は、数学の世界に生まれた自由の精神について、こんな〝独立宣言〟をしている(22)。「数学は今や完全に自由な発展を遂げている。数学に明らかなる制約があるとすれば、それは次のふたつのみである。まず、概念同士が互いに矛盾しないこと。そして、すべての概念が、それ以前に導入されて確立されている概念と、定義によって定められた厳密な関係を持つことである」。その六年後、代数学者のリヒャルト・デーデキント（一八三一～一九一六）は、「私は、数の概念は時空の概念や直観とはまったく独立したものだととらえている。……（中略）……数というものは人間の頭脳による自由な創造物なのである」と付け加えている。[23] つまり、カントールもデーデキントも、数学を抽象的で概念的な研究対象ととらえていたのだ。彼らにとって、その唯一の条件は無矛盾性であり、計算の手法や物理的実在との関係については何の縛《しば》りもない。カントールはこれを総括して、「数学の本質はその自由性にある」と語っている。

一九世紀末になると、大半の数学者がカントールやデーデキントの訴える数学の自由性を認めるようになっていた。数学の目的は、自然界の真理を追究することではなく、抽象構造――公理系――を構築したり、公理系の論理的帰結を追究したりすることへと変わっていった。

こう言うと、「数学は発見か、発明か？」という悩ましい問題に終止符が打たれたと思うかもしれない。どんなに複雑とはいっても、数学が恣《し》意的に定められたルールに則《のっと》っておこなわれるゲームにすぎないとしたら、数学的概念の実在を信じる根拠はないのではないか？

意外なことに、数学が物理的実在から乖離《かいり》するにつれ、一部の数学者はまったく逆の見解を抱くようになった。彼らは数学を人間の発明と結論付けるどころか、「数学は独立した真理の世界であり、その存在はこの宇宙と同じくらい確かである」という、プラトン主義の本来の考え方に立ち戻ったのである。この「新プラトン主義者」たちは、数学と物理学を結び付ける試みを〝応用〟数学として位置付けた。これは、物質世界とはまるで関係のない〝純粋〟数学とは対照的な位置付けである。一八九四年五月一三日、フランスの数学者、シャルル・エルミート（一八二二～一九〇一）は、オランダの数学者、トマス・ヨアネス・スティルチェス（一八五六～九四）に宛てた手紙で、「親愛なる友へ」という書き出しのあとに次のように綴《つづ》っている。[24]

君が算術世界の現象を観測する自然主義者に転身したことはとてもうれしく思う。君の考え方は私と同じだ。数や解析関数は人間の頭脳が勝手に生み出したものではない。客観的に実在する事物と同じように、必然性をもってわれわれの外部に存在している。そして、われわれは物理学者、化学者、動物学者と同じように、それを発見したり、それに遭遇したりすることで、研究を進めるのだ。

イギリスの数学者、G・H・ハーディは、純粋数学の研究者だったが、近代ではもっとも声高《こわだか》なプラトン主義者のひとりだった。一九二二年九月七日、彼は英国科学振興協会のスピーチで、次のように雄弁に語っている。

数学者は膨大な数の幾何学体系を築き上げてきた――一次元、二次元、三次元、そして任意の次元のユークリッド幾何学や非ユークリッド幾何学といった具合に。いずれも完全であり、同じくらい妥当である。これらは数学者の観察した現実を具現化したものであり、この現実は怪しげでとらえづらい物理的実在よりもはるかに濃密で厳格だ。……（中略）……したがって、数学者の役割というのは、遠い山々を散策する探検家のごとく、目の前にある厄介で複雑な〝現実〟の体系、言い換えれば自分の科学的対象を形成している美しい論理的関係の集合体を観察し、観測結果を地図に次々と書き込んでいくことだ。そして、その地図一枚一枚が、純粋数学の一分野なのである。(25)

近世になって数学の恣意的な性質が明らかになってきたにもかかわらず、頑固なプラトン主義者たちはなかなか武器を置こうとしなかった。むしろ、そのまったく逆で、彼らはハーディの言う〝目の前にある現実〟を探検する機会を見つけ出した。それは、数学と物理的実在のつながりを探求しつづけるよりも、はるかに心躍る旅だったのだ。しかし、このような数学の形而上学的な実在をどう見るかは別として、ひとつの事実が明らかになりつつあった。数学がどんなに自由だとはいっても、絶対に侵《おか》すことのできない制約がひとつだけあるということだ。それは論理的な無矛盾性である。数学者も哲学者も、数学と論理のあいだに断ち切ることのできない〝糸〟があるという事実を、それまで以上に強く実感するようになっていった。そこで新たな発想が生まれる。数学全体をたったひとつの論理的基礎の上に築くことは可能か？　もし可能だすれば、それは数学の有効性の謎を解く鍵となるのか？　あるいはその逆に、数学的手法を論理の研究全般に用いることはできるのか？　もしそうだとしたら、数学は自然の言語のみならず、人間の思考の言語ということにもなる。

第7章　論理学者たち——論理を論理する

　ある村の床屋にこんな看板がかけられている[1]——「自分でひげを剃《そ》らない村の男性に限って、すべての男性のひげをお剃りいたします」。一見すると何の問題もない看板だ。もともと自分でひげを剃る男性にはひげ剃りサービスは不要だし、床屋が誰のひげも剃るのは当たり前だ。しかし、考えてみてほしい。この床屋さん自身のひげは誰が剃るのか？　自分で剃るとしたら、看板によると自分でひげを剃らない男性でなければならない。一方、自分で剃らないとすれば、やはり看板によると彼自身がひげを剃らなければならない。とすれば、彼は自分のひげを剃るのか、剃らないのか？　この種の問題は、これまでに激しい議論を幾度となく引き起こしてきた。このパラドックスを提唱したのは、二〇世紀でもっとも著名な論理学者で哲学者のバートランド・ラッセル（一八七二～一九七〇）である。彼はこのパラドックスで、人間の論理的直観がいかに脆《もろ》いかを示している。パラドックス、あるいは〈矛盾〉とは、一見するとまっとうな前提から、許容し難《がた》い結論が導かれる状況を指す。先ほどの例で言えば、この床屋はひげを自分で剃るわけにも剃らないわけにもいかない。このパラドックスは解決できるだろうか？　ひとつ、単純な答えが考えられる。床屋は女性というものだ。しかし、あらかじめ床屋を男性と仮定しておけば、不合理な結論は避けられない。そうなってしまったのは、最初の仮定を受け入れてしまったからだ。つまり、そのような床屋は初めから存在しえないのである。しかし、これが数学とどう関係しているというのか？　これから説明するように、数学と論理には密接な関係がある。その関係について、ラッセルは次のように説明している(2)。

歴史的に見れば数学と論理学とはまったく違った研究であった。数学は科学と関連して起こり、論理学はギリシャ人のなかから生まれてきた。しかし、近来このふたつは非常に進歩し、論理学はだんだん数学的に、数学はだんだん論理学的になり、その結果、今《こん》日《にち》［一九一九年］ではふたつの間に確然とした境界線を引くこともできず、ふたつは事実上ひとつの学問となってきた。しかも、このふたつの違いはあたかも子どもと大人とのようなもので、論理学は数学の青年時代であり、数学は論理学の壮年時代である。

［『数理哲学序説』平野智治訳、岩波書店。一部改変］

ラッセルが述べているのは、大まかに言うと数学は突き詰めれば論理学であるということである。言い換えれば、数学の基本的概念、すなわち数のような対象物さえもが、演繹《えんえき》の基本的な法則で定義できるということだ。後にラッセルは、これらの定義を論理学の原則と組み合わせて用いれば、数学の数々の定理を導くことができるとも述べている。

当初、このような数学観――〈論理主義〉と呼ばれる――は、数学を人間が発明した精巧なゲームにすぎないと見なす人々（〈形式主義者〉）と、苦悶するプラトン主義者の両方から歓迎された。形式主義者たちは、一見するとバラバラな数々の〝ゲーム〟が融合してひとつの〝巨大ゲーム〟になるのを歓迎した。一方のプラトン主義者たちは、数学全体が疑う余地のないたったひとつの根源から生じたとする考え方に一条《ひとすじ》の希望を見出していた。なぜなら、形而上学的な唯一の起源が存在するということになるからだ。数学に唯一の起源が存在するとすれば、少なくとも原理的には、数学がこれほど威力を持つ理由を説明できる。

万全を期《き》すため、〈直観主義〉と呼ばれるもうひとつの流派も紹介しておこう。(3) これは論理主義や形式主義とは真っ向から対立する思想で、その急先鋒に立ったのが、オランダの急進的な数学者、ライツェン・E・J・ブラウワー（一八八一〜一九六六）だった。ブラウワーは、自然数は時間や個々の事象に対する人間の経験的な直観から生まれるものだと考えた。彼にとっては、数学が人間の思考の産物だというのは明白だったので、ラッセルの思い描くような普遍的な論理法則など必要なかったのである。しかし、ブラウワーの考えはそれだけにとどまらなかった。彼は、自然数と有限回の手順を用いて明示的に構成されるものだけが、意味のある数学的実体だと宣言したのだ。つまり、彼は構成的証明が不可能な大部分の数学を否定してしまったのである。彼が否定したもうひとつの論理的概念が〈排中律《はいちゅうりつ》〉だ。排中律とは、あらゆる命題は真か偽のいずれかであるという仮定である。彼は、命題に真偽の"未定"な第三の状態を許した［訳注：ただし、直観主義で排中律が禁止されるのは無限集合が対象の場合のみである。排中律が否定されると、背理法も使えなくなるため、数学の多くの定理が証明不能になったり、証明が複雑になったりする］。このような制約をいくつも抱える直観主義は、歴史的にかなり軽んじられてきた。とはいえ、第9章で説明するように、直観主義の考え方は、「人間はいかにして数学的知識を習得するか」という疑問に関する認知科学者たちの発見と見事に符合している。また、マイケル・ダメットをはじめとする現代の数理哲学者の主張も特徴付けている。ダメットは基本的には言語学的なアプローチを取っており、「数学的命題の意味がその使い方を決め、しかもその使い方によって意味が完全に決められるのだ」と断言している。(4)

しかし、数学と論理学のこれほど密接な関係は、どのように築かれていったのだろうか？そして、論理主義者のビジョンはそもそも実現可能なのか？　そこで、ここ四世紀の重要な出来事をいくつか簡単に整理しておこう。

論理学と数学

従来、論理学といえば、概念と命題の関係や、その関係から正当な推論を導く過程を扱うものであった。(5)簡単な例を挙げると、「すべてのXはYである。一部のZはXである。ゆえに一部のZはYである」という一般的な推論形式を用いれば、前提が真であるかぎり、結論が真であることが自動的に保証される。たとえば、「すべての伝記作家は作家である。一部の政治家は伝記作家である」という前提が正しければ、「一部の政治家は作家である」という結論は自動的に正しい。一方、一般的に、「すべてのXはYである。一部のZはYである。ゆえに、一部のZはXである」という推論は正しくない。なぜなら、前提が正しくても結論が正しくない例はいくらでも見つかるからだ。たとえば、「すべての人間は哺乳《ほにゅう》類である。角《つの》を持つ動物の一部は哺乳類である。ゆえに角を持つ動物の一部は人間である」とはならないはずだ。

一定の規則に従っているかぎり、主張の正当性は命題の内容によって変わらない。たとえば、

執事または富豪の娘がその富豪を殺害した。
富豪の娘はその富豪を殺害していない。
ゆえに、その富豪を殺害したのは執事である。

は正しい推論だ。この主張の正当性は、執事に対するわれわれのイメージだとか、富豪と娘の関係だとか、そういうものによって変わるわけではない。この主張の正当性は、一般に「pまたはqが成立し、qが成立しないならば、pが成立する」という命題が論理的に正しいという事実によって保証されるわけだ。

最初のふたつの例で、X、Y、Zが数学の方程式に見られる変数のような役割を果たしていることに気付いたかもしれない。代数学で変数に数値を代入できるのと同じように、X、Y、Zには文や式を代入することができる。同じように、「pまたはqが成立し、qが成立しないならば、pが成立する」という推論は、ユークリッド幾何学の公理を彷彿《ほうふつ》とさせる。しかし、論理が考察されるようになってから、数学者たちがこの類似性に気付くまでには、二〇〇〇年もの年月がかかったのである。

論理学と数学というふたつの分野を融合し、〝普遍的な数学〟を作り上げようとした最初の人物は、ドイツの数学者で合理主義者のゴットフリート・ヴィルヘルム・ライプニッツ（一六四六〜一七一六）である。ライプニッツの専門は法学で、数学、物理学、哲学の研究の大部分は余暇におこなっていた。彼はニュートンとほぼ同じ時期に独力で微積分学の基礎を確立したことで知られている（どちらが先かをめぐって、ニュートンと熾烈な論争を繰り広げたことでも有名）。ライプニッツは、一六歳のときに大筋《おおすじ》をまとめた論文のなかで、推論の普遍的な言語、〈普遍的記号法〉を提唱した。彼は普遍的記号法を究極の思考ツールととらえていた。つまり、単純な概念や観念を記号で表し、より複雑な概念を基本的な記号の組み合わせとして表すことで、いかなる科学分野の命題も、代数学的な演算だけで真偽を〝計算〟できるようにしたいと考えたのである。そして、適切な論理計算を用いれば、哲学的な議論さえも計算で解決できると予言したが、残念ながら論理の代数学を構築するまでには至らなかった。しかし、彼の功績は〝思考のアルファベット〟の一般原理を考案したことだけにとどまらない。彼は二者の同一性についても明確な主張をおこなったし［訳注：不可識別者同一の原理として知られ、識別の付かないふたつの個体は存在しえない、つまりふたつのものが区別不可能ならばそれは同一であると訴えた］、いかなる命題も同時に真であり偽であることはありえないという、ある意味では当たり前の認識も示した。ライプニッツの発想は機知に富んでいたものの、注目を浴びることはほとんどなかった。

論理学が再び脚光を浴びるのは一九世紀半ばのことだった。論理学への関心が急激に高まると、まずはオーガスタス・ド・モルガン（一八〇六～七一）、続いてジョージ・ブール（一八一五～六四）、ゴットロープ・フレーゲ（一八四八～一九二五）、ジュゼッペ・ペアノ（一八五八～一九三二）らが、次々と重要な研究をおこなっていった。

ド・モルガンは驚くほどの健筆家で、数学、数学史、哲学に関する論文や書籍を次々と世に送り出した[6]。そのなかには、数千年分の満月を記録した暦《こよみ》や、変わり種《だね》の数学をまとめた本など、珍しい著作もあった。ある日、年齢を訊《き》かれたド・モルガンは、「私はx^2年にx歳になる」と答えたという。ちょっと計算をすれば、二乗して一八〇六～一八七一（ド・モルガンの存命期間）のあいだの数になるのは、43のみだということがわかる。とはいえ、彼がもっとも独創的な研究をおこなったのは、おそらく論理学の分野だろう。彼はアリストテレスの三段論法の範囲を大幅に拡大し、演繹の代数学的なアプローチを発展させた。彼は代数学者の目で論理学を見つめ、論理学者の目で代数学を見つめた。彼はある論文で、次のような先見的な見解を述べている。「論理形式をもっとも習慣的に利用する分野を探すとすれば、それは代数学に違いない。……（中略）……代数学者たちは、論理的推論という高度な世界、つまり論理的関係の絶え間ない合成のなかに住みつづけていたのだ。それも、そのような世界の存在が認められる前から」［訳注：「論理的関係の絶え間ない合成」という表現は、いかに高度な代数学の定理も、ごく自明な公理を基点として、AならばB、BならばC……と演繹を無数に積み重ねることで導かれることを示していると思われる。これは数学のどの分野でも同じだが、代数学ではいっそう顕著である。逆に言えば、代数学のあらゆる定理というのは、どんなに複雑に見えても、人間にとっての見かけや意味が異なるだけで、ごく基本的な公理系を論理的な同値性を保ったまま言い換えたものにすぎない」

論理学におけるド・モルガンの最大の功績は、〈述語の量化〉と呼ばれるものである［訳注：量化とは、論理学において議論の対象に「すべての（∀）」、「ある（∃）」、「多くの」、「一部の」などの量を導入すること］。ずいぶんと大げさな名前だが、古代の論理学者たちがこの概念を見落としていたのは意外である。アリストテレス学派の人々は、「一部のZはXである」と「一部のZはYである」という前提から、XとYの関係について必然的な結論はなんら導けないことを正しく認識していた。たとえば、「一部の人々はパンを食べる」と「一部の人々はリンゴを食べる」の二文から、リンゴを食べる人とパンを食べる人の関係について、決定的な結論を出すことはできない。さらに、一九世紀に入るまで、XとYの関係が必然的に導かれるためには、前提に現れる媒概念《ばいがいねん》（先ほどの例で言えば「Z」）が〝全称的〟でなくてはならない――つまり、命題に「すべてのZ」という言葉が含まれていなければならない――と考えられていた。ド・モルガンはこの考えが間違いであることを証明した。彼は一八四七年の著書『形式論理学（*Formal Logic*）』で、「ほとんどのZはXである」かつ「ほとんどのZはYである」という前提から「Xの一部はYである」が必然的に導けると指摘した。たとえば、「ほとんどの人々はパンを食べる」かつ「ほとんどの人々はリンゴを食べる」から「一部の人々はパンとリンゴを食べる」が必然的に導かれる。さらに彼は、自身の新しい論理的推論を厳密な量的形式で表した。たとえば、Zの総数がz、ZかつXの総数がx、ZかつYの総数がyだとしよう。先ほどの例で言えば、人々の総数が一〇〇で（$z=100$）、うち五七人がパンを食べ（$x=57$）、六九人がリンゴを食べる（$y=69$）とする。このとき、ド・モルガンはXかつYの総数が少なくとも（$x+y-z$）であることに気付いたのである。つまり、最低二六人（$57+69-100=26$）はパンもリンゴも食べることになる。

しかしながら、述部を量化するこの巧妙な手法によって、ド・モルガンは不愉快な議論に巻き込まれることになる。彼に盗作の疑いをかけたのが、スコットランドの哲学者、ウィリアム・ハミルトン（一七八八～一八五六）だった（アイルランドの数学者、ウィリアム・ローワン・ハミルトンと混同しないこと）。というのも、ハミルトンはド・モルガンよりも数年早く、同じような考えを発表していたのである（厳密さはモルガンに遠く及ばなかったが）。ハミルトンの数学や数学者に対する普段の態度を考えれば、彼の批判は意外ではなかった。かつて、「数学を研究しすぎると、哲学や人生に必要な知的エネルギーを完全に削《そ》がれてしまう」と述べたほどの人物なのだから。しかし、ハミルトンの手厳しい告発の手紙が、思いもかけない好結果を生み出す——代数学者のジョージ・ブールが論理学に興味を持った

のだ。ブールは著書『論理の数学的分析』で次のように記している。(7)

今春、私の関心はハミルトン卿《きょう》とド・モルガン教授の間で取り交わされた問題にあった。私はその問題に興味を持ち、ほとんど忘れ去られていたこれまでの研究を再度続けてみようと考えた。確かに論理は量の観念から見ることができるが、それは他方、関係というより深い体系を持っているように思われた。論理を外側から、数を媒介にして時空の直観と関連付けて見ることが正当ならば、逆に内側から、精神の構成のなかにある別の秩序を持った諸事実に基づいて見ることも正当であろう。

〔『論理の数学的分析』西脇与作訳、公論社。一部表記を修正〕

この謙虚な言葉は、記号論理学の画期的研究の始まりを告げていた。

思考の法則

ジョージ・ブール（図47）は、一八一五年一一月二日、イングランドの工業都市リンカンに生まれた。(8) 市《まち》で靴屋を営んでいた父親のジョン・ブールは、数学に造詣が深く、さまざまな光学機器の製作に長《た》けていた。一方、母親のメアリー・アン・ジョイスは、お手伝いの仕事をしていた。父親はあまり商売っ気《け》のない人物で、家庭は裕福とはいえなかった。ジョージは七歳まで商業学校に通い、それから小学校に入学した。担任はジョン・ウォルター・リ

図47

ーヴズという人物だった。幼いころのブールは主にラテン語とギリシャ語に興味を持っていて、地元の本屋の店主からラテン語を教わり、独学でギリシャ語を学んだ。一四歳のとき、紀元前一世紀のギリシャの詩人、ガダラのメレアグロスの詩を翻訳した。感心した父は翻訳を《リンカン・ヘラルド（*Lincoln Herald*）》に発表したが、地元の校長から記事で批判を浴びてしまう。家庭が貧しかったため、ブールは一六歳でアシスタント教師の仕事を始め、空いた時間をフランス語、イタリア語、ドイツ語の勉強に充《あ》てた。こういった現代語の知識は役に立った。というのも、シルヴェストル・ラクロア、ラプラス、ラグランジュ、ヤコビといった偉大な数学者の研究に目を通すことができたからだ。しかし、それでも数学の教育を受ける余裕はなく、教師の仕事で両親や兄弟を養いながら、独学で研究を続けた。しかし、やがて数学的才能の片鱗《へんりん》を示しはじめ、《ケンブリッジ数学ジャーナル（*Cambridge Mathematical Journal*）》に次々と論文を発表するようになる。

一八四二年、ブールはド・モルガンと文通を始め、彼に数学論文を送っては感想を求めた。徐々に独創的な数学者という評価が高まり、ド・モルガンから強力な後押しを受けると、ブールは一八四九年にアイルランドのコークにあるクイーンズ・カレッジの数学教授の座に就《つ》き、生涯そこで教師の仕事を続けた。一八五五年、彼は一七歳年下のメアリー・エベレストと結婚し、五人の娘をもうけた（ちなみにエベレスト山の名前は彼女の伯父《おじ》ジョージ・エベレストに由来する）。ところが、ブールは四九歳の若さで亡くなることになる。一八六四年の寒い冬の日のこと、彼は大学に向かう道中で雨に降られた。服はずぶ濡れになったが、彼は無理を押して講義をおこなった。さらに、病気になったときの状況を再現すると病《やまい》が治るという迷信を信じて、妻が自宅のベッドを水浸《みずびた》しにしたのも、症状を悪化させたのかもしれない。結局、ブールは肺炎に罹《かか》り、一八六四年一二月八日に亡くなった。バートランド・ラッセルは独学で数学を身に付けたブールを絶賛し、「純粋数学はブールによって発見され、彼の『思考の法則（*The Laws of Thought*）』という著書に書かれた。……（中略）……彼の著書は、実は、形式論理学に関するものであって、この形式論理学なるものは数学と同じものなのである」［『神秘主義と論理』江森巳之助訳、みすず書房。一部改変］と述べている。当時としては珍しいことに、妻のメアリー・ブール（一八三二〜一九一六）も五人の娘も、教育から化学まで、さまざまな分野で実績を上げた。

ブールは一八四七年に『論理の数学的分析』、一八五四年に『思考の法則』を発表した。どちらも紛《まぎ》れもない名著であり、論理演算と算術演算の類似性を飛躍的に高めた。文字どおり、ブールは論理学を一種の代数学へと変え（〈ブール代数〉と呼ばれるようになった）、論理の分析を確率論的な推論にまで発展させたのである。ブールは次のように述べている。

次の論文〔『思考の法則』のこと〕の狙いは、推論をおこなう際の頭脳の働きの基本的法則について研究し、計算の記号言語で表現し、それに基づいて論理学やその手法を確立し、その手法を確率の数学的原理を適用するための一般的手法の土台とすることである。そして最終的に、こういった研究の過程で明らかになったさまざまな真理から、自然の性質や人間の頭脳の構造を解明する手がかりを得ることである。(9)

ブールの計算法は、「集合」（モノや要素の集まり）同士の関係、または「命題」の論理内部の関係に適用されるものと解釈できる〔訳注：厳密にはclassを「クラス」、setを「集合」と訳し分けるべきだが、本書では煩雑さを避けるため、基本的にいずれも「集合」と訳している〕。xとyが集合の場合、関係$x=y$は、ふたつの集合がまったく同じ要素を持つという意味になる。この場合、各々《おのおの》の集合の定義方法が異なっていてもかまわない。たとえば、ある学校の全児童が身長二メートル未満だとしよう。xを「その学校の全児童」、yを「その学校で身長二メートル未満の全児童」と定義すると、xとyは等しくなる。xとyが命題の場合、

$x=y$ はふたつの命題が同値という意味である（xが真ならyも真で、yが真ならxも真）。たとえば、命題xを「ジョン・バリモアはエセル・バリモアの弟である」、yを「エセル・バリモアはジョン・バリモアの姉である」とすると、$x=y$となる［訳注：厳密に言えば同値ではない。純粋な論理だけで言えば、ジョンがエセルの弟であっても、エセルがジョンの姉とはかぎらない。ジョンが男性でエセルが女性という仮定が必要。「弟」と「姉」をそれぞれ「年下」と「年上」に置き換えれば同値になる］。記号「$x \cdot y$」は、ふたつの集合の共通部分（xとyのいずれにも含まれる要素）またはふたつの命題の〈論理積〉（「xかつy」）を指す。たとえば、xを村のすべての子どもの集合とし、yを黒い髪の毛を持つすべての人間の集合とすると、$x \cdot y$は村のすべての黒髪の子どもの集合となる。xとyが命題の場合、論理積$x \cdot y$（「xかつy」）は、xとyが両方成り立つことを指す。たとえば、自動車協会が「あなたは周辺視野検査かつ運転試験に合格する必要がある」といえば、両方の条件を満たさなければならないという意味である。ブールは、ふたつの集合に共通要素がない場合、xの要素とyの要素の両方からなる集合を記号「$x+y$」で表した。命題の場合、「$x+y$」は「xまたはy、しかしxかつyではない」を表す。たとえば、xを「釘は四角い」、yを「釘は丸い」とすると、$x+y$は「釘は四角いまたは丸い」となる。同じように、「$x-y$」はxに含まれyに含まれない要素の集合を指す。命題の場合は、「xであるがyでない」の意となる。ブールは〈普遍集合〉（議論の対象となっている全要素を含む集合）を1、〈空《くう》集合〉（要素がひとつもない集合）を0で表した。注意しなければならないのは、空集合と数0は別物だということ。後者は空集合に含まれる要素の数にすぎない。また、空集合は〝何もない〟のとは異なる。なぜなら、要素が何もない集合も、それはそれで集合だからだ。たとえば、アルバニア共和国のすべての新聞の集合を1とする。アルバニア共和国のすべての新聞がアルバニア語で書かれているとしたら、アルバニア共和国のアルバニア語の新聞の集合は1と等しくなる。一方、ブールの表記によれば、アルバニア共和国のスペイン語の新聞の集合は0となる。命題の場合、1は常に「真」の命題(「人間は死ぬ」など)で、0は常に「偽《ぎ》」の命題(「人間は死なない」など)を指す。

ブールはこの表記を用いて、論理の代数を定義する一連の公理を定めた。たとえば、上述の定義を用いれば、「すべてはxかxでないかのいずれかである」という直感的に真な命題は、ブール代数で$x+(1-x)=1$と書き換えることができる。この式は通常の代数学でも成り立つ。同様に、「任意の集合と空集合の共通部分は空集合である」という命題は、$x \cdot 0=0$と表現することができる。これは、任意の命題と偽の命題の論理積は偽であるという意味でもある。たとえば、「砂糖は甘く、かつ人間は不死である」という命題は、前半部分が真であるにもかかわらず、全体としては偽になる。この場合も、ブール代数の〝等号〟が一般の代数と同じように成立している。

この手法の威力を証明するため、ブールは自らの重視するものすべてに論理記号を用いた。たとえば、彼は神の存在や属性に関するサミュエル・クラークやバールーフ・スピノザといった哲学者たちの主張をも分析した。しかし、その結論は否定的なものだった。「クラークとスピノザの主張をどれだけ詳しく分析しても、神の存在、神の属性、神と宇宙の関係を演繹的に証明しようという試みは、すべて不毛だと結論付けざるをえない」と彼は述べている。ブールの結論は揺るぎなかったが[10]、神の存在証明が不毛だと納得した人々ばかりではなかったようだ。今日《こんにち》になっても、神の存在の新しい本体論的証明は次々と登場しているからだ。

結局、ブールは「かつ」、「または」、「〜ならば〜である」、「〜でない」といった論理結合子を数学的にうまく操った。現在、これらの結合子はコンピュータ演算やさまざまなスイッチング回路の根幹を担っている。そのため、彼をデジタル時代の〝予言者〟ととらえる人も多い。しかし、ブール代数には、あまりに先進的すぎるがゆえの欠点もあった。まず、通常の代数とあまりにも似た表記が用いられていたため、彼の記述は紛《まぎ》らわしくて理解しづらかった。次に、ブールは命題（「アリストテレスは死ぬ」）、命題関数や述語（「xは死ぬ」）、量化命題（「すべてのxに対し、xは死ぬ」）の区別をあいまいにしている。最後に、フレーゲとラッセルは後に、代数学は論理学から派生するものだと主張した。とすれば、代数学から論理学を構築するのではなく、論理学から代数学を構築する方が理に適《かな》っているとも言える。

しかしながら、ブールの研究のもうひとつの側面が、大きく実を結ぼうとしていた。それは、論理とクラスや集合のあいだの密接な関係を発見したことだった。先ほど述べたように、ブール代数は集合にも論理命題にも同じように適用できる。実際、集合Xのすべての要素が集合Yの要素でもあるとき（すなわち、XがYの〈部分集合〉であるとき）、これは「Xな

図48

らば*Y*である」という形式の〈論理包含《ほうがん》〉として表すことができる。たとえば、すべての馬の集合は、すべての四足《しそく》動物の集合の部分集合である。これは「*X*が馬であるならば、*X*は四足動物である」という論理命題に書き直すことができる。

その後、ブール代数は多くの研究者によって拡張や改良が重ねられていったが、集合と論理の類似性を大いに活かし、数理論理学全体を新たな水準に押し上げたのが、ほかならぬゴットロープ・フレーゲだった（図48）。

フリードリヒ・ルートヴィヒ・ゴットロープ・フレーゲは、ドイツのヴィスマールに生まれた。両親は市《まち》で違う時期に女子高校の校長をしていた。フレーゲはまずイェーナ大学で、その後はゲッティンゲン大学で二年間、数学、物理学、化学、哲学を学んだ。教育を修了すると、一八七四年からイェーナ大学で講師の仕事を始め、生涯を通じてそこで数学を教えつづけた。忙しい講師の仕事の合間を縫《ぬ》って、彼は一八七九年に論理に関する自身初の革命的な著書『概念記法』を出版する。[11] この本で、フレーゲは独自の論理言語を構築し、後に全二巻の著書『算術の基本法則』で増強した。彼の論理学に対するビジョンはある意味では非常にマニアックだったが、ある意味では非常に壮大だった。彼の関心は主に算術にあった。彼は自然数1、2、3……といったごく一般的な概念さえ、突き詰めれば論理学的な要素に帰着しうることを証明しようとした。つまり、フレーゲは論理学のいくつかの公理から、算術のあらゆる定理を証明できるのではないかと考えたのだ。言い換えれば、1+1=2のような命題も観測に基づく経験的な事実ではなく、一連の論理学の公理から導けるものだと考えたのである。フレーゲの『概念記法』の影響力は絶大で、当時の論理学者、ウィラード・ヴァン・オーマン・クワイン（一九〇八～二〇〇〇）は、「論理学は古い学問である。しかし、一八七九年から偉大な学問に変わった」と記している。

フレーゲの哲学の中心にあったのは、真理は人間の判断とは独立して存在するという考え方だった。彼は著書『算術の基本法則』のなかでこう述べている。[12]「真理は、ひとりによってであれ、多数の人によってであれ、すべての人によってであれ、真と見なされることとは別のことであり、〝真と見なされる〟ことを〝真である〟ということには決して還元できない。真であるということは、すべての人によって偽と見なされることとは何ら矛盾しない。私は論理法則を、真と見なされることに関する心理法則ではなく、真であることの法則であると解する。……（中略）……それら［真であることの法則］は、われわれの思考が逸脱することはありうるとしても、動かすことはできない、永遠の基礎のなかに境界石を固定しているのである」〔『フレーゲ著作集③算術の基本法則』野本和幸編、勁草書房。一部改変〕

フレーゲの論理の公理は一般的に、「すべての～に対して～ならば～である」の形式を取っている[13]。たとえば、ある公理は「すべてのpに対して〝pでない〟でないならばpである」と主張する。基本的に、この公理が述べているのは、「考察中の命題と相反《そうはん》する命題が偽ならば、その命題は真である」ということだ。たとえば、「赤信号で車を停める必要はない」が真でないなら、赤信号で車を停めなければならないということだ。実際に論理〝言語〟を構築するために、フレーゲは一連の公理に新しい重要な機能を補った。彼は古典論理で用いられる「主語／述語」形式の代わりに、数学の関数理論の概念を借用したのだ。簡単に説明しよう。数式で$f(x)=3x+1$と書いた場合、これが意味するところは、fが変数xの関数であり、変数xの値を3倍して1を加えれば関数の値が求まるということである。フレーゲは、彼の言う〈概念〉を関数として定義したのだ。たとえば、「～は肉を食べる」という概念を考察するとしよう。この概念を「$F(x)$」という記号で表すと、この関数の値はxがライオンのときに「真」、xがシカのときに「偽」となる。数の場合も同様だ。「～は7より小さい」という概念（関数）は、7以上のすべての数では「偽」、7未満のすべての数では「真」となる。フレーゲは、ある概念に対して値が「真」となる対象を、その概念に「属する」対象と呼んだ。

先ほど述べたように、フレーゲは自然数に関するすべての命題は、論理の定義や法則のみから導けると頑《かたく》なに信じていた。実際、彼は「数」という概念に関する予備知識をいっさい用いずに、自然数を説明しようとした。たとえば、フレーゲの論理言語では、ある概念に〝属する〟対象と別の概念に〝属する〟対象のあいだに一対一の対応が存在するとき、ふたつの概念は〈同数〉とされる。たとえば、すべてのゴミ箱にふたが付いているとすれば、ゴミ箱のふたとゴミ箱は同数となる。この定義には数という概念が不要だ。次に、フレーゲは数0に巧妙な論理的定義を与えた。概念Fを「自分自身と同一でない」と定義してみよう。あらゆるものは自分自身と同一なので、Fに属するものは存在しない。言い換えれば、任意の対象xに対して$F(x)$は偽である。そこで、フレーゲは0を「この概念Fの数」として定義した。続けて、彼はあらゆる自然数を〈外延《がいえん》〉と呼ばれる実体を用いて定義している。(14)ある概念の外延とは、その概念に属するあらゆる対象のクラス（集合）である。この定義は論理学に疎《うと》い人々にとっては理解しづらいかもしれないが、実際にはきわめてシンプルだ。たとえば、「女性」という概念の外延は、すべての女性の集合である。ただし、「女性」の外延そのものは女性でないことに注意。

この抽象的な論理の定義が、たとえば4という数の定義にどう役立つのかと思うかもしれない。フレーゲは、四つの対象が属する任意の概念の外延（つまり集合）を数4と考えた。

図 49

したがって、「スヌーピーという名前の犬の脚」や「ゴットロープ・フレーゲの祖父母」といった概念は、この集合（すなわち数4）に属することになる。

　フレーゲの理論は非常に巧妙な一方で、重大な欠陥もあった。思考に欠かせない「概念」を用いて算術を構築するという考えは確かに秀逸《しゅういつ》だったが、彼はその形式に潜む致命的な矛盾に気付かなかった。特に、彼の〈基本法則V〉と呼ばれる公理から矛盾が導かれることが判明し、致命的な欠陥が明らかになったのだ。

　基本法則Vは一見したかぎりでは何の問題もない。「概念Fと概念Gが同じ対象を含む場合、そしてその場合にのみ、Fの外延とGの外延は同一である」というものだ。事《こと》の発端は、一九〇二年六月一六日、バートランド・ラッセル（図49）がフレーゲ宛てに記した手紙だった。ラッセルは手紙のなかで、基本法則Vの矛盾を示すパラドックスを指摘したのである。運命の悪戯《いたずら》か、ラッセルの手紙が届いたのは、奇《く》しくもフレーゲの『算術の基本法則』第二巻が出版される直前だった。ショックを受けたフレーゲは慌てて原稿を加筆修正し、「学問的著述に従事する者にとって、ひとつの仕事が完成したあとになって、自分の建造物の基礎のひとつが揺らぐということほど、好ましくないことはほとんどないであろう」『フレーゲ著作集③算術の基本法則』より。一部表記を修正」と素直に認めている。また、彼はラッセルに対する返信で、「矛盾の御発見は思いがけぬことで私を非常に驚かせました。狼狽《ろうばい》していると申したいほどであります。御発見によって私がその上に算術を築こうと考えた基盤が動揺に陥ったがためであります」『フレーゲ著作集⑥「フレーゲ＝ラッセル往復書簡」土屋純一訳、勁草書房』と丁寧に述べている。

たったひとつのパラドックスが、数学の基礎を構築する計画全体を壊滅に追いやるというのは、初めて聞くと意外にも思えるかもしれない。しかし、ハーバード大学の論理学者、ウィラード・ヴァン・オーマン・クワインは、「歴史上、パラドックスの発見が思考の基礎を大幅に再構築するきっかけになった例は何度となくある」と述べている。ラッセルのパラドックスはまさにそのひとつだった。

ラッセルのパラドックス

集合論をほとんど独力で築き上げた人物といえば、ドイツの数学者、ゲオルク・カントールである。集合（クラス）が数学の根幹をなすものであり、論理と密接に結び付いていることとが明らかになると、論理学の基礎の上に数学を構築する試みは、必然的に集合論の公理的基礎の上に数学を構築することを意味するようになった。

集合（クラス）とは、単純に言えばモノの集まりである。そのモノ同士には関連性がなくてもかまわない。たとえば、「二〇〇三年放映の全テレビドラマ」、「ナポレオンの白馬」、「真実の愛」を含む集合を考えることも可能だ。ある集合に含まれる一つひとつのモノをその集合の〈要素〉と呼ぶ。

われわれの目にする集合のほとんどは、自分自身の要素ではない。たとえば、すべての雪の結晶の集合そのものは雪の結晶ではない。すべてのアンティーク腕時計の集合そのものはアンティーク腕時計ではない。しかし、自分自身の要素になる集合もある。たとえば、「アンティーク腕時計以外のすべてのもの」という集合は自分自身の要素である。なぜなら、この集合はアンティーク腕時計ではないから。同様に、すべての集合の集合は自分自身の要素である。なぜなら、明らかにそれは集合のひとつだからだ。しかし、「自分自身の要素でないすべての集合」という集合はどうだろう？(15)　この集合をRとしよう。Rは自分自身（R）の要素だろうか？　明らかにRはRに属さない。なぜなら、RがRに属するとすれば、「自分自身の要素ではない」というRの定義に反するからだ。一方、RがRに属さないとすれば、定義にしたがってRの要素でなければならない。したがって、前述の村の床屋の例と同じように、集合RはRに属し、かつRに属さない。これは論理的に矛盾する［訳注：厳密には、このような集合Rは集合論では集合と認められず、クラスと呼ばれる。しかし、本書では直感的に理解しやすいよう、class も set も基本的に集合と訳している」。ラッセルがフレーゲに手紙で伝えたパラドックスとはこれだった。この矛盾によって、集合（クラス）を定める過程そのものが脆弱《ぜいじゃく》になり、フレーゲの理論は致命的な打撃を受けた。フレーゲは必死に公理系を修正しようとしたものの、うまくはいかなかった。その影響は壊滅的だった。形式論理学は、数学よりも信頼できるどころか、手に負えない矛盾をはらんでいると思われたのである。

フレーゲが論理学の構築に励んでいたころ、イタリアの数学者で論理学者のジュゼッペ・ペアノは少し異なるアプローチを試みていた。ペアノは算術を公理化しようとしていたのだ。そこで、彼は手始めに簡潔でシンプルな公理を定めた。たとえば、最初の三つの公理は次のようなものだ。

①0は数である。
②任意の数の後者も数である。
③同じ後者を持つ数は存在しない。

ペアノの公理系は（いくつかの定義を追加すれば）算術の既知の法則を導くことができたが、自然数を一意に特定するものではなかった。

これを前進させたのはバートランド・ラッセルだった。ラッセルは、論理から算術を導くというフレーゲの発想そのものは間違っていないと考えていた。この難問に立ち向かうため、

図50

ラッセルはアルフレッド・ノース・ホワイトヘッド（図50）と手を組み、論理学の里程標《りていひょう》的名作『プリンキピア・マテマティカ』を書き上げた[16]。全三巻の大作である。『プリンキピア・マテマティカ』は、アリストテレスの『オルガノン』〔訳注：論理学に関するアリストテレスの著作の総称。『命題論』、『分析論』、『トピカ』等がある〕を除けば、おそらく論理学の歴史にもっとも大きな影響を与えた本だろう（図51は初版の扉）。『プリンキピア・マテマティカ』で、ラッセルとホワイトヘッドは数学が基本的には論理法則の産物だという考え方を取り入れ、数学と論理学の境界を取り払った[17]。しかし、無矛盾な記述を実現するためには、矛盾やパラドックスをどうにかしなければならなかった（ラッセルのパラドックス以外にも次々と矛盾が発見されていた）。そのためには巧みな論理的操作が必要だった。ラッセルは、パラドックスが発生したの

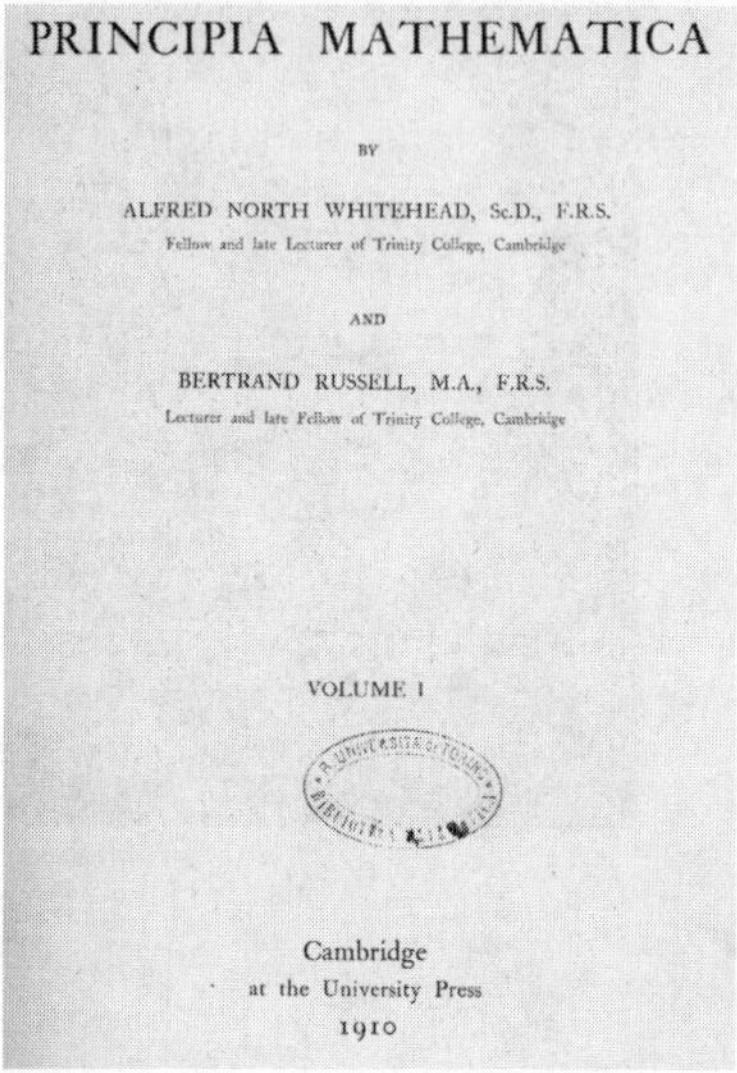
PRINCIPIA MATHEMATICA

BY

ALFRED NORTH WHITEHEAD, Sc.D., F.R.S.
Fellow and late Lecturer of Trinity College, Cambridge

AND

BERTRAND RUSSELL, M.A., F.R.S.
Lecturer and late Fellow of Trinity College, Cambridge

VOLUME I

Cambridge
at the University Press
1910

図51

は、ある実体をその実体自体を含む要素の集合として定義しようとして〝悪循環〟に陥ったからだと主張した。彼はこの点についてこう述べている。「〝ナポレオンは大将軍たるべきすべての性質を持っていた〟というときの〝性質〟は、上に述べた言葉によって表されたものを含まないように定義しなければならない。すなわち〝大将軍として備うべきすべての性質を持つ〟という性質自身が、その文章のなかで使われた性質という言葉の表すもののひとつでないように定義されなければならない」〔『数理哲学序説』より。一部改変〕

　パラドックスを回避するため、ラッセルは〈型理論〉を提唱した。[18] 型理論では、集合（クラス）はその要素よりも高度な論理型に属する。たとえば、フットボール・チーム「ダラス・カウボーイズ」のすべての選手は型0となる。さらに、全選手の集合である「ダラス・カウボーイズ」チーム自体は型1、チームの集合であるナショナル・フットボール・リーグは型2、リーグの集合は型3と続く〔訳注：日本のプロ野球で言えば、巨人の選手が型0、巨人というチームが型1、セ・リーグが型2、セ・リーグとパ・リーグからなる集合が型3に相当する〕。この理論では、「自分自身の要素である集合」という概念は真でも偽でもなく、無意味となる。したがって、ラッセルのパラドックスのような矛盾は発生しないのだ。

『プリンキピア・マテマティカ』が論理学の名著であることは疑いようもないが、ずっと追い求められてきた数学の基礎と見なすには程遠かった。多くの人々は、ラッセルの型理論をパラドックス問題の〝人工的な修正〟にすぎないと見なしていたのである。(19) さらに、複雑で厄介な枝分かれも引き起こした。たとえば、有理数（単分数など）は自然数よりも高度な型に属することがわかった。このような複雑さを回避するため、ラッセルとホワイトヘッドは〈還元公理〉と呼ばれる公理を追加した。しかし、この公理自体が深刻な論争や不信を生み出す結果となった。

パラドックスのより巧妙な回避方法を提案したのが、数学者のエルンスト・ツェルメロとアブラハム・フレンケルだった。ふたりは、集合論を矛盾なく公理化し、集合論の成果の大部分を再現することに成功した。一見すると、プラトン主義者の夢が半ば実現しかけたかに思えた。集合論と論理学が一枚のコインの裏表の関係ならば、集合論の揺るぎない基礎は論理学の揺るぎない基礎を意味する。さらに、数学の大部分を論理から導けるならば、数学にはある種の客観的な確実性が約束され、数学の有効性を説明する鍵になるだろう。残念ながら、プラトン主義者たちの喜びはそう長くは続かなかった。悪夢の再来が近づいていた。

非ユークリッド幾何学の危機、再来？

一九〇八年、ドイツの数学者、エルンスト・ツェルメロ（一八七一〜一九五三）は、紀元前三〇〇年ごろのユークリッドと同じ道をたどっていた[20]。ユークリッドは、証明不可能だが自明と見なせる、点や直線に関する公理をいくつか定め、公理的基礎の上に幾何学を構築した。ツェルメロは、一九〇〇年ごろに独自にラッセルのパラドックスを発見し、公理的基礎の上に集合論を構築する方法を提唱した。彼の理論では、「すべての集合の集合」といった矛盾した概念を含まないよう慎重に構成原理を選ぶことで、ラッセルのパラドックスを回避することができた。その後、ツェルメロの理論は一九二二年にイスラエルの数学者、アブラハム・フレンケル（一八九一〜一九六五）によって大幅に増強され、ツェルメロ＝フレンケルの集合論と呼ばれるようになった（ジョン・フォン・ノイマンも一九二五年に重要な変更を加えている）[21]。無矛盾性の証明が残っていたとはいえ、すべてがほぼ完璧に行っていた——ひとつの気がかりな問題を除けば。その問題は、〈選択公理〉と呼ばれる公理に潜んでいた。選択公理は、ユークリッドのかの「第五公理」と同じように、数学者に深刻な胸焼けを引き起こしていた。簡単に言えば、選択公理とは「Xを空《くう》でない集合の集合とするとき、X

に属する各集合からひとつずつ要素を選び出して、新しい集合Yを作ることができる」というものだ[22]。Xが無限集合でなければ、この公理が真であることは明白だ。たとえば、一〇〇個の箱があり、それぞれの箱にビー玉がひとつ以上入っているとする。このとき、それぞれの箱からビー玉をひとつずつ選び出して、一〇〇個のビー玉が入った新しい集合Yを作ることは可能だ。この場合、特別な公理は必要ない。そのような選択が可能なことを証明できるからだ。Xが無限集合であっても、選び方を厳密に指定できる場合には選択公理が成り立つ。たとえば、空でない自然数の集合の集合を考えてみよう。具体的に書けば、{2, 6, 7}、{1, 0}、{346, 5, 11, 1257}、{381以上10457以下のすべての自然数}などを要素として含む集合だ。このそれぞれの自然数の集合には、必ず最小の自然数が存在する。したがって、「各集合から最小の要素を選択する」と定義すれば、選び方を一意に指定できるのだ。この場合も、選択公理は不要である。問題が発生するのは、無限集合であって、かつ選び方が定義できない場合だ。そのようなケースでは、選び出すプロセスは永遠に終わらず、集合Xに含まれる各集合からひとつずつ要素を選び出して作られた集合が存在するかどうかは、信じるか否《いな》かの問題になってしまう。

選択公理は、当初から数学者たちに大論争をもたらした。実際に具体例を示すことなく、数学的な対象物（選択）が存在すると主張している選択公理は、特に〈構成主義〉（哲学的には〈直観主義〉と関連が深い）を唱える人々の猛烈な反発を生んだ。構成主義者は、実在するものはすべて明示的に構成可能でなければならないと主張する。しかし、構成主義者でなくても、選択公理を避け、ツェルメロ＝フレンケル集合論のそのほかの公理のみを用いようとする数学者は多かった。

選択公理の難点が明らかになると、数学者たちは選択公理をほかの公理から証明または否定できないかと考えはじめた。ユークリッドの第五公理の歴史の再来といえよう。問題が部分的に解決したのは一九三〇年代後半になってからのことだった。まさに、歴史上もっとも偉大な論理学者のひとり、クルト・ゲーデル（一九〇六～七八）が、選択公理とカントールの有名な予想〈連続体仮説〉はツェルメロ＝フレンケルのその他の公理と矛盾しないことを証明した(23)［訳注：連続体仮説とは、自然数の濃度と実数の濃度の中間の濃度を持つ集合は存在しないとする仮説。直感的に言えば、無限集合のなかで、自然数全体の集合の次にサイズが大きいのは実数全体の集合であるという予想］。つまり、どちらの仮説も、集合論の標準的な公理系を用いて否定することはできないということだ。さらに一九六三年、アメリカの数学者、ポール・コーエン（一九三四～二〇〇七。残念ながら本書の執筆中に他界）は、選択公理と連続体仮説の完全な独立性を証明した(24)。つまり、選択公理は集合論のその他の公理から証明も否定もできないことがわかった。同じように、連続体仮説は、集合論の選択公理を含まない公理系からも、あるいはその公理系に選択公理を追加した公理系からも、証明も否定もできないことがわかった［訳注：証明も否定もできないというのは、ツェルメロ＝フレンケル（ZF）の公理系では、選択公理や連続体仮説が成立すると仮定しても矛盾は起きないし、成立しないと仮定しても矛盾は起きないという意味。これを「選択公理とZF公理系は独立している」という。簡単に言えば、ZF公理系を受け入れるならば、選択公理や連続体仮説が成り立つかどうかは〝決めてしまうしかない〟ということ」。

この結果は哲学的に劇的な影響をもたらした。一九世紀の非ユークリッド幾何学のケースと同じように、まっとうな集合論はひとつだけでなく、少なくとも四種類ある。無限集合に関して異なる仮定を取り入れることで、互いに排他的な集合論ができあがるというわけだ。たとえば、選択公理と連続体仮説の両方が成り立つと仮定するのがひとつの集合論。どちらも成り立たないと仮定するのがもうひとつの集合論。そして、一方が成り立ち、もう一方が成り立たないと仮定すれば、また別のふたつの集合論ができあがる。

これは非ユークリッド幾何学の危機の再来である。いや、それ以上かもしれない。集合論を数学全体の基盤にする試みが、プラトン主義者の悩みをいっそう深刻にした。公理系を選び替えることで、さまざまな集合論を構築できるのだとしたら、数学が人間の発明にすぎないという大きな根拠にならないだろうか？　形式主義者の勝利は確実に見えた。

不完全な真実

フレーゲは公理の意味に深い興味を抱いていたが、形式主義の第一人者だったドイツの偉大な数学者、ダフィット・ヒルベルト（図52）は、数式の解釈をいっさい避けるべきだと訴えた。彼は数学を論理的な概念から導けるかどうかには興味がなかった。彼にとって、厳密なる数学とは、意味を持たない式――つまり随意の記号からなる構造化されたパターン――が集まって構成されているものにすぎなかった。[25]彼は、数学の基礎を保証する試みを〈メタ

図 52

数学〉という新しい学問として位置付けた。要するに、メタ数学とは、厳密な推論規則に従って公理から定理を導く「形式体系」のプロセス全体が無矛盾であることを、数学の分析手法を用いて証明する試みである。言い方を変えれば、ヒルベルトは数学の有効性を数学的に証明できると考えたわけだ。彼は次のように述べている。

私が数学の新しい基礎について研究する目的はただひとつ――数学的推論の信頼性に対する漠然とした疑念をいっさいがっさい振り払うことです。……（中略）……これまで数学を構成してきたあらゆるものを厳密に形式化し、厳密数学を式の集まりとして構成するわけです。……（中略）……この形式化された厳密数学に加えて、ある意味で新しい数学が存在します。数学の信頼性を保証するうえで不可欠なメタ数学です。

図53

メタ数学では、厳密数学のきわめて形式的な推論手法とは対照的に、公理系の無矛盾性を証明するために文脈的推論を用います。……（中略）……したがって、数理科学全体の発展は、ふたつの方法で常にかわるがわる起こるものなのです。一方では、形式的な推論によって公理系から証明可能な式を導く。もう一方では、新しい公理を追加し、文脈的推論に従ってその無矛盾性を証明するのです[26]。

この〈ヒルベルト・プログラム〉は、数学的基礎を確立する代償として、意味を犠牲にしたのである。形式主義者にとって数学は単なるゲームにすぎず、彼らの目的はそのゲームの無矛盾性を厳密に証明することだった[27]。公理化の進展にともない、形式主義者の〝証明論的な〟夢の実現は間近に迫っているように見えた。

しかしながら、誰もがヒルベルトの進んだ道に賛同していたわけではなかった。二〇世紀最高の哲学者ともいわれるルートヴィヒ・ウィトゲンシュタイン（一八八九〜一九五一）は、ヒルベルトのメタ数学の研究を時間の無駄だと一蹴《いっしゅう》している。(28)「別の規則を適用するためにある規則を定めることなど不可能だ」と彼は訴えた。言い換えれば、ウィトゲンシュタインはある〝ゲーム〟を理解するために別のゲームの構築が必要になるとは考えられなかった。「私が数学の性質についてよくわかっていないのなら、どんな証明も無益だ」と彼は話している。(29)それでも、ヒルベルトの形式主義に衝撃が走るとは誰も予想していなかった。二四歳のクルト・ゲーデルが、たった一撃で形式主義の心臓に杭《くい》を打ち込んでしまったのである。

クルト・ゲーデル（図53）は、一九〇六年四月二八日、後にチェコ名でブルノと呼ばれることになるモラヴィアの都市に生まれた。(30)当時、この都市はオーストリア＝ハンガリー帝国の一部であり、ゲーデルはドイツ語の家庭で育った。父親のルドルフ・ゲーデルは繊維工場を経営しており、母親のマリアンネ・ゲーデルは幼いクルトに数学、歴史、言語、宗教といった幅広い教育を受けさせた。ゲーデルは一〇代で数学と哲学に興味を抱き、一八歳でウィーン大学に入学。その後、彼の主な関心は数理論理学へと移った。彼は特にラッセルとホワイトヘッドの『プリンキピア・マテマティカ』やヒルベルト・プログラムに魅《み》せられ、論文のテーマに〈完全性〉問題を選んだ。もともと、彼の研究の目的は、ヒルベルトの形式的なアプローチが数学の真な命題すべてを導くのに十分かどうかを判定することだった。彼は一九三〇年に博士号を得ると、そのわずか一年後に〈不完全性定理〉を発表。(31)数学と哲学の世界に衝撃を与えた。

純粋数学の言葉で表現すると、不完全性定理はずいぶんと専門的で、とりわけ興味をそそられないだろう。

①内部で一定量の初等算術を実行できる任意の無矛盾な形式体系Sは、初等算術の命題に関して不完全である――すなわち、Sで証明も否定もできない命題が存在する。

②内部で一定量の初等算術を実行できる任意の無矛盾な形式体系Sに対し、Sの無矛盾性をSそのものの内部で証明することはできない。

一見すると何でもないようだが、形式主義者の野望に及ぼした影響は計り知れなかった。大ざっぱに言えば、不完全性定理が証明したのは、ヒルベルトの形式主義計画が最初から失敗する運命にあったということだ。ゲーデルは、考察に値するほど強力な形式体系が、本質的に不完全であるか、もしくは矛盾を含むことを示したのである。つまり、どんなに巧妙な形式体系を構築したとしても、その体系では証明することも否定することもできない命題が存在するということだ。最悪の場合には矛盾を引き起こす。任意の命題Tに対し、「Tである」または「Tでない」のいずれか一方は必ず真でなければならないので、有限の形式体系で特定の命題が証明も否定もできないということは、その体系内で証明不能な真の命題が必ず存在することになる。言い換えると、ゲーデルは、有限個の公理系と推論規則からなる形式体系では、数学の真理全体を覆い尽くすことは絶対にできないことを証明したわけだ。われわれが期待できるのは、せいぜい「不完全ではあるが無矛盾な」公理系だけなのである。

ゲーデル自身はといえば、われわれの心とは独立した数学的真理が存在するという、プラトン主義の考え方を信じていた。彼は一九四七年の論文で次のように記している。

> しかし、いくら感覚体験からは乖離《かいり》しているとはいえ、われわれは集合論の対象物に対する認識のようなものを持っている。それは、公理がわれわれに〝正しさ〟を強要するという事実からもわかるとおりだ。とすれば、私にはこの種の認識――すなわち数学的直観――が感覚的な認識よりも信頼性に劣ると見なす理由は見当たらないのだ。[32]

運命とは皮肉なものだ――形式主義者が勝利の行進をしようとしたまさにその瞬間、プラトン主義者を自称するクルト・ゲーデルがやってきて、パレードをめちゃくちゃにしたのだから。

当時、ヒルベルトの研究をテーマに講義をおこなっていた有名な数学者、ジョン・フォン・ノイマン（一九〇三～五七）は、予定していた残りの講義を中止し、空いた時間をゲーデルの発見の研究に費やした。

ゲーデル自身も、不完全性定理と同じくらい厄介な男であった。[33] 一九四〇年、彼は妻のアデルとともにナチスの支配するオーストリアを逃れ、アメリカ合衆国ニュージャージー州のプリンストン高等研究所の教授となった。そこで彼はアルベルト・アインシュタインと親しくなり、散歩仲間になった。ゲーデルがアメリカの市民権を申請すると、アインシュタインはプリンストン大学の数学者で経済学者のオスカー・モルゲンシュテルン（一九〇二～七七）とともに、移民帰化局のゲーデルの面接に付き添った。この面接での出来事は有名だが、ゲーデルの性格をよく表しているので、その全容を紹介したいと思う。以下に示すのは、一九七一年九月一三日にオスカー・モルゲンシュテルンが当時を思い出して記録したものである。故オスカー・モルゲンシュテルンの妻のドロシー・モルゲンシュテルン・トマス氏と、文書を提供していただいたプリンストン高等研究所に感謝の意を述べたい。

ゲーデルがアメリカ市民権を取得しようとしていたのは一九四六年のことだった。私は彼の保証人を引き受け、同じく保証人を頼まれたアルベルト・アインシュタインも喜んで引き受けた。アインシュタインと私はたまに顔を合わせたが、ふたりとも帰化手続きの前や最中に何かが起こる予感がしてならなかった。

面接までの数カ月間、もちろん私はゲーデルと何度も会った。彼は面接に備えて入念な準備を始めていた。ずいぶんと几帳面な男で、まずは北アメリカの入植の歴史を学びはじめたかと思うと、今度はネイティブ・アメリカンの歴史や部族について勉強するようになった。私のところにも何度も文献の催促の電話がかかってきて、言われた文献を集めてやると彼は詳しく読みあさった。次第にいろいろな疑問がたまってきたらしく、これこれの歴史は本当なのかとか、具体的にどんな証拠があるのかとか、あらゆることに疑いを持ちはじめた。それから数週間は、アメリカの歴史、特に憲法を集中的に学んだ。すると今度はプリンストン市の勉強を始めて、市とタウンシップの境界線はどこかと訊《き》く〔訳注：プリンストンは中心となるプリンストン市とその周囲を取り囲むプリンストン・タウンシップからなっている。タウンシップはアメリカの行政区画で郡の下に当たる〕。そんな勉強はしなくてもいいんだよと言ったが、もちろん聞き入れやしない。知りたいと思ったらとことん追究するタイプなのだ。だから、私は彼の知りたがる情報を何でも教えてやった。もちろん、プリンストンのことも。すると今度は、市やタウンシップの議員はどうやって選ばれるのか、市長は誰か、タウンシップの議会はどう機能するのかと訊いてきた。面接で訊かれたとき、自分の市《まち》について知らないと、印象が悪くなると思ったのだろう。「そんな質問はされない。たいていの質問は形式的ですぐに答えられるようなものばかりだ。せいぜい、この国の政府の形態とか、最高裁判所の名称とか、そんな質問ばかりだろう」と言い聞かせたが、彼は憲法の勉強をやめなかった。

するとと面白いことになった。彼は興奮した様子で、憲法を調べていたら矛盾を見つけてしまったのだという。そして、憲法を作った人々の意図に反して、誰かが合法的に独裁者となり、ファシスト体制を敷《し》くことが可能だ、そしてそれを証明してみせると言い出したのだ。もちろん私はそんな話を信じなかったが、百歩譲って憲法に穴があるとしても、誰も独裁体制なんて敷くはずがないと彼に言った。だが、彼がずいぶんとしつこいので、私たちは何度も話しあうはめになった。私はトレントンの裁判所ではその話題を口に出さぬよう釘を刺し、アインシュタインにもその一件を伝えておいた。アインシュタインもゲーデルの考えにぞっとした様子で、そんなことを心配してはならない、その話題は口にしてはならないとゲーデルを諭《さと》した。

それから数カ月が過ぎ、いよいよトレントンでの審査の日がやってきた。当日、私はゲーデルを車で拾い、後部座席に乗せると、マーサー・ストリートにあるアインシュタインの自宅まで彼を迎えにいき、そこからトレントンに向かった。車を走らせていると、アインシュタインがゲーデルの方に少し顔を向けて、「ゲーデル、本当に準備は万全かね？」と訊いた。もちろんゲーデルは猛烈に怒ったのだが、アインシュタインはわざと怒らせたようで、ゲーデルの顔が不安で曇《くも》るのを見ると、とても愉快そうにしていた。トレントンに到着すると、だだっ広い部屋に連れていかれた。ふつうは証人と候補者は別々に質問を受けるのだが、アインシュタインのお出ましとあって、特例で三人とも同じ席に座らされた。ゲーデルが中央だった。審査官はまず、アインシュタインと私に、ゲーデルは良い市民になれそうかと訊《たず》ねた。私たちは、とびきり優秀な人間なので間違いなく良い市民になれます、などと答えた。次に、審査官はゲーデルの方を向いてこう訊ねた。

審査官「では、ゲーデルさん、あなたのご出身は？」

ゲーデル「出身ですか？ オーストリアです」
審査官「オーストリアの政治体制は？」
ゲーデル「共和制でしたが、憲法が独裁制に変えられました」
審査官「そうですか、それはたいへん気の毒です。ですが、この国ではそんなことは起こりませんから」
ゲーデル「いいえ、起こりえます。証明してみせましょう」

数ある質問のなかで、よりによって最悪の質問が出るとは。アインシュタインと私はぞっとしたが、審査官は頭の切れる男で、すぐにゲーデルの話をさえぎり、「いや、この話はやめましょう」と言い、審査を終了させた。どれだけほっとしたことか。部屋を出てエレベータに向かう途中、ひとりの男が紙とペンを持って追いかけてきて、アインシュタインにサインを求めた。彼はサインに応じた。エレベータのなかで私はアインシュタインの方を向き、「こんなふうにいろんな人に追っかけられるってのは、たいへんでしょうね」と話しかけた。すると彼は、「これは人喰い習慣の最後の名残《なごり》なんだ」と言った。私が困って「どういうことです？」と訊くと、彼は「吸い取られるものが血からインクに変わっただけなのだよ」と答えた。

私たちは建物を後にし、車でプリンストンに戻った。もう少しでマーサー・ストリートというところで、私はアインシュタインに研究所と自宅のどちらに送るかと訊いた。

「家にしてくれるかね。私の研究にはもはや何の価値もない」と彼は言うと、アメリカの政治の歌を引用した（残念ながら内容は忘れてしまった。どこかにメモが残っているかもしれないし、フレーズの一部を聞けば思い出すと思うのだが）。アインシュタインの自宅に向かっていると、彼が再びゲーデルの方を向いた。

「ゲーデル、今日が最後からふたつめの審査だ」

「ということは、もういちど審査があるということですか？」ゲーデルが不安そうに訊いた。

「次なる審判は、君が墓に足を踏み入れるときだ」

「ですが、自分で墓に足を踏み入れることはできないのでは？」

「ゲーデル、ただの冗談じゃないか！」

そう言い残し、彼は別れた。私はゲーデルを自宅に送った。恐ろしい出来事はそれで終わり、誰もがほっと胸をなで下ろした。ゲーデルの頭脳はようやく解放され、また哲学や論理学の問題に専念できるようになった。(34)

晩年のゲーデルは、深刻な精神障害を患《わずら》い、拒食状態に陥った。そして一九七八年一月一四日、栄養失調と衰弱により亡くなった。

よくある誤解だが、ゲーデルの不完全性定理は、絶対に知りえない真理が存在するという意味ではない。また、人間の理解能力に限りがあると結論付けることもできない。定理が証明しているのは、形式体系の弱点や欠陥にすぎない。したがって、不完全性定理は数理哲学にとっては大きな意味合いを持つが、理論を構築する道具としての数学の有効性に関しては、意外にもほとんど影響がないのだ。実際、ゲーデルの証明が発表された前後の数十年間で、数学はそれまでで最高といってもいいほど、宇宙の物理理論の構築に貢献している。数学やその論理的帰結は、信頼を失うどころか、宇宙を理解するうえでますます欠かせないものになっていった。

しかし、「数学の不条理な有効性」の謎はかえって深まった。考えてみてほしい。論理学者の努力が成功していたらどうなったか。数学は論理――文字どおり〝思考の法則〟――から一〇〇パーセント生まれたものということになる。しかし、とすると、そのような演繹的な科学が自然現象とこれほど見事に符合するのはなぜなのか？ 形式論理――もっと言えば、人間の形式論理――と宇宙のあいだにある関係は？ ヒルベルトやゲーデルが登場しても、謎は少しも解明に近づいていない。そこに残ったのは、数学の言語で表現された不完全な形式体系の〝ゲーム〟だけだった[35]。そのような〝当てにならない〟体系をもとにしたモデルが、宇宙やその仕組みに関する深い洞察を生み出すのはなぜなのか。この疑問に答える前に、数学の絶妙な有効性を示す事例をいくつか紹介し、疑問をさらに掘り下げてみよう。

第8章　不条理な有効性？

第1章で、物理理論における数学の成功にはふたつの側面があると述べた。私はそのふたつを〝積極的《アクティブ》〟な側面と〝受動的《パッシブ》〟な側面と呼んだ。〝積極的〟な側面とは、科学者たちが明らかに応用可能な数学的用語を用いて自然法則を構築するケース。つまり、考察中のテーマに応用することをあらかじめ念頭に置き、数学的な実体、関係、式を構築し、利用するケースだ。この場合、研究者は数学的概念の性質と観測された現象や実験結果との類似性を頼りにする。このケースでは数学の有効性はそれほど意外には感じられないかもしれない。なぜなら、観測結果に合うように理論を構築したとも言えるからだ。とはいえ、数学の〝積極的〟な役割には、精度という点で驚くべき一面がある。これについては本章で後ほど説明する。一方、数学の有効性の〝受動的〟な側面とは、もともと応用する意図もなく作られた抽象的な数学理論が、あとになって強力な物理学の予測モデルに変身するケースを指す。数学の有効性の〝積極的〟な側面と〝受動的〟な側面の関係を示す好例が、〈結び目理論〉である。

結び目

結び目は伝説の種《たね》にさえなっている。「ゴルディアスの結び目」というギリシャの伝説を聞いたことがあるかもしれない。ある神官がフリギアの市民に対し、次に牛車《ぎっしゃ》に乗って街に入ってきた男が次期の王になると宣言した。そして、何も知らずに牛車でたまたま街に入ったゴルディアスという農民が王に即位した。喜びのあまり、ゴルディアスは牛車を神々に捧げ、柱に結び付けた。その結び目は複雑で、誰にもほどくことはできなかった。その後、その結び目をほどいた者がアジアの王になるとの預言が下った。その結び目を紀元前三三三年に解いたのがアレクサンドロス三世で、彼はアジアの支配者となった。しかし、アレクサンドロス三世のほどき方は、巧妙どころかフェアーとすら言えなかった——彼は剣《けん》で結び目を断ち切ったのだ！

しかし、古代ギリシャまでさかのぼらなくても、結び目はいたるところにある。子どもは靴ひもを結び、女の子は髪の毛を結《ゆ》わえ、おばあさんはセーターを編み、船乗りは船を係留する。その結び目はさまざまだ。なかには、錨《いかり》結び、テグス結び、ねじ掛け結び、恋結び、縦結び、首吊り結びなど、面白い名前の付けられた結び目もある。(1) 特に、船乗りが用いる結び目は昔から重視されていたようで、一七世紀のイギリスでは結び目に関する本が数多く執筆されている。そのなかの一冊を書いたのが、イギリスの冒険家として有名なジョン・スミス（一五八〇～一六三一）だ。彼はネイティブ・アメリカンの首長の娘、ポカホンタスとの恋物語でよく知られている。

数学の結び目理論が誕生したのは、フランスの数学者、アレクサンドル＝テオフィル・ヴァンデルモンド（一七三五～九六）の一七七一年の論文でのことである。[2] 彼は結び目を〈位置の幾何学〉の一分野として研究することを思い付いた最初の人物である。位置の幾何学とは、大きさや量の計算をいっさい無視し、位置のみの関係性を扱う学問である。彼の次に結び目理論の発展に貢献したのがドイツの〝数学王〟ことカール・フリードリヒ・ガウスである。ガウスの手記には、結び目の図や詳しい説明、その性質の分析が記されている。ヴァンデルモンド、ガウス、そして一九世紀の何人かの数学者の研究も重要ではあったが、現代の結び目理論が発展する大きな原動力となったのは、物質の構造を説明しようという試みだった。その立役者となったのが、イギリスの著名な物理学者、ウィリアム・トムソン（ケルヴィン卿《きょう》、一八二四～一九〇七）である。彼は、物質の基本的な構成要素である原子の理論を確立しようとしていた。[3] 彼の独創的な発想によれば、原子はエーテルの渦《うず》が結び目状になったものなのだという。エーテルとは、空間を満たすと考えられていた謎の物質である。このモデルに従えば、さまざまな結び目で各種の化学元素を説明することができた。

現代から見ればトムソンの理論はばかげているようにも思えるが、そう感じるのはまるまる一世紀が経《た》って、電子が原子核の周囲を回るという原子モデルがすっかり定着し、実験でその正しさが実証されたからなのだ。しかし、トムソンが生きたのは一八六〇年代のイギリスだった。彼は複雑な煙の輪が示す安定性と振動性に深い感銘を受けていた。当時、このふたつの性質は、原子をモデル化するうえで欠かせないと考えられていた。彼は元素周期表と結び目を対応させるため、考えられる結び目の種類を調べ上げ、分類しなければならなかった。これが〝結び目の数学〟に大きな関心が集まるきっかけになったのである。

第1章で説明したように、数学における結び目は、われわれの身近にあるひもの結び目と似ているが、違いはひもの両端が結合しているという点だ。言い換えれば、数学的な結び目とは、端《はし》のない閉曲線である。図54にいくつかの例を掲載した。これは三次元の結び目を平面に投影して――つまり影として――表したものである。ふたつのひもが交差する場合には、手前のひもが奥のひもを横切るような形で表現している。もっとも単純な結び目は〈自明な結び目〉と呼ばれるもので、単なる円状の閉曲線である（図54 a）。〈三葉《さんよう》結び目〉（図54 b）には三つの交点があり、〈八の字結び目〉（図54 c）には四つの交点がある。トムソンの理論は原則的に、これら三つの結び目が、たとえば水素、炭素、酸素といった具合に、複雑さの異なる原子のモデルになりうるというものだった。したがって、結び目の徹底的な分類が必要不可欠だったのだ。そして、結び目の分類に乗り出した人物が、スコットランドの数学者・物理学者でトムソンの友人だったピーター・ガスリー・テイト（一八三一～一九〇一）だった。

数学者が結び目に対して抱く疑問とはどのようなものなのか。それは結わえられた身近なひもや、もつれた毛糸玉に対してわれわれが抱く疑問とそれほど変わらない。本当に結び目

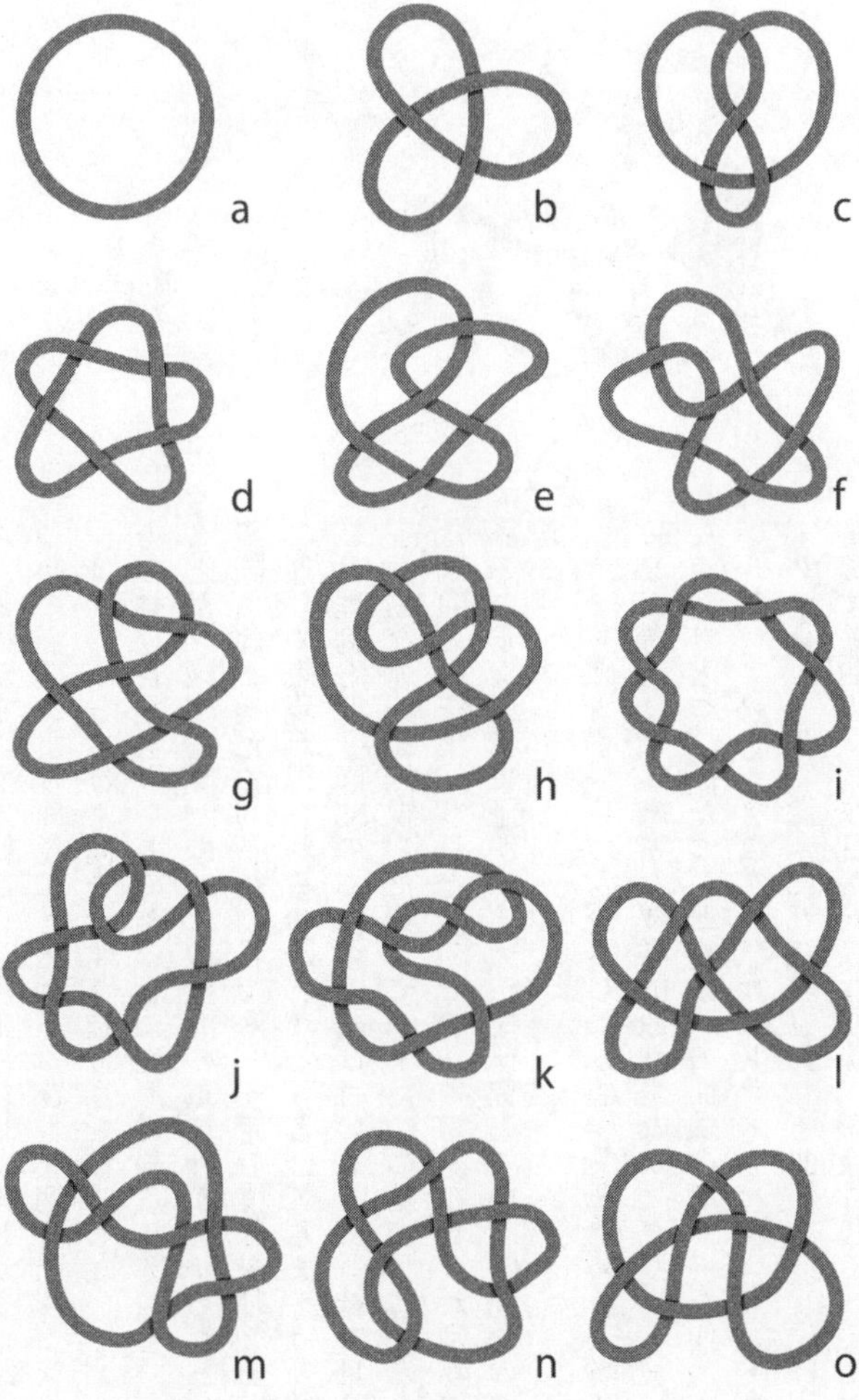

図 54

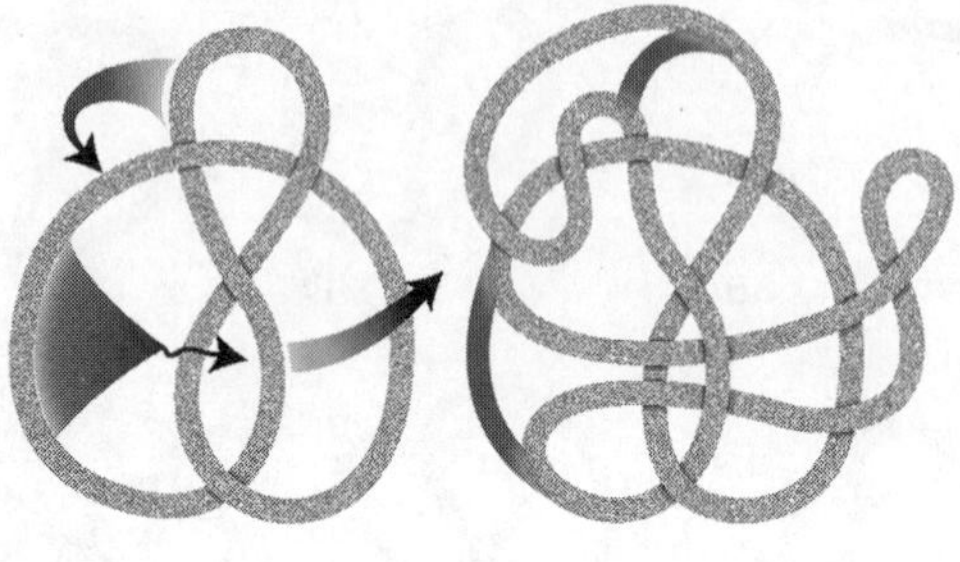

図55

があるのか？　ある結び目と別の結び目は同じか？　ふたつめの疑問をより簡単に言えば、「ひもを切ったり、マジシャンのようにひも同士をすり抜けさせたりしないで、一方の結び目をもう一方の結び目に変形できるか？」ということだ。図55を見れば、この疑問の重要性がわかるだろう。実際にはまったく同じ結び目でも、一定の操作を加えると二通りの表現が得られるのがわかる。言ってしまえば、結び目理論とは、図55のふたつの結び目のように、結び目の表面的な違いを無視した場合に、ふたつの結び目（たとえば図54bの三葉結び目と図54cの八の字結び目）が別物であることを厳密に証明する方法を研究していく学問なのである。

テイトはまず、しらみつぶしに分類作業を始めた(4)。当時はまだ参考になる厳密な数学的原理もなかったため、彼は交点がひとつ、ふたつ、三つ……の曲線のリストを作っていった。アマチュア数学者だったトマス・ペニントン・カークマン（一八〇六～九五）と協力して曲線をえり分け、重複する曲線（結び目が同等な曲線）を除外していった。

それは一筋縄《ひとすじなわ》で行く作業ではなかった。すぐ気付くように、ひとつの交点につき、交差の仕方は二通りずつある。つまり、曲線に七つの交点があれば、2×2×2×2×2×2×2で、一二八通りの結び目を考察しなければならない。つまり、このような直観的な方法で数十もの交点を持つ結び目を分類するには、いくら時間があっても足りないのだ。それでも、テイトの作業は無駄にならなかった。古典電磁気学を確立したジェームズ・クラーク・マクスウェルは、トムソンの原子理論に敬意を示し、「彼の理論はこれまでのどの原子モデルよりも多くの条件を満たしている」と称し、詩まで贈っている。(5)

一八七七年になると、テイトは交点数が七までの〈交代結び目〉の分類を終えていた。交代結び目とは、カーペットの編み糸のように、交点の上下が交互に入れ替わる結び目である。また、彼は実用的な発見もいくつかおこなっており、この基本原理は後に〈テイト予想〉と名付けられた。余談ながらこのテイト予想は、一九八〇年代後半まで証明の挑戦をことごとく退けてきたほど難解な命題である。さて一八八五年、テイトは交点数が一〇までの結び目の一覧を公表し、そこで区切りを付けることを決意。彼とは別に、ネブラスカ大学の教授、チャールズ・ニュートン・リトル（一八五八〜一九二三）も、一八九九年に交点数一〇以下の非交代結び目の一覧を発表している。(6)

ケルヴィン卿はいつでもテイトに好意的だった。ケンブリッジ大学のピーターハウス・カレッジで開かれたテイトの肖像画の贈呈式で、ケルヴィン卿は次のように述べている。

いつだったか、テイトが科学以外に生きがいはないと言ったのを覚えている。それは本心だったのだろうが、彼自身がその間違いを証明した。彼はすばらしい読書家だった。シェイクスピアでも、ディケンズでも、サッカレーでもたちまち暗記してしまう。記憶力が抜群だった。一回読んで感動したものは、ずっとあとまで覚えているのだ。

不幸にも、テイトとリトルが結び目の一覧作業を終えたころには、ケルヴィン卿の原子論は完全に見放されていた。しかし、結び目への関心は消えなかった。変わった点といえば、数学者のマイケル・アティヤいわく、「結び目の研究が純粋数学の難解な一分野に生まれ変わった」ことだった。

大きさやなめらかさ、そしてある意味では形状といった量までも無視してしまう数学の分野を、総称して〈位相幾何学（トポロジー）〉という。トポロジーは「ゴムの幾何学」とも呼ばれ、空間をちぎったり穴を開けたりせずに自由に伸縮・変形させても変わらない性質を研究する。[7] 結び目は、その性質からトポロジーに属する。ちなみに、数学者たちは単一の輪が絡《から》まったものを「結び目（knot）」、複数の結び目を絡み合わせたものを「絡み目（link）」、垂直な二本の棒のあいだに複数のひもを渡し、絡ませたものを「組みひも（braid）」と呼んで区別している。

結び目の分類がそう難しい作業とは思えないなら、次の事実を考えてみてほしい。チャールズ・リトルが一八九九年に六年がかりで完成させた結び目表には、交点数が一〇の四三種類の非交代結び目が掲載されていた。この表は多くの数学者によって精査され、七五年間ものあいだ、正しいと考えられてきた。しかし一九七四年、ニューヨークの弁護士で数学者のケネス・ペルコがダイニングの床でロープをいじっていたところ、びっくりすることに、表のなかのふたつの結び目が実際には同一であることを発見したのである。[8]したがって、現在では交点数が一〇の非交代結び目は四二種類と考えられている。

二〇世紀に入ってトポロジーは大きな進展を遂げたが、結び目理論の進展はどちらかといえば遅かった。結び目を研究する数学者の大きな目標のひとつは、結び目を厳密に区別する性質を見つけることだった。このような性質は〈結び目不変量〉と呼ばれ、同じ結び目を別の方法で射影しても値はまったく等しくなる。つまり、理想的な不変量とは、結び目を変形させても結び目を特徴付ける性質が変わらない、いわば結び目の〝指紋〟のようなものである。不変量の候補として真っ先に思い付くのは、結び目を図示した際の最小交点数だろう。たとえば、三葉結び目（図54b）は、どれだけほどこうとがんばっても交点の数を三個未満にすることはできない。しかし、残念ながら最小交点数は不変量としては役立たずである。それにはいくつかの理由がある。まず、図55が示すように、図示された結び目の交点数が最小かどうかを見分ける簡単な方法がない。次に、こちらの方が重要なのだが、実際には異なる結び目なのに交点数が同じというケースはたくさんある。図54を例に取れば、交点数が六つの結び目は三種類あるし、交点数が七つの結び目は七種類もある。したがって、最小交点数では区別にならない。さらに、最小交点数はあまりに単純すぎて、結び目の一般的な性質について有意義な理解が得られないのだ。

結び目理論に大躍進が訪れたのは一九二八年のことだった。アメリカの数学者、ジェームズ・ワデル・アレクサンダー(9)(一八八八〜一九七一)が〈アレクサンダー多項式〉と呼ばれる重大な不変量を発見したのだ。基本的に、アレクサンダー多項式は交点の配置を用いて結び目を分類する代数式である。この不変量の利点は、ふたつの結び目のアレクサンダー多項式の値が異なれば、結び目も必ず異なるという点だった。しかし、欠点は多項式の値が同じでも結び目が異なるケースがあるという点だった。したがって、アレクサンダー多項式は非常に有効とはいえ、結び目を完璧に区別する方法とまではいえなかった。

それから四〇年間、数学者たちはアレクサンダー多項式の基本的な概念を研究し、結び目の性質について理解を深めてきた。なぜ数学者はそこまで結び目に心酔《しんすい》したのか？　実用性があったからではない。トムソンの原子モデルはとうの昔に忘れ去られていたし、科学、経済学、建築などの分野に結び目理論が活かせる問題があったわけでもなかった。数学者が結び目の研究に明け暮れていたのは、単純に興味があったからにほかならない。彼らにとって、結び目やその原理を理解するのは、きわめて美しい挑戦だったのだ。エベレスト山の登頂に挑んだジョージ・マロリーは、エベレストを目指す理由を訊《たず》ねられて、「そこに山があるから」と答えた。同じように数学者たちも、アレクサンダー多項式のもたらした突然の光明《こうみょう》から目をそむけるわけにはいかなかったのである。

一九六〇年代後半、イギリスの多才な数学者、ジョン・ホートン・コンウェイが、結び目を徐々に〝解消〟することで、根底にある結び目とアレクサンダー多項式の関係を明らかにする手順を発見した。(10) 特に、コンウェイは結び目不変量の定義の基本となるふたつの〝外科的な〟操作を考え出した。図56に図示するのは、コンウェイの〈交差交換（flip）〉および〈平滑化（smoothing）〉と呼ばれる操作である。交差交換（図56ａ）の場合、手前のひもを奥へ持っていくことで、交点に変換を施す《ほどこ》（図では本物のひもでおこなう方法も示している）。明らかに、交差交換をおこなうと結び目の性質が変わる。たとえば、図54ｂの三葉結び目に交差交換を施すと自明な結び目（図54ａ）になるのはすぐにわかるだろう。平滑化では、切断したひもを〝間違った〟方法でつなげ直し、交点を解消する（図56ｂ）。コンウェイの研究によって結び目の理解は進んだものの、それから約二〇年間、数学者たちはアレクサンダー多項式に代わる不変量は発見されることはないとあきらめていた。状況が一変したのは一九八四年のことだった。

ニュージーランド出身の数学者、ヴォーン・ジョーンズは当初、結び目の研究には縁《えん》がなかった。彼が研究していたのはさらに抽象的な世界だった――〈フォン・ノイマン環《かん》〉と呼ばれる数学的実体のひとつである。ジョーンズは偶然にも、フォン・ノイマン環に現れた関係式が、結び目理論の関係式と不可解なほど似ていることに気付いた。そこで彼はコロンビア大学の結び目理論の専門家、ジョーン・バーマンに会い、応用を話しあった。この関係式を調べた結果、まったく新しい結び目不変量〈ジョーンズ多項式〉が生まれ、すぐにアレクサンダー多項式よりも精密な不変量と見なされるようになった。(11) たとえば、アレクサンダー

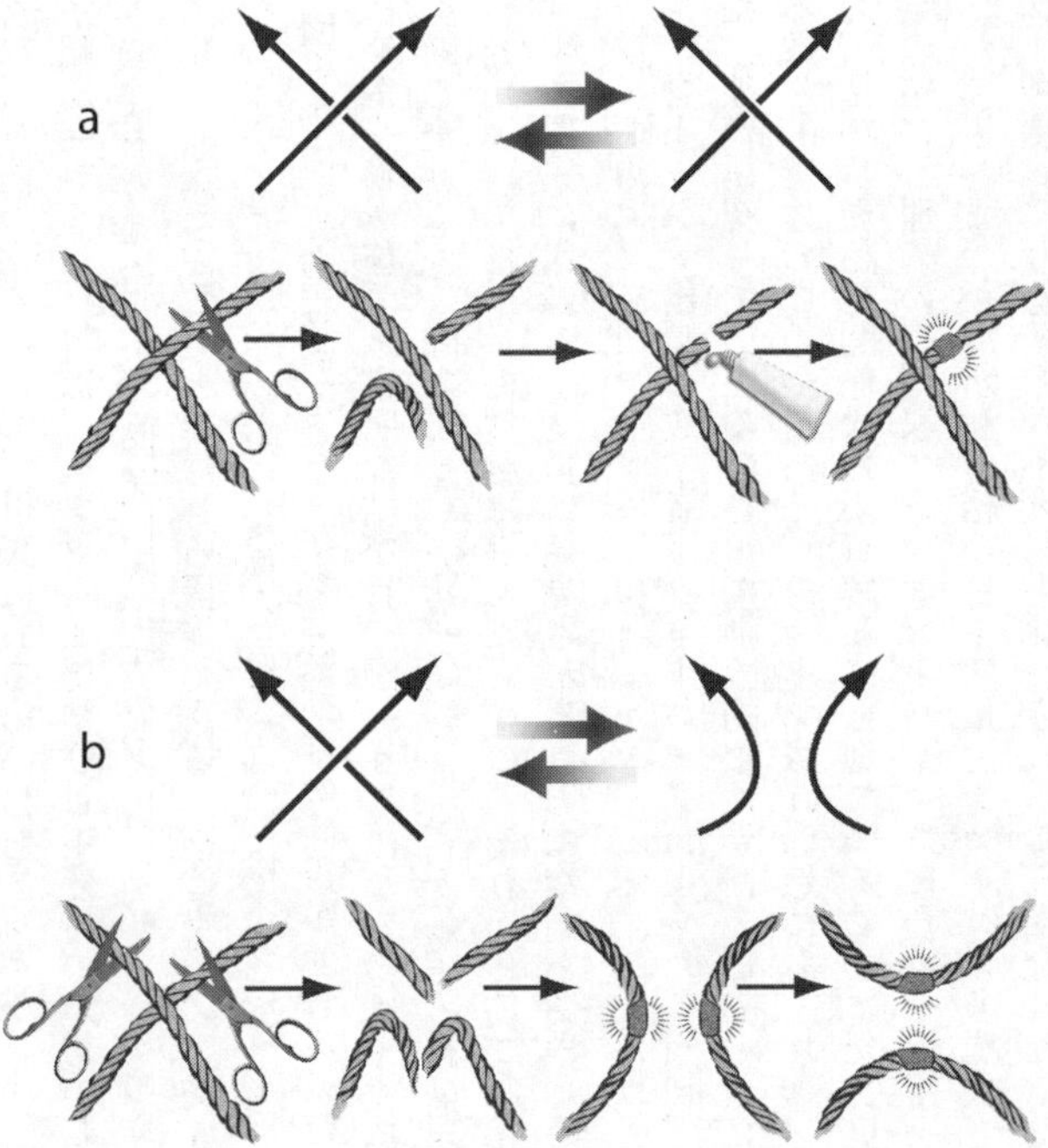

図 56

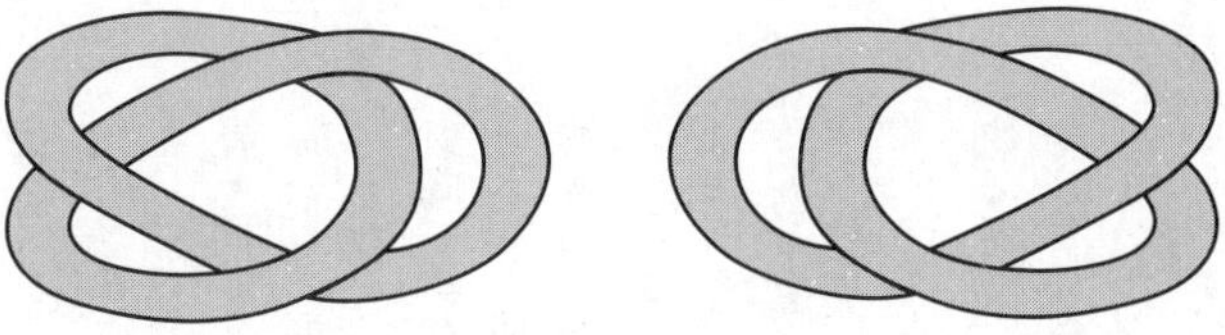

図57

多項式では結び目とその鏡像（図57の右手型三葉結び目と左手型三葉結び目など）は同一視されるが、ジョーンズ多項式では区別することができた。しかし、さらに重要なのは、ジョーンズの発見が結び目理論の専門家たちに思いがけない興奮を生んだことだ。新しい不変量の発見によって、結び目理論の世界では、まるで連邦準備制度が金利の引き下げを突如おこなった日の証券取引所のように、活発に研究がおこなわれるようになったのである。

ジョーンズの発見がもたらしたのは結び目理論の進歩だけではない。ジョーンズ多項式は、統計力学（多数の原子や分子の挙動を研究する学問）から量子群（原子内部の物理学と関連が深い数学の一分野）まで、驚くほど多岐にわたる数学と物理学の分野を突如として結び付けた。世界じゅうの数学者が、アレクサンダー多項式とジョーンズ多項式の両方を含むさらに一般的な不変量を見つけようと、こぞって研究を始めた。この〝数学競争〟は、科学の競争の歴史のなかでももっとも驚くべき成果をもたらした。ジョーンズが新たな多項式を発見してからわずか数カ月後、四つのグループが三種類の数学的アプローチを用いて別々に、しかもまったく同時により精密な不変量を発表したのだ。この新しい多項式は六人の発見者――

Hoste, Ocneanu, Millett, Freyd, Lickorish, Yetter ——の頭文字を取って〈HOMFLY（ホンフリー）多項式〉と呼ばれている。ゴールライン寸前でデッドヒートを繰り広げたのはこの六人だけではない。ふたりのポーランド人数学者——Przytycki と Traczyk ——も独立してまったく同じ多項式を発見したが、郵便の事情で発表の締め切りを逃してしまった。そのため、ふたりの頭文字を加えて、HOMFLYPT多項式やTHOMFLYP多項式と呼ばれることもある。

それ以降、結び目不変量は次々と発見されたが、いまだ結び目の完全な分類には至っていない。はさみを使わずに、ねじったり向きを変えたりするだけで、どの結び目をどの結び目に変形できるのかという問題は、いまだに完璧には解決していないのだ。これまでに発見されているもっとも高度な不変量は、ロシア出身のフランス人数学者、マキシム・コンツェビッチによるもので、彼はその功績から一九九八年にかのフィールズ賞、二〇〇八年にはクラフォード賞を受賞している。ちなみに、一九九八年、カリフォルニア州クレアモントにあるピッツァー・カレッジのジム・ホストと、ニューヨーク州キャントンのジェフリー・ウィークスが、交点数が一六以下の結び目を一覧化することに成功した。それとは別に、ノックスビルにあるテネシー大学のモーウェン・シッスルスウェイトもまったく同じ表を完成させている。結び目の数はなんと一七〇万一九三六種類にも及ぶ。

しかしながら、本当に驚くのは結び目理論の発展そのものではない。結び目理論が、科学の幅広い分野に予想外の登場を果たしたのである。(12)

命の結び目

先ほど述べたように、結び目理論は誤った原子モデルから生まれた。しかし、その原子モデルが廃《すた》れても、数学者は気落ちしなかった。それどころか、結び目そのものを理解する長く険しい旅に意気揚々と乗り出したのだ。とすれば、結び目理論が生物の分子の基本的なプロセスを解明する鍵になると判明したときの彼らの喜びようは想像できるはずだ。これは、自然界を説明するうえでの純粋数学の〝受動的〟な役割を示す、最高の例といえる。

デオキシリボ核酸——ＤＮＡ——は、すべての細胞に見られる遺伝物質である。ＤＮＡは二本の非常に長い鎖《くさり》からなり、鎖同士が数え切れないほど絡《から》みあい、二重らせんを形成している。いわばはしごの両端部分に当たる二本のＤＮＡ骨格に沿って、糖とリン酸の分子が交互に並んでいる。はしごの〝段〟に当たる部分は、既定の組み合わせで水素結合した塩基の対《つい》で構成されている（図58に示すように、アデニンはチミンと、シトシンはグアニンとしか結合しない）。細胞が分裂する場合には、娘《むすめ》細胞がＤＮＡのコピーを受け取れるように、まずＤＮＡの複製がおこなわれる。同じように、ＤＮＡの遺伝情報をＲＮＡに複写する〈転写〉プロセスでは、ＤＮＡの二重らせんの一部がほどかれ、一本のＤＮＡ鎖のみが鋳型《テンプレート》の役割を果たす。ＲＮＡの合成が完了すると、ＤＮＡは再びらせん構造に戻る。しかし、複製も転写も一筋縄《ひとすじなわ》では行かない。ＤＮＡは圧縮して情報を記録できるよう固く巻き付いた構造になっており、この巻き付きをほどかなければ、生命にとって不可欠なプロセスを円滑に進

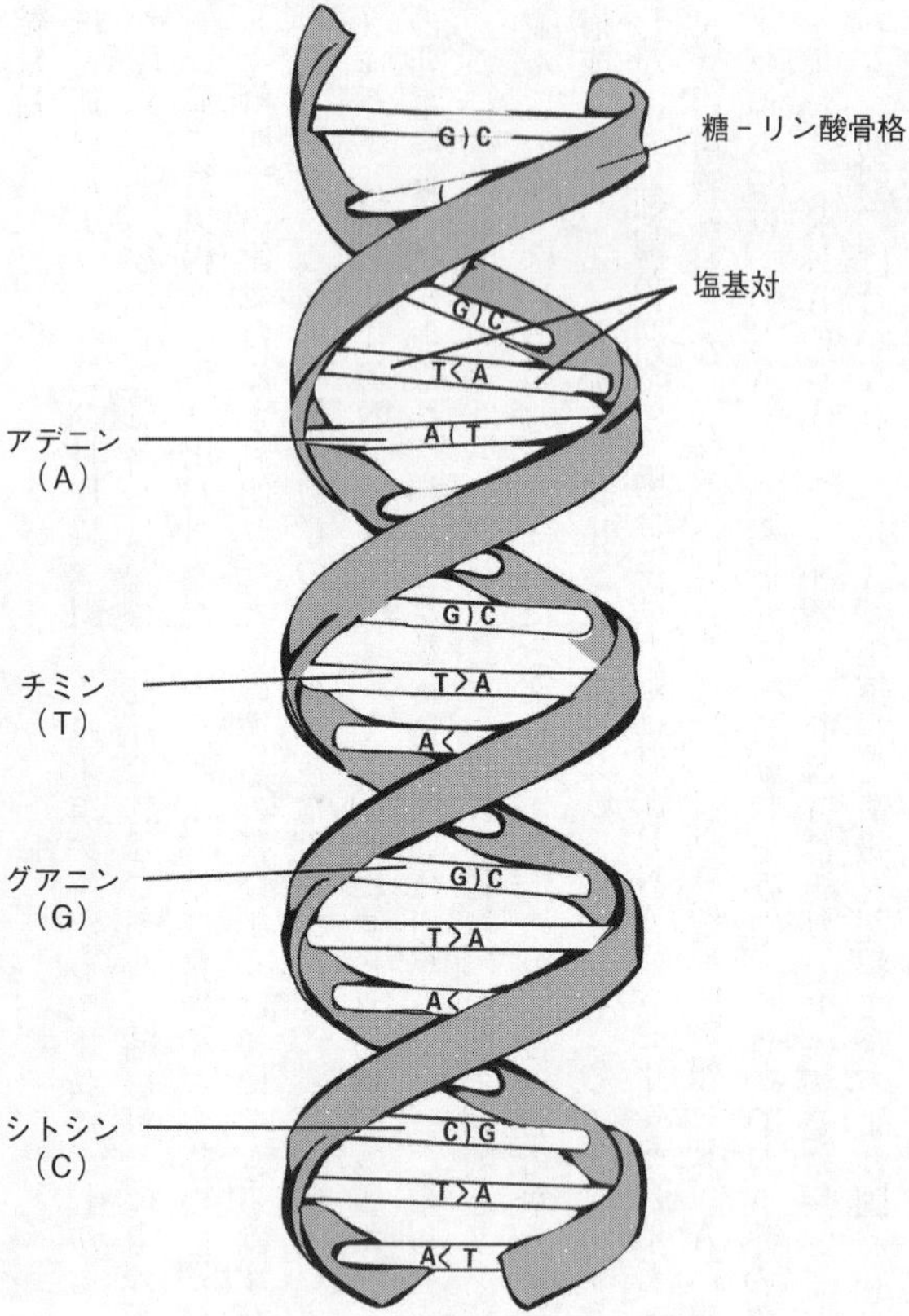
G)C
糖－リン酸骨格
塩基対
G)C
T<A
アデニン
（A）
A(T
G)C
チミン
（T）
T>A
A<
グアニン
（G）
G)C
T>A
A<
シトシン
（C）
C)G
T>A
A<T

図58

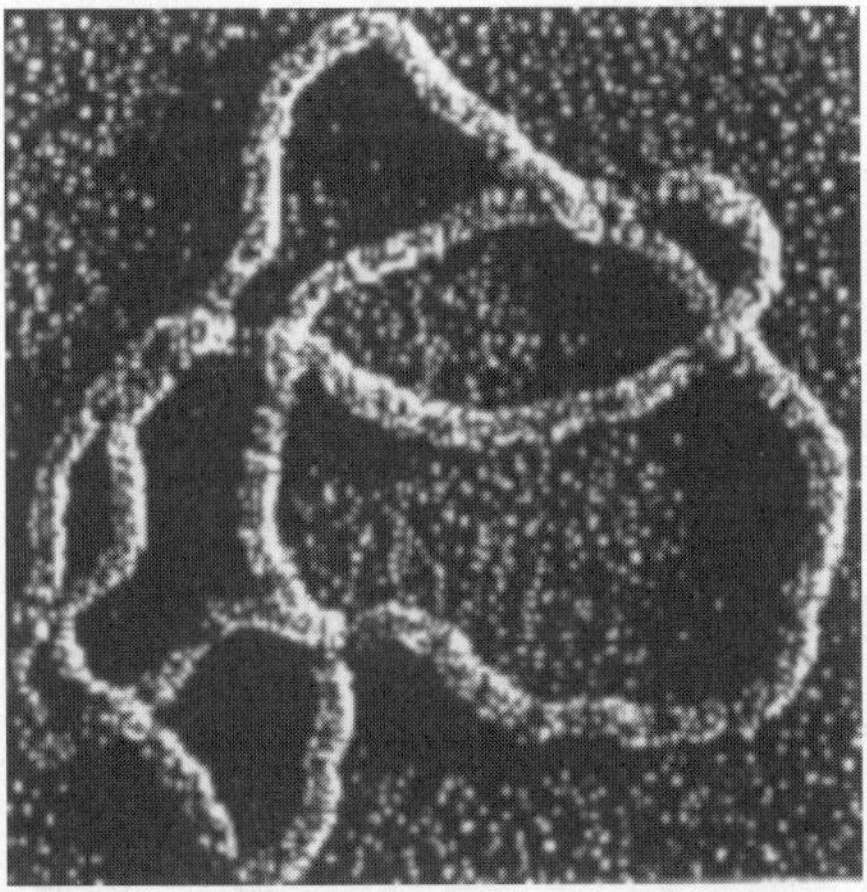

図59

めることはできないのだ。さらに、複製プロセスを完了するには、子のDNA分子の結び目を解き、親のDNAを元の構造に戻さなければならない。

　このような結び目やもつれを解く役割を果たすのが酵素である[13]。酵素は鎖を一時的に切断し、両端を別の方法で結合し直すことで、DNA鎖同士を通過させることができる。ピンと来たのではないだろうか。そう、コンウェイが数学の結び目を解消する際におこなった〝外科的〟な操作とまったく同じなのだ（図56）。つまり、トポロジーの観点から言えば、DNAは複雑な結び目といえる。酵素は複製や転写に備えて結び目をほどかなければならない。結び目理論を用いてDNAの結び目のほどきやすさを計算することで、結び目をほどく酵素の性質を研究することができる。さらに、電子顕微鏡分析やゲル電気泳動といった視覚的な実験技術を用いることで、酵素によるDNAの結び目や結合の変化を観察し、定量化することができる（図59はDNA結び目の電子顕微鏡画像）。すると、数学者の仕事は、観測されたDNAのトポロジーの変化から、酵素の作用メカニズムを推測することである。結果として、生物学者はDNA結び目の交点数の変化から、酵素の〈反応速度〉——すなわち、一定濃度の酵素が一分間当たりに影響を及ぼす交点の数——を測定することができる。

しかし、結び目理論に思いがけない応用が見つかったのは分子生物学の分野だけではない。自然界のあらゆる力を統一的に説明しようとする〈ひも理論〉も、結び目と深いかかわりがある。

ひもでできた宇宙？

重力は、もっとも広大な規模で作用する力だ。星々を銀河につなぎ留めているだけでなく、宇宙の膨張にまで影響を及ぼしている。アインシュタインの一般相対性理論は目覚ましい重力理論だ。しかし、原子核の奥深くでは、別の力や理論が権力をふるっている。〈強い力〉は〈クォーク〉と呼ばれる粒子をつなぎ留め、物質の基本要素としてよく知られている陽子や中性子を形成している。原子内部の粒子や力のふるまいは量子力学の法則によって支配されている。とするとこんな疑問が浮かぶ——クォークと銀河は同じ法則に従うのか？　理由は答えられなくとも、物理学者はそうだと信じている。数十年前から、物理学者たちは〈万

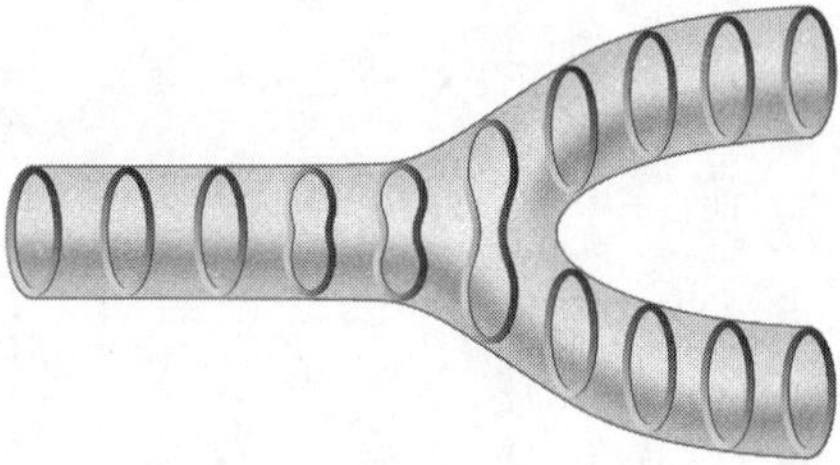

図60

物の理論〉——自然法則の統一的な説明——を探し求めてきた。特に、彼らは一般相対性理論と量子力学を統一する〈量子重力理論〉を用いて、〝大〟と〝小〟のギャップを埋めたいと考えている。現在、万物の理論の最有力候補に挙げられているのがひも理論だ[14]。核力の理論として提唱され、いったんは廃《すた》れたひも理論だが、一九七四年に物理学者のジョン・シュワーツとジョエル・シャークが再び息を吹き込んだ。ひも理論の基本的な考え方はきわめてシンプルだ。電子やクォークといった原子内部の基本粒子は構造を持たない点状の実体ではなく、ひとつのひもの異なる振動状態を表すというものだ。この理論に従えば、宇宙は微小で柔軟な輪ゴムのようなもので満たされていることになる。バイオリンの弦《げん》を弾くとさまざまな音色《ねいろ》が出るのと同じように、輪っか状のひもが振動することで、さまざまな粒子に見えるというわけだ。言い方を変えれば、世界はシンフォニーのようなもの、ということになる。

この閉じた輪は時間の経過とともに空間内を移動していき、図60の円柱のような軌跡を描く（この領域を〈世界面〉という）。ひもが別のひもを放出すると、この円柱は枝分かれし、

V字型になる。複数のひもが相互作用すると、世界面はドーナツの表面が複雑に結合しあったような形になる。ひも理論の専門家、大栗博司とカムラン・ヴァッファは、この種の複雑なトポロジー構造を研究していたとき、結び目の本質的な幾何学的性質であるドーナツ面の数とジョーンズ多項式のあいだに、意外な関係を発見した。[15] それ以前にも、ひも理論の第一人者であるエドワード・ウィッテンが、ジョーンズ多項式とひも理論の根幹である〈場の量子論〉の意外な関係を発見していた。[16] ウィッテンのモデルは、数学者のマイケル・アティヤによって純粋な数学的見地から再考された。[17] つまり、ひも理論と結び目理論は完璧な共生関係にあるわけだ。ひも理論が結び目理論の研究成果から恩恵を受ける一方で、ひも理論が結び目理論に新しい洞察をもたらしている。

それだけでなく、ひも理論はトムソンが原子理論を追い求めたときと同じように、物質のもっとも基本的な構成要素を説明しようとしている。トムソンは結び目がすべての答えになると誤解した。しかし、運命の悪戯《いたずら》なのか、ひも理論の専門家は結び目が少なくとも答えの一部を握っていると考えているのだ。

結び目理論のエピソードは、数学の持つ想定外の威力を見事に示している。先ほど述べたように、数学の有効性の〝積極的〟な側面——つまり科学者が観測結果を説明する必要に迫られて数学を構築するケース——だけを取ってみても、数学は驚くほどの精度を備えているのである。そこで次に、数学が物理学において積極的な役割と受動的な役割の両方を果たした例を簡単に紹介しよう。注目すべきはその精度だ。

驚くべき精度

ニュートンは、ガリレオやイタリアの実験者たちが発見した落下体の法則を、ケプラーの惑星の運動法則と組み合わせ、引力に関する普遍的な数学法則を導き出した。その過程で、彼は数学のまったく新しい分野——微積分学——を構築する必要に迫られた。微積分学があったからこそ、彼は自身の運動法則や引力法則のあらゆる性質を簡潔明瞭にとらえることができたのである。当時の実験結果や観測結果では、自身の重力法則をせいぜい精度四パーセント程度でしか実証できなかった。それでも、彼の法則は常識では考えられないほど正確だった。一九五〇年代には、実験精度が一万分の一パーセントを上回ったのである。しかし、それだけではない。宇宙の膨張が加速していることを説明する近年の有力理論によれば、ごく短い距離では重力のふるまいが変わる可能性があるという。ニュートンの法則によれば、重力は距離の逆二乗に比例する。つまり、質点間の距離が二倍になると、それぞれの質点が受ける重力は四分の一になるということだ。新しい理論では、質点間の距離が一ミリメートル未満になるとこの法則から逸脱すると予測された。シアトルにあるワシントン大学のエリック・アデルバーガー、ダニエル・カプナー、その協力者たちが、距離による重力の変化の予測を実証するために、巧妙な検証実験をおこなった[18]。二〇〇七年一月に発表された最新の結果によると、逆二乗の法則は五万六〇〇〇分の一ミリまで成り立つことがわかった。つまり、三〇〇年以上も前にきわめてまばらな観測結果から導き出された数学法則は、現象的に正確なだけでなく、ごく最近まで検証不可能だった範囲まで成り立つことがわかったのである。

しかしながら、ニュートンがまったく触れなかった大問題がひとつある。重力の仕組みとは？　月からおよそ四〇万キロも離れた地球が、月の運動に影響を及ぼすのはなぜか？　ニュートンもこの穴を認識していたらしく、『プリンキピア』で率直に認めている。

これまで天空とわれわれの海に起こる諸現象を重力によって説明してきたのですが、重力の原因を特定することはしませんでした。事実、この力はある原因から生ぜられるものです。それは、太陽や惑星の中心にまで、この力を減《げん》ずることなく入りこませ、……（中略）……その作用は広大な距離にまであらゆる方向に及び、常に距離の二乗に比例して減少するようなものです。……（中略）……しかし実際に重力のこれらの特性の原因を現象から導くことは、わたくしにはこれまでできていません。けれども、わたくしは仮説を立てません。

〔『自然哲学の数学的諸原理』より。一部改変〕

ニュートンが断念した難問に挑んだのが、アルベルト・アインシュタイン（一八七九～一九五五）だった。一九〇七年、アインシュタインが重力に関心を寄せたのには大きな理由《わけ》があった。彼の新理論〈特殊相対性理論〉がニュートンの万有引力の法則と真っ向から対立するように思われたからだ[19]。

ニュートンは重力が一瞬で作用すると考えた。つまり、惑星が太陽の引力を受けるのにも、リンゴが地球の引力を受けるのにも、時間がまったくかからないと考えたのである。一方、アインシュタインの特殊相対性理論では、いかなる物体、エネルギー、情報も光速以上で移動しないという前提が核となっている。とすれば、重力が瞬時に働くという考え方は矛盾を引き起こす。次の例からわかるように、この矛盾は因果関係に対するわれわれの基本的な認識にまで壊滅的な影響を及ぼしかねない。

たとえば、太陽が何らかの理由で急に消滅したとしよう。ニュートンの理論に従うとすれば、軌道上にとどまる力を失った地球は、すぐさま直線的に動きはじめるはずだ（ほかの惑星の重力による小さなずれは無視する）。しかし、光が太陽から地球まで届くには八分間ほどかかるので、太陽が地球人の視界から消えるのは約八分後。つまり、太陽の消滅よりも地球の運動の方が先に観測されることになる。

この矛盾を取り除き、ニュートンの未解決の疑問に挑むため、アインシュタインは取り憑《つ》かれたように新しい重力理論を模索した。それは大難問だった。新理論を構築するといっても、ニュートンの見事な理論をすべて保ったまま、重力の仕組みを説明し、なおかつ特殊相対性理論と矛盾しないようにしなければならない。何度もつまずき、迷路に迷い込みながらも、彼は一九一五年にようやくゴールにたどり着いた。こうして完成した〈一般相対性理論〉は、今でも多くの人々から史上もっとも美しい理論と見なされている。

アインシュタインの類《たぐ》い希《まれ》なる発想のおおもとになったのは、重力は時空の歪《ゆが》みにほかならないという考え方だった。アインシュタインによれば、ゴルフボールが起伏《きふく》したグリーンのうねりやカーブに沿って進むのと同じように、惑星も太陽の重力が生み出した空間の湾曲《わんきょく》に沿って動くのだという。つまり、物質やエネルギーが存在しない場合、時空（三次元の空間と一次元の時間からなる構造）は平坦だが、物質やエネルギーが存在すると、重いボウリングの球でトランポリンがたわむのと同じように、時空が歪むのである。惑星はこの湾曲した空間内で最短経路をたどろうとする。これが重力に見えるというわけだ。重力の〝仕組み〟を解き明かすことで、アインシュタインは重力の速度の問題の解決の糸口も見出した。要するに、時空の歪みがどれだけ速く伝わるのかという問題だ。これは池の波紋の速度を計算するのと似ている。アインシュタインは、一般相対性理論のなかで、重力が光速で伝わることを示した。これにより、ニュートンの理論と特殊相対性理論の矛盾はなくなった。太陽が消滅すれば、地球の軌道が変化するのは八分後。われわれが消滅を目撃するのと同じタイミングだ。

四次元の湾曲した時空がアインシュタインの新しい宇宙理論の土台となると、そのような幾何学的実体を扱う数学理論が必要になった。考えあぐんだアインシュタインは、かつての級友で数学者のマルセル・グロスマン（一八七八～一九三六）に助言を求めた。「以前は数学の微細な分野というのは単なる趣味のようなものにすぎないと思っていたが、今では数学に心から敬意を抱くようになった」と彼は述べている。グロスマンは、多次元の湾曲空間を扱うにはリーマンの非ユークリッド幾何学（第6章を参照）こそ打ってつけの道具だと指摘した。これこそ、数学の有効性の〝受動的〟な側面を示す驚くべき例である。アインシュタインもすぐにそれを認め、こう述べている。「幾何学は物理学の最古の一分野といえるだろう。幾何学がなければ、私は相対性理論を築くことはできなかった」

一般相対性理論はずば抜けた精度で実証されている。こうした実証をおこなうのは易しくない。太陽などの物体が引き起こす時空の湾曲は、ごくわずかしか観測されないからだ。当初の実証実験はすべて太陽系を対象にしていたが（水星の軌道の微細な変化と、ニュートンの重力理論による予測値との比較など）、近年ではより変わった実証実験も可能になった。とりわけ有力なのが〈連星パルサー〉という天体を用いた実験だ。

パルサーは電波を放出する非常にコンパクトな恒星で、半径は一〇キロ程度でも質量は太陽を上回る。このような恒星――〈中性子星〉――は超高密度で、一立方センチ当たりの重さが六〇〇〇万トンにもなる。中性子星の多くは、磁極から電波を放出しながら高速で回転している。磁軸が自転軸に対して傾いていると（図61）、ちょうど灯台の光が点滅するように、一回転するたびに極からの電波ビームがわれわれの視線を横切ることになる。この場合、電波がパルス状に放出されるように見えるので、「パルサー」と名付けられたわけだ。その特殊なケースとして、ふたつのパルサーが密接した軌道を描きながら、共通の重心を中心に回転しあっている場合がある。これを連星パルサーと呼ぶ。

連星パルサーには、一般相対性理論の実証実験にふさわしいふたつの性質がある。①電波

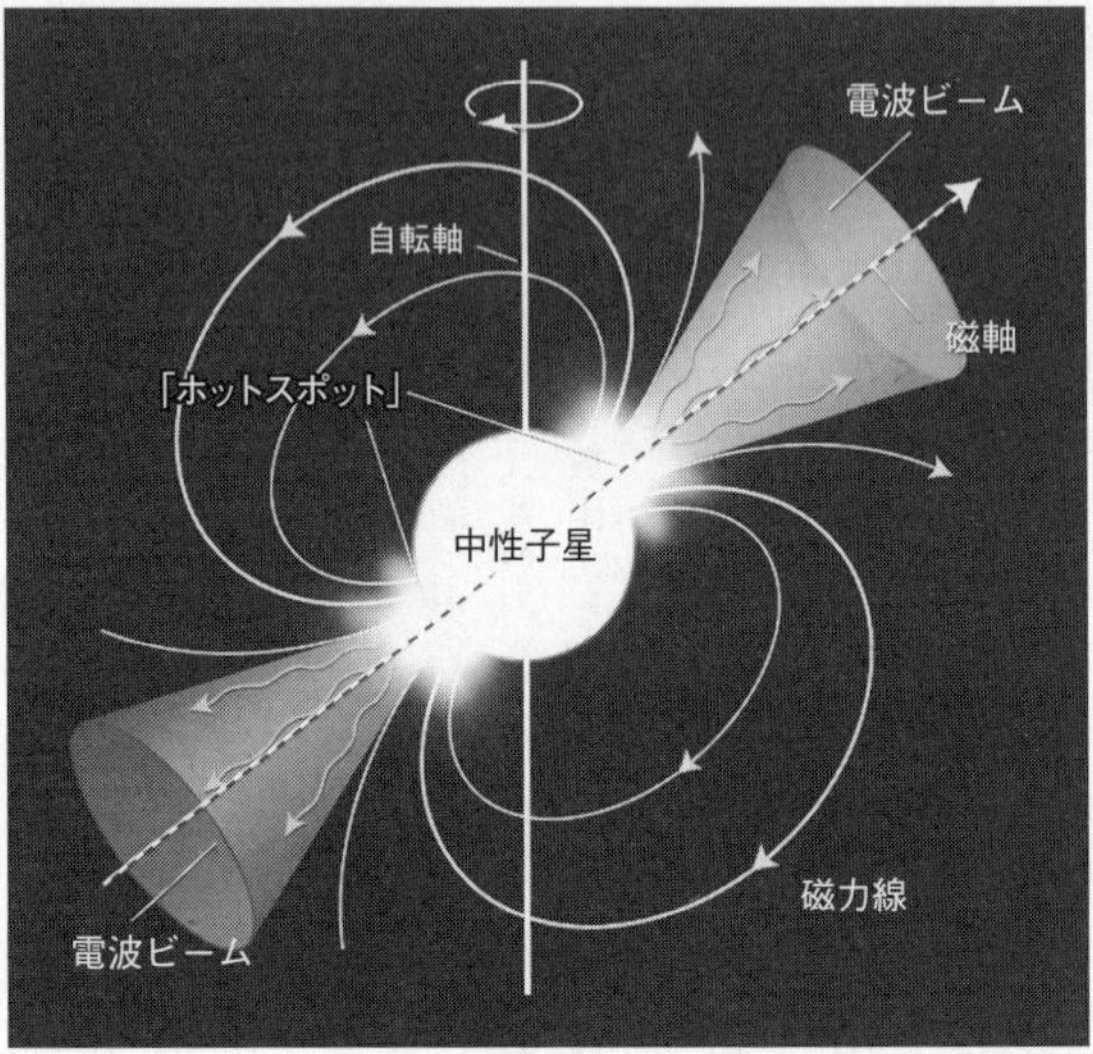

図61

パルサーは最高の時計になること。パルサーの自転速度はきわめて安定していて、その精度は原子時計をも凌ぐ。②パルサーは非常にコンパクトなため、その重力場はたいへん強力で、相対論的な影響が大きく表れること。これらの特徴を活かすことで、互いの重力場を公転運動するふたつのパルサーによって引き起こされる、パルサーから地球までの光の移動時間の変化を、正確に測定することができるのだ。

最新の実証実験では、PSR J0737-3039A/Bという連星パルサーが二年半にわたって高精度に観測された（数字は空《そら》におけるパルサーの座標を示している）[20]。この連星パルサーは公転周期がわずか二時間二七分で、地球からの距離はおよそ二〇〇〇光年（一光年は光が真空中で一年間に進む距離で、約九・五兆キロメートル）。マンチェスター大学のマイケル・クレイマーがリーダーを務める天文学者グループは、ニュートン力学の運動に対する相対論的な補正を測定した。その結果は二〇〇六年一〇月に発表され、不確かさ〇・〇五パーセント以下で一般相対性理論の予測値と一致した。

ちなみに、特殊相対性理論と一般相対性理論はいずれもGPSで大きな役割を果たしている。GPSは、地球上でわれわれの位置を特定したり、車、飛行機、徒歩での移動経路を調べたりするのに役立っている。GPSでは、何機かの人工衛星から送られた信号が受信機まで到達する時間を計測し、位置のわかっている各衛星に対して三角法を用いることで、受信機の現在位置を測定する。特殊相対性理論の予言によれば、衛星搭載の原子時計は相対運動の影響によって、地表と比べてゆっくりと時を刻むはずである（一日に一〇〇万分の数秒ずつ遅れていく）。同時に、衛星の時計は高度が高く、地球の質量によって生じる時空の歪みが小さいため、地表と比べて一日に一〇万分の数秒ほど早く時を刻むはずである。このふたつの効果について補正をおこなわなければ、GPSは一日に八キロメートル以上の割合で誤差が膨らんでいってしまうのだ。

重力理論は、数学的な自然法則が自然界と奇跡的なまでに符合し、しかも驚くほど正確であるという数々の例のひとつにすぎない。ニュートンの理論もアインシュタインの理論も、その精度はもともと説明しようとしていた観測結果の精度をはるかに上回っている——いわば、出力が入力をはるかに上回っているというわけだ。

数学理論の驚くべき精度を示す絶好の例を紹介しよう。それは荷電粒子や光のあらゆる現象を説明する〈量子電磁力学〉である。二〇〇六年、ハーバード大学の物理学者グループが、電子の磁気モーメント（電子と磁界の相互作用の強さ）を一兆分の八の精度で測定することに成功した[21]。これだけでも驚くべき実験成果だが、量子電磁力学に基づく最新の理論計算でも同じ精度を実現でき、しかもふたつの結果が一致するというのだから、その正確さは並外れている。量子電磁力学の創始者のひとりで物理学者のフリーマン・ダイソンは、量子電磁力学の度重《たびかさ》なる成功を耳にし、こう述べている。「自然が五七年前にわれわれの走り書きした曲にぴったりと合わせて踊っていることや、実験者や理論家が一兆分の一の精度でその踊りを測定し、計算できるということは、まさに驚異的である」

しかし、数学理論の偉大な点はその精度だけではない――予言能力もだ。数学の予言能力を示す例をふたつだけ簡単に紹介しよう。ひとつめは未知の現象を予言した一九世紀の理論で、もうひとつは未知の素粒子の存在を予言した二〇世紀の理論である。

一八六四年、電磁気学の古典理論を確立したジェームズ・クラーク・マクスウェルは、電場と磁場の変化によって伝搬波が形成されることを理論的に予測した。この波――お馴染《なじ》みの電磁波――は、物理学者のハインリヒ・ヘルツ（一八五七～九四）が一八八〇年代後半におこなった一連の実験によって初めて検出された。

一九六〇年代後半、物理学者のスティーヴン・ワインバーグ、シェルドン・グラショウ、アブドゥス・サラムは、電磁気力と弱い力を統一的に扱う理論を構築した[22]。現在では〈電弱統一理論〉と呼ばれるこの理論は、未観測の三つの粒子（W^+、W^-、Ｚボソン）の存在を予言した。これらの粒子は、物理学者のカルロ・ルビアとシモン・ファン・デル・メールが一九八三年におこなった加速器実験（素粒子同士を高エネルギーで衝突させる実験）ではっきりと検出された。

「数学の不条理な有効性」という言葉の生みの親である物理学者のユージン・ウィグナーは、数学理論の想定外の成果を総称して「認識論の経験則」と呼んでいる（認識論とは知識の起源や限界について研究する学問）。そのうえで、認識論の経験則が正しくなければ、科学者は自然法則の探求に欠かせない精神的な励みや安心感が持てないと述べている〔訳注：自然に美しい法則があると信じるからこそ、学者たちは自然法則を探求する意欲が持てるという意味。このあたりについて詳しくは、ウィグナー著『自然法則と不変性』三四一ページを参照〕。しかし、ウィグナーは「認識論の経験則」についてはいっさい説明していない。むしろ、それはわれわれにとって「すばらしい恩恵」であり、たとえその起源がわからないとしても、われわれはそれを授《さず》かったことに感謝しなければならないと訴えている。ウィグナーにとって、この〝恩恵〟こそ、「数学の不条理な有効性」の本質だったのである。

ここまで来れば、少なくとも本書の冒頭の疑問に答える〝手がかり〟は十分に集まったのではないかと思う。なぜ数学はわれわれの周囲にある世界をこれほど効果的かつ有意義に説明し、新しい知識をも生み出しつづけるのか？　そして、つまるところ、数学は発明なのか、発見なのか？

第9章　人間の精神、数学、宇宙について

①数学は人間の精神とは独立して存在するのか？　②数学の概念が当初の想定をはるかに超えた応用性を備えているのはなぜか？　このふたつの疑問は複雑に絡《から》み合っている。しかしながら、話をシンプルにするため、疑問にひとつずつ順番に答えていきたいと思う。まず、現代の数学者は〝発見〟と〝発明〟のどちらの立場に立っているのだろうか。数学者のフィリップ・デイヴィスとルーベン・ハーシュは、名著『数学的経験』で次のように述べている。(1)

典型的な現役数学者は、平日はプラトン主義者［数学は発見という考え］で日曜は形式主義者［数学は発明という考え］だということに、この主題について書いている人の意見は一致しているようである。つまり、彼は数学をやっているときは、自分が客観的実在を扱っており、その諸属性を決定しようと試みていると確信している。しかし、その

実在の哲学的説明を求められると、そもそもそんな実在など信じていないというふりをするのがもっとも容易だということに気付く。

〔『数学的経験』柴垣和三雄・清水邦夫・田中裕訳、森北出版。一部改変〕

数学者には女性も増えているので、文中の「彼（he）」を「彼または彼女（he or she）」に変えるべきだという点を除けば、この説明は現代の数学者や理論物理学者の多くにも当てはまるだろう。しかしながら、二〇世紀の数学者のなかには、片方の立場に偏っている人々もいる。プラトン主義の立場を代表するのが、G・H・ハーディである。彼は著書『ある数学者の生涯と弁明』で次のように述べている。(2)

私にとって、また恐らくは大部分の数学者にとって、もうひとつの実在、すなわち私が〈数学的実在〉と呼ぶものがある。数学者あるいは哲学者の間で、数学的実在の性質については何の同意もない。ある人はそれが〝心的〟なものであり、ある意味で私たち自身が構築するものであると主張する。ほかの人たちは、それが私たちの外にあり、私たちとは独立の存在であると主張する。数学的実在について説得力のある説明を与えうる人は、形而上学のもっとも困難な問題の多くを解決したことになる。もし物理的実在も説明に含まれるならば、すべての問題を解決したことになるだろう。

これらの問題について、仮に私に論ずる能力があったとしても、そうしようと望むべきではあるまい。ただ、つまらぬ誤解を避けるために、私の立場を断定的に述べようと思う。数学的実在が私たちの外の世界に属すること、それを発見あるいは観察するのが私たちの仕事であること、そして私たちが証明し、自らの〝創造〟であると大言壮語する諸定理は、単に私たちの観察記録に過ぎないことを私は信じている。これは、さまざまな形で、プラトン以降の多数の高名な哲学者によって取られてきた見解であり、私はこの見解に同意する者にふさわしい言葉使いをしよう。

〔『ある数学者の生涯と弁明』より。一部改変〕

数学者のエドワード・カスナー（一八七八～一九五五）とジェームズ・ニューマン（一九〇七～六六）は、『数学の世界』で正反対の見方を示している。[3]

数学がほかのどんな重要な思想にも比べられないほどの、高い地位を占めていることは驚くには当りません。というのは、数学によって諸科学は実に多くの進歩を遂げることができたのですし、またいろいろの事柄を実際に処理するには、数学はなくてはならないものですから。また数学が、純粋な抽象の特に優れた典型であることは容易にうなずけることですから、人間の知的業績のなかでそれが占めている高い地位は、当然認められるべきものでしょう。

こうした数学の高い地位にもかかわらず、数学の意味が正しく認識されたのは、やっと最近になって、非ユークリッド幾何学と四次元の幾何学とが生まれてからのことです。

もちろん、これは、微積分学や確率論、無限論（集合論）や位相幾何学、その他この書物で論じた他の諸部門による進歩が軽視されていいというのではありません。これらの一つひとつは、数学の世界を広げてきたのですし、またその意味を深めてきたのです。そして同時に、それらによって物理的な宇宙についての私たちの認識も深まってきたのです。けれども、それらのうちのどのひとつも、数学の内的反省、すなわち、数学の諸部門の間の相互関係や、それらの数学全体に対する関係を知るうえで、非ユークリッドの異端ほど大きな役割を果たしたものはありません。

この異端を生んだ勇敢な批判的精神のおかげで、私たちは、「数学的な真理は私たち自身の精神とはまったく関係のない（客観的な）存在である」という考え方に打ち勝つことができたのです。今日《こんにち》の私たちには、こうした考え方がかつて存在したということさえ不思議に思われるほどですが、しかし、ピタゴラスもデカルトも、そして一九世紀までの何百というほかの大数学者たちも、このような考え方をしていたのです。今日では、数学はこうした拘束を受けてはいません。それはこのような鎖を断ち切ったのです。その本質が何であるにしても、私たちは、数学は精神と同じように何の拘束も受けることがなく、また想像力と同じように自由に対象をとらえる力を持っていると考えています。非ユークリッド幾何学は、数学が天界の音楽などとは違って、人間自身の手によるものであり、それを制限するものは、思惟《しい》の法則のほかには何物もないということを明らかにしたのです。

［『数学の世界（下）』宮本敏雄・大喜多豊訳、河出書房。一部表記を修正］

このように、哲学や政治の議論と同じで色とりどりの意見があることがわかる。数学的命題のような厳密性や確実性はまるで見受けられない。不思議だろうか？　そんなことはない。なぜなら、「数学は発明か、発見か？」という疑問は数学の問題でも何でもないからだ。「発見」といえば、世界に物質的なものや形而上学的なものがあらかじめ存在していることを意味している。一方、「発明」といえば、個人の精神であれ集団の精神であれ、そこに人間の精神が介在していることになる。したがって、この疑問は数学だけの問題ではない。少なくとも間接的には、物理学、哲学、数学、認知科学、人類学など、さまざまな学問がかかわっているのだ。よって、この疑問の答えにもっとも近いのが数学者だとはかぎらない。言葉を魔法のように操る詩人が最高の言語学者だとはかぎらないし、最高の哲学者が脳の機能の専門家とはかぎらない。したがって、「発明か、発見か？」という疑問に答えるためには（答えがあるとすればだが）、さまざまな分野から得た手がかりを吟味しなければならない。

形而上学、物理学、認知科学

数学が人間とは独立した世界に存在すると信じる人々も、宇宙の性質のとらえ方に関してはさらに二派に分かれる(4)。ひとつは〝正真正銘〟のプラトン主義者たちだ。数学は永久不変の抽象的な数学的形式の世界に存在すると考える人々である。もうひとつは、数学的構造は自然界に実在する一部であると考える人々だ。純粋なプラトン主義とその哲学的な欠点についてはこれまでにかなり詳しく説明してきたので、ここでは後者の見方について詳しく説明しよう[5]。

「数学は物質世界の一部である」というシナリオのなかでも、もっとも究極的で思索的な見解を唱えるのが、マサチューセッツ工科大学の天文学者、マックス・テグマークだ。

テグマークは、「われわれの宇宙は数学で記述できるだけではなく、数学そのものなのだ」と主張する[6]。彼の主張は、「物理的実在が人間の外部に独立して存在する」という、ごく一般的な前提から始まっている。その前提をもとに、彼はそのような実在を記述する究極の理論――物理学者の言う「万物の理論」――の性質を掘り下げている。この物質世界は人間とは完全に独立したものなので、人間の〝道具〟（人間の言語など）をまったく用いずに記述できなければならない。言い換えれば、究極の理論には「素粒子」、「振動するひも」、「湾曲した時空」など、人間の考え出した概念はまったく含まれていないはずだ。この観点から、数学の基本的な定義である抽象概念や概念同士の関係のみを含むものだけが、宇宙の記述としてふさわしいのだとテグマークは結論付けている。

テグマークの数学的実在に関する主張は確かに興味深い。もしそれが真実なら、「数学の不条理な有効性」の謎を解き明かす大きな一歩になるだろう。宇宙が数学そのものなら、数学が自然界に手袋のようにぴったりとはまるのは当たり前だ。しかし、残念ながら、私はテグマークの主張にあまり説得力を感じない。人間とは独立した外的な実在が存在するという仮定から、われわれの物理的実在が数学的構造そのものであるという仮説、いわば〝数学的宇宙仮説〟を信じるべきだと結論付けるのは、個人的には論理の飛躍だと思う。彼は数学の本質について、「現代の論理学者にとって、数学的構造とは一連の抽象的実体とその実体同士の関係である」と述べている。しかし、その〝現代の論理学者〟というのは人間である。つまり、テグマークは数学が人間の発明でないことを〝証明〟したわけではなく、〝仮定〟しているにすぎない。さらに、フランスの神経生物学者、ジャン＝ピエール・シャンジューは、同じような主張に対してこう指摘している。[7]「われわれが生物学で学ぶ自然現象と同じレベルで、数学的対象に対して物理的実在を主張するのは、厄介な認識論的問題を生むと私は思う。われわれの脳の内部にある物理的状態が、脳の外部にある別の物理的状態を表すことなどありえるのか？」

数学的対象を外的な物理的実在の中心に据える考え方では、たいてい数学の有効性が根拠として挙げられている。しかし、これはほかに数学の有効性を説明する方法がないという前提に基づいている。だが、これから説明するように、それは正しい前提とはいえない。

数学が、時空の概念のないプラトン主義の世界に存在するわけでも、物質世界に存在するわけでもないとしたら、数学は人間の純粋なる発明物なのだろうか？　そうとも言えない。むしろ、次の節で説明するように、数学の大部分は発見からなっている。しかし、先に進む前に、現代の認知科学者の意見をいくつか検証しておいた方がいいだろう。その理由は簡単だ——もし数学が純粋なる発見だとしても、その発見は人間の数学者が脳を使っておこなったものには違いないからだ。

近年、認知科学が大きな発展を遂げると、神経生物学者や心理学者が数学に目を向けるのは自然な成り行きだった。特に、彼らが模索したのは人間の認知における数学的基礎である。大半の認知科学者たちが導き出した結論を聞くと、真っ先に「金槌《かなづち》を持つ者には、何もかもが釘《くぎ》に見える」というマーク・トウェインの台詞《せりふ》を思い出すかもしれない。強調する点は少しずつ違っても、ほとんどの神経心理学者や生物学者は数学を人間の発明だと断じている。確かに、認知データの解釈にはあいまいさが残るとはいえ、詳しく調べてみると、認知の研究が間違いなく数学的基礎の探求において画期的な段階を迎えていることがわかる。以下に、認知科学者の代表的な意見を簡潔に紹介しよう。

主に数の認知を研究するフランスの神経科学者、スタニスラス・ドゥアンヌは、一九九七年の著書『数覚とは何か？』で、「数に関する直感はこのように、私たちの脳の深くに根を下ろしている」〔『数覚とは何か？』長谷川眞理子・小林哲生訳、早川書房〕と結論付けている。(8) この結論は、自然数に対する純粋な直観によって数学的基礎を構築しようと考える直観主義者の立場に近い。ドゥアンヌは、算術に関する心理学的な研究によって、「数は〝思考の自然な対象〟であり、それによって私たちが世界をとらえる生得的なカテゴリーである」ことが証明されたと主張している〔前掲書より〕。また、ドゥアンヌのチームは、アマゾンの孤立先住民族、ムンドゥルク族に対して別の実験をおこない、二〇〇六年に幾何学についても同じような結論を述べている。[9]「この孤立した民族でも幾何学的な概念や地図を自然に理解できるというのは、幾何学的な基礎知識が基本算術と同じように人間の精神の普遍的な要素だという証拠である」と彼は記している。認知科学者の全員がこの結論に同意しているわけではない。[10] たとえば、ムンドゥルク族の幾何学実験では、直線と曲線、正方形と長方形、円と楕円などを見分ける実験がおこなわれたが、実験が成功したのは彼らに生まれつきの幾何学的知識があったからではなく、異物を見分ける視覚的能力があったからかもしれないと指摘する者もいる。

フランスの神経生物学者、ジャン＝ピエール・シャンジューは、著書の『考える物質』で、プラトン主義を掲げる数学者、アラン・コンヌと、数学の性質について次のような興味深い対話を交わしている。[11]

数学的対象が知覚可能な世界と何の関係もない理由は、その生成的性質、つまりほかの数学的対象を生み出す能力とかかわりがあるのです。ここで述べておかなければならないのは、脳のなかには〝意識の区画〟とでも呼ぶべきものが存在することです。つまり、新しい対象物のシミュレーションや創造をおこなう一種の物理的空間です。……（中略）……新しい数学的対象は、ある意味では生き物のようなものです。生き物と同じで、急激な進化の影響を受けやすい物理的対象なのです。一方、数学的対象が生き物と違うのは、ウイルスのような特殊な例外は別として、脳のなかで成長するという点です。

最後に、「発明か、発見か?」に関してもっとも断定的な意見を述べているのが、認知言語学者のジョージ・レイコフと心理学者のラファエル・ヌーニェスである[12]。第1章でも述べたように、ふたりは物議を醸《かも》す著書『数学の認知科学』で、次のように宣言している。

数学は人間が人間であることの自然な一部分である。数学は身体、脳、現実世界における日常的な経験に由来し「この観点から、レイコフとヌーニェスは数学が「身体化された心」から生まれてくるものだと述べている」……(中略)……数学は人間の認知の凡庸な道具の非凡なる使用による、人間の概念の体系である。……(中略)……人類は数学の創造に責任を負ってきたし、それを維持し発展させることにこれからも責任を負いつづける。数学の姿は人間の姿である。

［『数学の認知科学』植野義明・重光由加訳、丸善出版。一部表記を修正］

認知科学者たちは、さまざまな実験結果から得られた説得力のある証拠をもとに結論を導いている。たとえば、数学的作業をおこなっているときの脳の機能画像検査をおこなったり、幼児、ムンドゥルク族などの未教育の狩猟採集民族、脳にさまざまな度合いの損傷を負った人々の数学的能力を調べたり、といったことだ。その結果、大半の研究者は一定の数学的能力が生まれつき備わっているという意見で一致している。たとえば、人間は誰でも、目の前にある対象がひとつ、ふたつ、三つなのかを一瞬で判断できる（これを〈即座の認知《スービタイジング》〉という）。また、算術のごく一部――グループ化、ペア化、簡単な足し算と引き算――や、ごく基本的な幾何学的概念の理解も、生まれつきの能力だといわれている（ただし後者については賛否両論がある）。さらに、左脳の角回《かくかい》のように、数の操作や数学的計算には不可欠だが言語や作業記憶には不可欠ではない脳の領域も特定されている。(13)

レイコフとヌーニェスによると、生まれつきの能力を進歩させていくうえで重要な道具のひとつが〈概念メタファー〉の構築なのだという。概念メタファーとは、抽象的な概念をより具体的な概念に変換する思考プロセスのことである。たとえば、算術という概念は、モノの集合というごく基本的なメタファーに基づいている。一方、ブールの構築した抽象的な集合の代数学では、集合と数を比喩的に結び付けていた。レイコフとヌーニェスの考えたこの巧妙なシナリオに従えば、人間にとって難しいと感じられる数学的概念とそうでない概念がある理由が理解できるのだ。また、シェフィールド大学の認知神経科学者、ローズマリー・ヴァーリーは、少なくとも一部の数学的構造は言語能力に依存していると指摘する。(14) 数学的な理解は、脳が言語を構築する道具を借りることで養われるというのだ。

認知科学者は、数学と人間の精神の関連性を強調し、プラトン主義に異を唱えている。しかし、面白いことに、私がプラトン主義に対するもっとも有力な反論を唱えていると思うのは、神経生物学者ではなく、二〇世紀を代表する数学者、マイケル・アティヤだ。彼の考えについては第1章で簡単に触れたが、ここではさらに詳しく紹介しよう。

　人間の精神とは独立して存在する可能性がもっとも高い数学的概念をひとつだけ選ぶとしたら、あなたは何を挙げるだろうか？　ほとんどの人は、おそらく自然数を挙げるだろう。1、2、3……よりも〝自然〟なものなどあるだろうか？　ドイツの直観主義数学者、レオポルト・クロネッカー（一八二三〜九一）は、「自然数は神が創ったものだが、その他すべては人間の仕業《しわざ》である」と述べたことで有名だ。ということは、もし自然数という概念さえ、人間の精神の産物であると証明できれば、〝発明〟論の強力な根拠にはならないだろうか？　この点に関して、アティヤはこう述べている。[15]「知能を持つのが人間ではなく、太平洋の深海に住む孤独なクラゲだったとしたら？　周囲にあるのは水だけで、個々の物体を相手にする機会はないことになる。クラゲにとって、基本的な知覚データは運動、温度、圧力だけになる。このような純粋な連続体のなかでは、不連続な量は発生しないので、数えるものは何もないのだ」。つまり彼は、自然数のような基本的な概念さえ、人間が物質世界の要素を抽象化することによって（認知科学者の言葉を借りれば〝メタファーのグラウンディングを通じて〟）生み出したと考えている。言い方を変えれば、「思考」という単語がわれわれの脳内で発生するさまざまなプロセスを指すのと同様に、「12」という数は一二個から成り立っているあらゆるものに共通する性質を抽象化したものといえる。

　仮想的なクラゲの世界を根拠に用いるのはどうかと思う読者もいるかもしれない。絶対的な宇宙はひとつしかないのだから、あらゆる推論はわれわれの宇宙という文脈でおこなうべきだと。しかし、それは自然数という概念が人間の経験する宇宙に依存していると認めたことにほかならない。レイコフとヌーニェスの言う数学の「身体化」とは、まさにそういう意味なのである。

私はこれまで、数学の概念が人間の精神から生じたと述べてきた。ではなぜ、私は本章の冒頭で、数学の大部分が実際には〝発見〟であると述べたのか？　これは一見するとプラトン主義に近い立場だ。

発明と発見

われわれの日常言語において、「発見」と「発明」の区別は明快な場合もあれば、あいまいな場合もある。シェイクスピアが『ハムレット』を発見したと言う人はいないし、キュリー夫人がラジウムを発明したと言う人はいない。しかし、ある病気の新薬は、新しい化合物を意図的に合成してできあがった場合でも、新薬の「発見」と表現されることが多い。そこで、数学のひとつの具体例を詳しく紹介してみよう。この例を読めば、「発明」と「発見」の違いがはっきりとするだけでなく、数学が進化し、発展していく過程について、貴重な理解が得られるはずだ。

ユークリッドの記念すべき幾何学書『原論』の第六巻では、線分を一定の比率で二分割する方法の定義が述べられている（面積に関する定義は第二巻に見られる）。線分ABを点Cで二分割するとしよう（図62）。このとき、

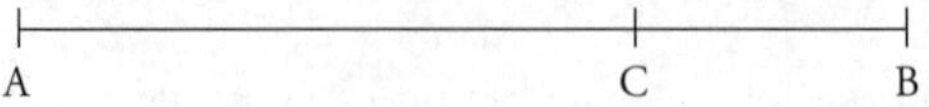

図62

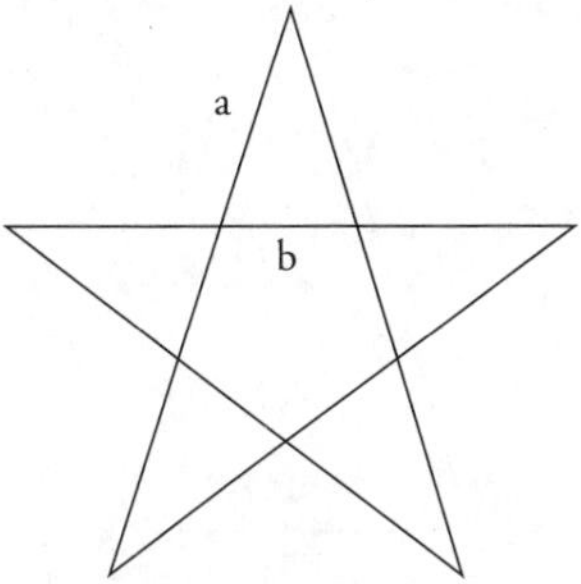

図63

$AC{:}CB = AB{:}AC$ になるなら、この線分は〈外中比《がいちゅうひ》〉で分割されていると呼ぶ。一九世紀になり、この比は〈黄金比〉と呼ばれるのが通例になった。[16] 簡単な計算をすれば、黄金比は

$$1:(1+\sqrt{5})/2 = 1:1.6180339887\ldots$$

と等しいことがわかる。

真っ先にこんな疑問が浮かんでくるかもしれない――なぜユークリッドはわざわざこのような線分の分割方法を定義し、名前まで付けたのか。そもそも、線分の分割の仕方など無数にあるはずなのに。その答えは、ピタゴラス学派とプラトンが遺《のこ》した神秘的な文化遺産に見出すことができる。前述したように、ピタゴラス学派は数に執着を抱いていた。かなり偏見的であるとはいえ、彼らにとって奇数は男性や善の象徴であり、偶数は女性や悪の象徴だった。2と3の和である5という数には特別な意味合いがあった。2は最初の偶数（女性）、3は最初

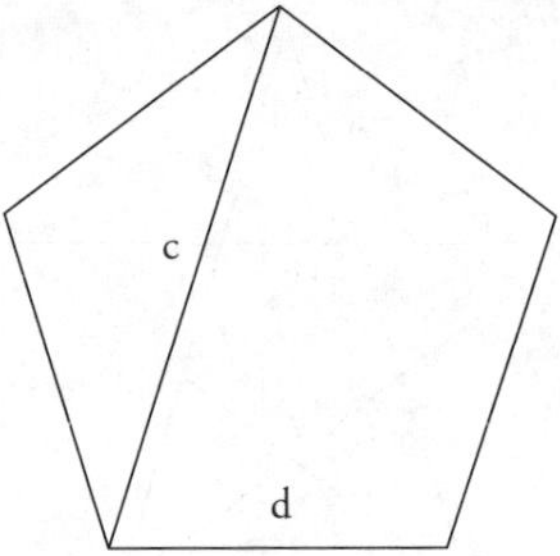

図64

の奇数（男性）だからだ（1は数ではなく、あらゆる数の源《みなもと》と考えられていた）。したがって、ピタゴラス学派は5を愛や結婚の象徴ととらえ、五芒星《ごぼうせい》（図63）を教団のシンボルとして用いた。黄金比が初めて姿を現すのは五芒星である。正五芒星において、三角形の底辺と横側の辺の比（図63のb:a）は黄金比と等しくなる。また、正五角形の辺と対角線の比（図64のd:c）も黄金比に等しい［訳注：正五芒星は正五角形に内接するので、正五芒星の隣りあう二頂点間の距離と一辺の比が黄金比に等しいとも言い換えられる］。つまり、直定規とコンパスを用いて正五角形を描くには（それが古代ギリシャの一般的な作図方法だった）、線分を黄金比に分割する必要があったのだ。

　黄金比にさらなる神秘性を付け加えたのがプラトンだ。古代ギリシャ人は、宇宙の万物が四大元素――土、火、空気、水――からなると信じていた。プラトンは、著書『ティマイオス』で、正四面体、正六面体、正八面体、正十二面体、正二十面体の五つの正多面体（図65）を用いて物質の構造を説明しようとしている。この五つの立体は彼の名

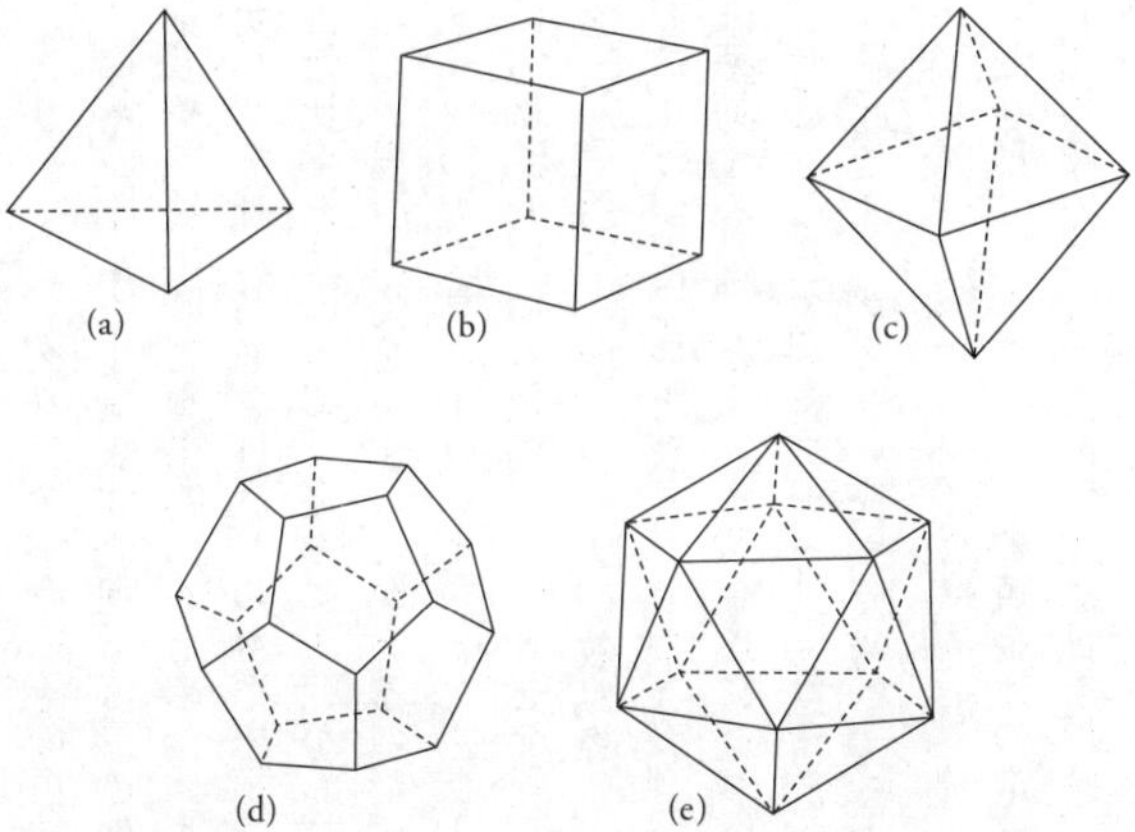

図65

を冠《かん》して〈プラトンの立体〉と呼ばれており、すべての面が合同な正多角形で、かつすべての頂点が球に内接する凸《とつ》多面体はこれだけである。プラトンはこのうち四つを宇宙の四大元素に対応させた――地球は安定した正六面体、突き刺すような火は鋭利な正四面体、空気は正八面体で、水は正二十面体という具合に。残る正十二面体（図65d）については、『ティマイオス』ではこう綴《つづ》られている。「もうひとつ、第五の構成体がありますが、神はこれを万物のために、そこにいろいろの絵を描くに際して用いたのでした」〔『プラトン全集⑫ティマイオス』種山恭子・田之頭安彦訳、岩波書店。一部改変。同書の注によれば、「絵を描くに際して」の解釈については諸説あるという〕。つまり、正十二面体は全宇宙の象徴だったわけだ。しかし、一二枚の正五角形からなる正十二面体には、黄金比がいたるところに刻み込まれていることになる。正十二面体の体積や表面積は、いずれも黄金比の単純な関数で表すことができる（正二十面体も同様）。

こうして、ピタゴラス学派やその信徒たちは、試行錯誤の末、彼らにとって重要な概念——愛や全宇宙——を表す幾何学図形の作図方法を発見したのである。とすれば、ピタゴラス学派や、この歴史を書物にまとめたユークリッドが、作図に登場する黄金比という概念を発明し、それに名前を付けたのも不思議ではない。1・618……という数は、無作為に選ばれた比率とは違って、盛んに研究がおこなわれた。そして黄金比は今でもまったく思いもよらない場所に姿を現すことがあるのだ。たとえば、ユークリッドの時代から二〇〇〇年後、ドイツの天文学者、ヨハネス・ケプラーは、黄金比が〈フィボナッチ数列〉と呼ばれる数列に〝奇跡的〟にも登場することを発見した。フィボナッチ数列1, 1, 2, 3, 5, 8, 13, 21, 34, 55, 89, 144, 233,…は、三つめの数以降、すべての数が直前のふたつの数の和となる（2＝1＋1, 3＝1＋2, 5＝2＋3と続く）。この数列の各値を直前の数で割ると（144/89, 233/144,…）、値は振動するが、どんどん黄金比に近づいていく。たとえば、小数点第七位を四捨五入すると、144/89＝1.617978, 233/144＝1.618056, 377/233＝1.618026,…となるのがわかる。

最近では、フィボナッチ数列や黄金比が、一部の植物の葉の配列（〈葉序《ようじょ》〉と呼ばれる）や特定のアルミニウム合金の結晶構造にも見つかっている。

なぜ私はユークリッドの黄金比の定義を「発明」と考えるのか？　なぜなら、ユークリッドは想像力によって黄金比に目を付け、数学者たちをこの比率に注目させたからだ。一方、黄金比という概念が発明されなかった中国では、数学の文献にまず黄金比の記述は見られない。同じく黄金比が発明されなかったインドでも、たまたま黄金比が含まれている三角法の平凡な定理がいくつかあるにすぎない。

ほかの数々の例からもわかるように、「数学は発見か、発明か？」という疑問は愚問《ぐもん》である。つまり、われわれの数学は発明と発見の組み合わせなのである。ユークリッド幾何学の公理は、チェスのルールと同じように、概念として見れば発明である。そして、三角形、平行四辺形、楕円、黄金比など、発明された数々の概念が公理を補っている。一方、ユークリッド幾何学の定理は概して発見であり、発見はさまざまな概念を結び付ける道筋のようなものである。証明から定理が生まれる――つまり、証明可能な事柄を掘り下げて定理を導き出していく――こともあれば、アルキメデスの著書『方法』に見られるように、先に問題の答えを導き出してから、証明に取りかかることもある。

一般的に、概念は発明である。素数という概念は発明だが、素数にまつわるあらゆる定理は発見である[17]。古代バビロニア、エジプト、中国の数学者は、高度な数学を有《ゆう》していたにもかかわらず、素数という概念を発明しなかった。しかし、彼らが素数を〝発見〟しなかったと言い換えることはできるだろうか？　いや、できない。「イギリスは唯一の成文憲法を〝発見〟しなかった」とは言えないのと同じだ［訳注：イギリスには成文化された憲法そのものはなく、法律、判例、慣習などの集合体が憲法として機能する］。憲法がなくても国家を維持できるように、素数の概念がなくても精巧な数学を構築することはできるし、現に構築されてきたのである。

なぜギリシャの人々は公理や素数といった概念を発明したのか？　はっきりとは言えないが、おそらく宇宙の基本要素を明らかにしたいという飽くなき欲求があったからだろう。原子が物質の基本要素であるのと同じように、素数は数の基本要素だった。同様に、公理はあらゆる幾何学的真理の湧《わ》き出す泉《いずみ》のようなものだった。正十二面体は宇宙全体を表す図形であり、黄金比はそのシンボルを具現化するための概念だった。

そう考えると、数学の興味深い側面が見えてくる。数学は人間の文化の一部なのだ。ギリシャの人々が公理的手法を発明すると、後世のヨーロッパの数学者たちもそれにならい、哲学や手法を取り入れていった。かつて、人類学者のレスリー・A・ホワイト（一九〇〇〜七五）は、この文化的側面について、「ニュートンがホッテントット族［南アフリカの民族］の社会で育っていたら、ホッテントット人と同じ計算の仕方をしていたことだろう」と述べている。[18] 数学の数多くの発見（結び目不変量など）や大発明（微積分など）が、さまざまな人々によって別々に、しかも同時におこなわれたのは、数学に複雑な文化的側面があるからに違いない。

アナタハ、スウガクヲ、ハナシマスカ？

前の節では、数という抽象概念が持つ意味を単語の意味に喩《たと》えた。とすると、数学はある種の言語なのだろうか？　数理論理学と言語学の見地からわかるのは、ある程度までは言語の性格を帯びているということだ。ブール、フレーゲ、ペアノ、ラッセル、ホワイトヘッド、ゲーデル、さらには現代の哲学的な統語論や意味論、言語学の専門家の研究が証明するように、文法や推論は記号論理の代数学と密接なかかわりがある。とすれば、世界には六五〇〇以上の言語があるのに、数学は一種類しかないのはなぜなのか？　実際のところ、あらゆる言語には共通の設計要素がたくさんある。たとえば、アメリカの言語学者、チャールズ・F・ホケット（一九一六～二〇〇〇）は一九六〇年代、すべての言語に新しい単語や語句を獲得する機能が備わっている点に注目した。[19]「ホームページ」や「ノートパソコン」などがその例である。また、抽象化（「超現実主義」、「無」、「偉大性」等）、否定（「～ない」等）、仮定（「おばあちゃんに車輪があったら、おばあちゃんはバスだったかもしれない」等）といった機能もすべての言語に備わっている。おそらく、あらゆる言語の二大特徴といえば、〈無制約性（open-endedness）〉と〈刺激に対する自由性（stimulus-freedom）[20]〉だろう。無制約性とは、今まで聞いたこともない文章を作り出し、理解できる性質である。たとえば、「チューインガムでフーヴァー・ダムを修理することはできません」という文章を簡単に作り出すことができる。しかも、それが初めて耳にする文章だとしても、理解に苦しむことはないはずだ。刺激に対する自由性とは、受け取った刺激に対して反応する方法や、反応するかどうかさえも自由に選択できる性質だ。たとえば、「明日も私のことを愛していてくれる？」と訊《き》かれて、「明日まで生きていられるかわからない」、「もちろんだよ」、「もともと愛していないけど」、「飼い犬の次にならね」と答えることもできるし、「面白い質問だね」とか「今年の全豪オープンは誰が勝つのかな」と答えることさえできるのだ。こういった性質——抽象化、否定、無制約性、発展性など——の多くは数学にも当てはまる。[21]

前述したように、レイコフとヌーニェスは数学におけるメタファーの役割を重視している。また、認知言語学者はどの人間の言語でも、ありとあらゆるものを表現するのにメタファーを用いると主張している。さらに、著名な言語学者、ノーム・チョムスキーが一九五七年に著書『文法の構造』を発表して以来、多くの言語学者が〈普遍文法〉という概念——つまり、あらゆる言語を司《つかさど》る原則——を中心に研究を続けてきた。[22] 言い換えれば、一見すると多種多様な言語の背後には、驚くほど類似した構造が隠れている可能性があるのだ。もしそうでないとしたら、辞書などまるで意味をなさないはずだ。

それでも、なぜ数学は学問としても記号表記としても統一されているのかと思うかもしれない。特に興味深いのは前者の疑問だ。ほとんどの数学者が同意するように、われわれの知る数学は古代バビロニア人、エジプト人、ギリシャ人が研究した基本分野——幾何学と算術——をもとに発展を遂げてきた。だが、数学が幾何学と算術から始まったのは必然だったのだろうのか？　コンピュータ科学者のスティーヴン・ウルフラムは、長大な著書『新しい種類の科学（*A New Kind of Science*）』のなかで、そうとはかぎらないと述べている。[23] 特に、ウルフラムは、〈セル・オートマトン〉と呼ばれる、簡潔なコンピュータ・プログラムの役割を果たす一連の単純な規則から始めて、何種類もの数学を構築できることを示した。このセル・オートマトンは、少なくとも原理的には、三〇〇年間以上にわたって科学界を席巻してきた微分方程式に代わり、自然現象をモデル化する基本ツールとして用いることもできる。

それでは、古代の人々が今のような〝ブランド〟の数学を発見したり発明したりしたのはなぜなのか？　はっきりと断ずることはできないが、人間の知覚システムの性質とかかわりがあるのかもしれない。人間は端、直線、なめらかな曲線をごく簡単に見分けることができる。たとえば、一見しただけで、直線が完全にまっすぐなのかどうかや、図形が完全な円なのか少し歪《ゆが》んでいるのかを、かなりの精度で難なく見分けられるはずだ。こういった知覚能力が人間の世界体験を強烈に形作り、個々の対象物を扱う数学（＝算術）や幾何学的図形を扱う数学（＝ユークリッド幾何学）を生み出したのかもしれない。

数学の記号表記が統一的なのは、いわば〝マイクロソフト・ウィンドウズ効果〟によるものだろう。世界の誰もがマイクロソフトのOSを使用しているのは、それが必然だからではない。あるOSがいったんコンピュータ市場を支配すると、コミュニケーションの取りやすさや製品の入手のしやすさから、誰もがそのシステムを使わざるをえなくなるのだ。西洋の記号表記が数学の世界に定着したのも、同じような理由によると考えられる。

興味深いことに、天文学や天体物理学も「発明か、発見か？」の謎の解明に面白い形で貢献できるかもしれない。太陽系外惑星に関する最新の研究によると、全恒星のおよそ五パーセントには、木星級の巨大惑星が最低ひとつはあるという。しかも、この割合は、われわれの銀河系のどこを取っても平均的にほぼ一定なのだ。地球型惑星の割合は正確には知られていないが、銀河系には数十億個単位で存在する可能性が高い。そのうち、〈生命居住可能領域《ハビタブル・ゾーン》〉（地表に液体の水が存在しうる軌道範囲）内にある地球型惑星はごく一部だとしても、その数は無視できない。とすれば、惑星に生命体――特に知的生命体――が生まれる可能性はゼロではない。もし、われわれとコミュニケーションの取れる知的生命体が発見されれば、その生命体が宇宙を説明するためにどのような数学的形式を編み出したのか、貴重な情報が得られるはずだ。生命の起源や進化に関する理解が大きく進むだけでなく、われわれの論理と高度な生命体の論理体系を比較することさえできるかもしれない。

さらに思索を広げてみよう。宇宙論のなかには、複数の宇宙の存在を予言するシナリオもある（〈永久インフレーション〉シナリオなど）。それらの宇宙のなかには、自然定数（さまざまな力の値、素粒子の質量比）が異なるだけでなく、自然法則さえまったく異なる宇宙もあるかもしれない。天体物理学者のマックス・テグマークは、ありとあらゆる数学的構造に対応する（彼に言わせれば数学的構造そのものである）宇宙が存在するはずだと主張している[24]。もしそうだとしたら、これは「宇宙は数学である」という見方の究極版である。数学と同一視できる世界はひとつだけではなく、数多く存在することになる。しかしながら、この考え方はあまりにも極端で、現時点では検証不可能なだけでなく、いわゆる〈平凡の原理〉［訳注：地球は宇宙の中心ではなく、宇宙はどこでも一様な姿をしていて、特別な場所は存在しないという考え方。コペルニクス原理、宇宙原理などとも呼ばれる］とも矛盾するように思える[25]。第5章で説明したように、路上で無作為にひとりを選ぶと、その人の身長が平均身長から標準偏差の二倍以内の誤差に収まる可能性は九五パーセントにも及ぶ。同じようなことが宇宙の性質にも当てはまる。しかし、数学的構造の数が増えると、複雑さも劇的に増す。とすれば、平均に近いごく〝平凡〟な構造でさえ、おそろしく複雑になってしまうはずだ。これはわれわれの数学や宇宙理論が比較的単純であることと矛盾し、われわれの宇宙が標準的であるという自然な期待に反してしまうのだ。

ウィグナーの謎

「数学は発明か、発見か？」は愚問である。なぜなら、答えは必ずどちらか一方で、ふたつは互いに相容《あいい》れないと仮定しているからだ。むしろ、私は半分が発明で半分が発見だと提案したい。一般的に、数学の概念は発明であり、概念同士の関係は発見である。確かに、経験による発見が概念の発明よりも先行することもあるが、概念の発明が定理の発見のきっかけになるのは間違いない。また、数理哲学者のなかには、アメリカのヒラリー・パトナムのように〈実在論〉と呼ばれる中間的な立場を取る者もいる。[26]実在論者は、数学的議論の客観性を信じている（つまり、文は真か偽のいずれかであり、真か偽かの決定要因は人間の外部に存在すると考えている）が、プラトン主義者とは違って「数学的対象」の存在は公言しない。以上の考え方は、ウィグナーの謎「数学の不条理な有効性」の満足のいく説明になりうるだろうか？

まず、現代の思想家たちの提案する答えをざっと紹介しよう。[27]ノーベル物理学賞を受賞したデイヴィッド・グロスは次のように記している。[28]

数学者が導き出す数学的構造は、人間の精神が人工的に生み出すものではなく、物理学者がいわゆる〝現実世界〟を記述する際に作り出す構造と同じくらい実在的といってもいいほど自然なものである――この意見は、私の経験上、想像力豊かな数学者のあいだでは珍しくない。言い換えれば、数学者は新しい数学を発明しているわけではなく、発見しているのだ。もしそうだとしたら、われわれの探っている謎「数学の不条理な有効性」はそれほど不可解とはいえなくなる。数学が、自然界の現実的な一部であり、理論物理学の概念と同じくらい実在的な構造を記述するものだとしたら、現実世界を分析する道具として有効なのは当然なのだ。

言い換えると、グロスは一種の「数学＝発見」的な立場に立っている。プラトン主義的な世界と、「宇宙は数学そのもの」という世界の中間の立場ではあるが、どちらかといえばプラトン主義的な観点に近い。しかしながら、これまで説明してきたように、「数学＝発見」という主張を哲学的に擁護するのは難しい。さらに、プラトン主義では、第8章で述べた自然現象の精度の謎を解決できるわけではない。これはグロスも認めている。

数学の性質に関する私の見解はマイケル・アティヤに近い。彼は次のように主張している。(29)

脳を進化的な文脈で見ると、数学が自然科学において謎の成功を遂げた理由は、少なくとも部分的には説明が付く。脳は物質世界に対処するべく進化してきた。したがって、脳がその目的に適《かな》った言語——数学——を築き上げてきたのは、そうびっくりするようなことでもないのだ。

この主張は認知科学者の提案する答えと非常に似ている。しかし、アティヤは、この説明では「数学は物質世界のより難解な側面をどのように説明するか」という悩ましい疑問はほとんど解決しないと認めている。特に、この説明では私の言う数学の〝受動的〟な役割（数学的概念の発明からずっとあとにその応用方法が見つかること）の謎が完全に未解決なままだ。この点について、彼は次のように指摘する。「こう反論する人々もいます——人間が生存するためには、人間的なスケールで自然現象に対処すればいいはずなのに、数学理論は原子から銀河まであらゆるスケールにうまく対処しているように見えると。おそらく、説明の鍵は数学の抽象的で階層的な性質にあるのでしょう。この性質のおかげで、われわれは比較的自由に小さなスケールと大きなスケールを行き来できるのです」

アメリカの数学者でコンピュータ科学者のリチャード・ハミング（一九一五〜九八）は、一九八〇年にウィグナーの謎について詳細で興味深い考察をおこなっている。[30] 彼はまず、数学の性質について、「数学は人間が作ったものであり、人間によって絶えず修正されていくはずだ」と述べている。次に、数学の不条理な有効性の説明として、①選択効果、②数学的ツールの進化、③数学の限られた説明能力、④人間の進化の四つを挙げている。

選択効果とは、使用される器具やデータの収集方法によって実験結果に偏りが生ずることを指す。たとえば、ダイエット・プログラムの効果を測る実験で、プログラムを中止した人々を実験結果から除外したとすれば、結果に偏りが生ずる。なぜなら、プログラムを中止するのは効き目がない人がほとんどだからだ。したがって、「少なくとも一部のケースでは、現実世界ではなくわれわれの用いる数学的ツールが原因で独特の現象が生ずることがある。われわれが見ている現象の多くは、われわれのかけているメガネによって引き起こされるものなのだ」とハミングは述べている。たとえば、三次元空間内の一点からエネルギーを保存したまま対称的に放出される力は、すべて逆二乗の法則に従ってふるまうことを証明できる。よって、ニュートンの重力法則が成り立つのは当然だと彼は指摘している。この指摘自体はもっともだが、選択効果では一部の理論の驚くべき精度はとうてい説明できない。

　ハミングのふたつめの説明は、人間が状況に合わせて数学を選び、絶えず改良しつづけているというものである。すなわち、われわれが目撃しているのはいわば数学的発想の〝進化と自然淘汰〟だというのだ。人間は膨大な数の数学的概念を発明し、そのなかからふさわしいものだけを選ぶ。私もずっとこれが完璧な説明だと思っていた。ノーベル物理学賞を受賞したスティーヴン・ワインバーグも著書『究極理論への夢』で同じような解釈を述べている。[31]これはウィグナーの謎の唯一の解《かい》になりうるのか？　確かに、そのような淘汰や進化が起きているのは間違いない。科学者たちはさまざまな数学的形式や道具を取捨選択し、有効なものを取っておく。より効果的な形式や道具が見つかれば、ためらうことなく改良や修正を施《ほどこ》す。しかし、たとえそうだとしても、宇宙を説明できる数学理論がそもそも存在するのはなぜなのかという疑問は残る。

ハミングの三つめの指摘は、「数学の有効性」は実は幻想にすぎないというものだ。なぜなら、われわれの世界には数学で説明の付かないものはごまんとあるからだ。数学者のイズライル・モイセーエヴィチ・ゲルファントも、かつて同じような見解を述べている。[32]「物理学における数学の不条理な有効性よりも、さらに不条理なものがひとつだけある。それは、生物学における数学の不条理な非有効性だ」と彼は話す。とはいえ、これ自体はウィグナーの謎の答えになるわけではない。確かに、『銀河ヒッチハイク・ガイド』のように、生命、宇宙、万物の答えを42だと断定することなどできない〔訳注：イギリスの作家、ダグラス・アダムズの小説。そのなかで、宇宙人の作ったスーパーコンピュータが究極の答えは42であると叩き出す〕。それでも、数学を用いて解明したり、説明したりできる現象はいくらでもある。さらに、数学的に解釈できる物事やプロセスの範囲は絶えず広がりつづけているのだ。

ハミングの四つめの説明はアティヤの見解と非常に似ている。「進化論的なプロセスによって、現実世界の最善のモデルを持ち合わせている生物が生存競争のなかで自然淘汰により生き延びる。〝最善〟とは、生存や繁栄にとって最善という意味である」と彼は記している。

アップルコンピュータのマッキントッシュ・プロジェクトを立ち上げたコンピュータ科学者のジェフ・ラスキン（一九四三〜二〇〇五）も、似た見解を抱いている。彼は特に論理の役割を強調し、次のように結論付けている。[33]

> 人間の論理は物質世界によってわれわれに課せられたものなので、物質世界と符合している。一方、数学は論理から導かれるものだ。よって、数学が物質世界と符合するのはなんら不思議ではない。しかし、われわれが万物の性質を理解しはじめているからといって、驚愕や驚嘆の念を失ってはならないのだ。

ハミングは、力強い主張を繰り広げながらも、ラスキンほど明確な結論は出していない。彼は次のように指摘する。

> 仮に科学に四〇〇〇年の歴史があるとしても、たかだか二〇〇世代にすぎない。ごくまれな自然淘汰によって進化が起こったとしても、進化では数学の不条理な有効性のごく一部しか説明できないように思える。

ラスキンは、「数学の基礎は、遠い昔の時代、おそらく数百万世代も前に敷《し》かれたものなのだ」と主張する。しかし、私はこの主張には説得力を感じない。論理が先祖の脳に深く刻み込まれていたとしても、量子力学のような原子内部の抽象的な数学理論――それも驚くほど正確な理論――にまで発展したとは考えづらい。

面白いことに、ハミングは記事の最後で、「私のこれまでの説明をすべてつなぎ合わせても、私が本来説明しようとしていたこと［数学の不条理な有効性］を説明するには程遠い」

と締めくくっている。

　ということは、本書も「数学の不条理な有効性」を謎のまま残して締めくくるべきなのだろうか……。

　待ってほしい。投げ出す前に、ウィグナーの謎の本質を掘り下げてみよう。科学者たちは、〈科学的方法〉と呼ばれる手法を使って、自然に関する事実を学ぶ。すると、こうした事実をもとに自然現象の定性的なモデルを築き上げる（「地球はリンゴを引き付ける」、「素粒子同士が衝突すると別の粒子が生まれる」、「宇宙は膨張している」など）。科学の多くの分野では、新しい理論が数学で記述されないこともある。ダーウィンの進化論などはその好例だ。自然淘汰の理論は数学的形式に基づいていないが、種《しゅ》の起源を見事なまでに明らかにしている。一方、基礎物理学では、その次の段階で数学を用いた定量的な理論が作られるのが一般的だ（一般相対性理論、量子電磁力学、ひも理論など）。最後に、その数学モデルを用いて、新しい現象や粒子の存在、未知の実験結果や観測結果を予言する。ウィグナーやアインシュタインを悩ませたのは、まさに最後のふたつのプロセスの驚くべき有効性である。なぜこうも毎回、既存の実験結果や観測結果をうまく説明できるだけでなく、まったく未知の洞察や予言をもたらす数学的ツールが都合よく見つかるのか？

　これは「数学の不条理な有効性」を言い換えたものである。この疑問に答えるべく、数学者のルーベン・ハーシュが考えた見事な例を紹介しよう。彼は数学や理論物理学の似たよう壺《つぼ》に小石を入れるという物理的な行為をそっくりそのまま表現できることを発見する。言い方を変えれば、「モノを集める」な疑問を分析するために、ひとつの単純な実験を提案した(34)。透明でない壺《つぼ》に小石を入れるとしよう。まず、壺に四つの白石《しろいし》を入れ、次に七つの黒石《くろいし》を入れるとする。歴史上のある時点で、人間は自然数という抽象概念を用いて、色とは無関係に小石の集まりを表す方法を発明する。つまり、白石の集合には「4」という数が関連付けられ（あるいは、Ⅲでも Ⅳでも、好きな記号でよい）、黒石には「7」という数が関連付けられる。さらにこの実験で、人間はもうひとつの概念――加算――を発明する。そして、加算を用いれば、「モノを集める」という物理的な行為をそっくりそのまま表現できることを発見する。言い方を変えれば、4＋7と表記される抽象的なプロセスによって、壺のなかの小石の総数を正確に予言できるわけだ。これは何を意味するのか？　人間は、この種のすべての実験の結果を確実に予言できる、すばらしい数学的ツールを生み出したということだ。しかし、これは見かけほど効果絶大なツールではない。なぜなら、水滴には通用しないからだ。壺に水滴を四滴落とし、次に七滴落としたとしても、壺に一一滴の水滴があるようには見えない。したがって、液体や気体についても小石と同じような予言をおこなうために、人間はまったく別の概念（「重さ」など）を発明し、液体の重量や気体の体積を量《はか》ることを思い付かなければならなかった。

この例が意味することは明らかだ。数学的ツールは適当に選ばれたのではなく、似たような実験や観測の結果を正確に予言できるよう、意図的に選ばれたのである。したがって、少なくともこのごく単純な例で言えば、数学の有効性は初めから保証されていたも同然なのだ。人間はどの数学が〝正しい〟かを前もって知る必要はなかった。試行錯誤を重ね、効果的なものを選べばいいからだ。さらに、いつも同じツールを使う必要もない。時には、都合のよい数学的形式が存在せず、発明しなければならないこともある。ニュートンは微積分を発明したし、現代の数学者はひも理論を研究する過程でトポロジーや幾何学のさまざまなアイデアを生み出した。あるいは、すでに都合のよい数学的形式が存在するとしても、それが問題の解決にふさわしいことに気付かなければならないケースもある。アインシュタインはリーマン幾何学を利用することに気付いたし、素粒子物理学者は群論《ぐんろん》を応用することに気付いた。要するに、人間は類い希なる好奇心、忍耐力、想像力、意志力によって、さまざまな物理現象をモデル化するのにふさわしい数学的形式を見つけ出してきたのだ。

私の言う数学の〝受動的な〟有効性を語るうえで絶対に欠かせない数学の性質とは、その不変性である。ユークリッド幾何学は、紀元前三〇〇年でも現代でも変わらず正しい。確かに、今ではユークリッド幾何学の公理が必然ではないことがわかっている。ユークリッド幾何学が空間に関する絶対的な真理を表すものではなく、人間が認識する特別な宇宙、そして人間の発明した形式主義のなかで成り立つ真理を表しているにすぎないこともわかっている。それでも、いったんその限られた文脈を理解してしまえば、そのなかではあらゆる定理が成り立つ。すなわち、ユークリッド幾何学が幾何学の一種にすぎないように、数学の分野がより大きい包括的な分野に取り込まれることはあっても、各分野のなかで正しいことには変わりない。この〝永久不滅〟な性質があるからこそ、科学者はいつでも、数ある数学的形式のなかから、最適な数学的ツールを探し出すことができるのだ。

しかし、小石の例では解決できないウィグナーの謎がふたつ残っている。ひとつめは、なぜ理論の精度があとになって向上する場合があるのかという疑問だ。小石の実験の場合、「予言」される結果（小石の個数を変えた場合の結果）と、「理論」（加算）を確立した際の実験結果では、精度に差はない。一方、ニュートンの重力理論の場合、理論による予測の精度は、理論のもとになった観測結果の精度をはるかに上回った。なぜだろうか？　ニュートンの理論の歴史にそのヒントが隠されている。

プトレマイオスの地球中心説は、約一五世紀にわたって権力をふるってきた。彼のモデルは普遍性がなく（惑星の運動が個別に扱われていた）、力や加速度といった物理的な要因についていっさい触れていなかったものの、観測結果とはなかなかよく一致していた。ニコラウス・コペルニクス（一四七三～一五四三）が一五四三年に太陽中心説を唱えると、それにいわば強固な土台を築いたのがガリレオだ。彼は運動法則の基礎も確立した。しかし、観測結果をもとにして惑星の運動に関する数学的な（現象的な）法則を初めて導き出したのはケプラーだった。彼は天文学者のティコ・ブラーエが残した膨大な量のデータを用いて、火星の軌道を決定した。(35) 彼は数百枚にも及ぶ計算を「火星との戦争」と表現している。ふたつの食い違いを除けば、円軌道による説明はあらゆる観測結果と一致していた。それでも、ケプラーはその答えに満足できなかった。後に、彼は自身の思考プロセスについて、「この八分［角度。満月の直径のおよそ四分の一に当たる］を無視できると考えていたなら、……（中略）……仮説をしかるべく取り繕っていただろう。だが無視できなかったので、その八分はそれだけで天文学の全面的な改革への進路を指し示していた」〔『黄金比はすべてを美しくするか？』斉藤隆央訳、早川書房〕と漏らしている。この追求心が劇的な結果を生む。彼は惑星の軌道が円ではなく楕円であると推論し、すべての惑星で成り立つ定量的な法則をふたつ追加した。ケプラーの法則は、ニュートンの運動法則と合わせて、ニュートンの万有引力の法則の基礎となったのである。しかし、そのあいだにデカルトが渦《うず》理論を提唱したのを思い出してほしい。惑星は太陽を円状に取り巻く粒子の渦によって流されているというものだ。この理論は後にニュートンによって矛盾が指摘されたが、彼が矛盾を指摘する前でさえ、大きな進展は見られなかった。それはなぜか。デカルトは渦の体系的な数学理論を構築しなかったからだ。

この歴史からわかることとは？　ニュートンの万有引力の法則が天才のなせる業《わざ》だというのは間違いない。しかし、彼ひとりの力だったわけではない。それ以前の科学者たちが苦心して土台を築いてきたのである。第４章で述べたように、数学者としてはニュートンと比べてはるかに劣る、建築家のクリストファー・レンや物理学者のロバート・フックでさえ、引力の逆二乗の法則を独自に提唱していた。ニュートンの偉大な点とは、すべての法則を結び付けて統一理論を築き上げてしまう類い希なる才能、そして自身の理論を数学的に証明しようというこだわりにあったといえるだろう。なぜニュートンの理論は今も昔も変わらず正確なのか？　ふたつの物体のあいだに働く力と、それによって生じる運動という、もっとも根本的な問題を扱っているのもひとつの理由だろう。ほかに複雑な要素はひとつも絡《から》んでいない。ニュートンが完璧な解《かい》を得たのはこの問題ただひとつだ。したがって、理論そのものはきわめて正確でも、この理論の持つ意味については絶え間ない考察が必要だった。太陽系はふたつの天体からなるわけではない。一つひとつの惑星だけを取り上げれば逆二乗の法則に従うものの、その影響をすべて合わせれば、軌道はもはや単純な楕円にはならない。たとえば、地球の軌道は少しずつ空間内で向きを変えている。これは〈歳差《さいさ》運動〉と呼ばれ、回転するコマの軸が示す運動と似ている。実際、近年の研究によると、ラプラスの予想とは反して、惑星の軌道は次第にさらに複雑化していく可能性がある。[36]もちろん、ニュートンの基本理論そのものは後にアインシュタインの一般相対性理論に組み込まれた。そして、その相対性理論も、幾多の試行錯誤を通じて生まれたのである。したがって、理論の精度は予想できない。やってみるまでわからないのである。目的の精度が得られるまで修正や改良が重ねられていくのがふつうで、一回めですばらしい精度が得られることなど奇跡に等しいのだ。

明らかに、自然界のひとつの決定的な要因が、基本法則の探求を価値あるものにしている。それは、自然が幸運にも局所的な法則ではなく普遍的な法則に支配されていることだ。水素原子は、地球上でも、銀河系の隅《すみ》っこでも、あるいは一〇〇億光年の彼方《かなた》にある銀河でも、まったく同じようにふるまう。そして、それはいつどの方向に目を向けても変わらない。数学者や物理学者はこのような性質を表す数学用語を発明した。それは〈対称性〉である。対称性とは、位置、方向、時刻によって不変の性質である。対称性が存在しなければ、自然の偉大なる設計を解読する望みは断《た》たれてしまっていたはずだ。なぜなら、空間内のあらゆる場所で絶え間なく実験を繰り返さなければならなくなるからだ（そのような宇宙に生命が存在するかどうかは疑問だが）。数学理論の背後にある宇宙のもうひとつの特徴は、〈局所性〉と呼ばれるものだ。これは、素粒子同士のもっとも基本的な相互作用を基点として、ジグソーパズルのように〝全体像〟を構築できる性質である。

さて、残るはウィグナーの謎の最後の要素だ。数学理論の存在を保証するものは何か？　たとえば、なぜ一般相対性理論は存在するのか？　重力の数学理論が存在しない可能性はないのか？

答えはあなたが想像するより単純だ。保証などないのである！[37]　世のなかには原理的にさえ正確な予測のつかない現象はいくらでもある。たとえば、〈カオス〉を生み出すさまざまな力学系。初期条件のわずかな変化がまったく異なる最終結果を生むからだ。カオスを示す現象としては、株式市場、ロッキー山脈上空の気象パターン、ルーレット盤のなかで弾むボール、タバコの先から立ち昇る煙、それから太陽系の惑星の軌道が挙げられる。確かに、数学者たちはこういった問題の重要な性質を解き明かす、巧妙な数学的形式を生み出している。それでも、決定的な予測理論は今のところ存在しない。確率論や統計学といった分野は、まさにこういった問題に立ち向かうために作られたものだが、〝入力〟をはるかに上回る〝出力〟を生み出す理論はない。同じように、〈計算複雑性〉と呼ばれる概念は、実際的なアルゴリズムを用いた問題解決能力の限界を明らかにしている。そして、ゲーデルの不完全性定理は、ある意味で数学の限界――それも数学内部での数学の限界――を示している。したがって、数学は特に基礎科学の記述に関しては抜群の威力を発揮するが、われわれの宇宙のあらゆる側面を記述し尽くすことはできない。つまりある意味では、科学者たちは数学で解決できそうな問題を選び出し、研究してきたとも言えるのだ。

これで数学の有効性にまつわる謎は一件落着だろうか？　最善は尽くしたつもりだが、全員が本書の内容に完全に納得してくれたとは思っていない。しかしながら、最後にバートランド・ラッセルの著書『哲学入門』から一節を引用し、本書を締めくくりたいと思う(38)。

それゆえ、哲学の価値に関する議論は次のようにまとめてよいだろう。問いに対して明確な解答を得るために哲学を学ぶのではない。なぜなら、明確な解答は概して、それが正しいということを知りえないようなものだからである。むしろ問いそのものを目的として哲学を学ぶのである。なぜならそれらの問いは、「何がありうるか」に関する考えを押し広げ、知的想像力を豊かにし、多面的な考察から心を閉ざしてしまう独断的な確信を減らすからだ。そして何より、哲学が観想する宇宙の偉大さを通じて、心もまた偉大になり、心にとってもっともよいものである宇宙とひとつになれるからである。

［『哲学入門』高村夏輝訳、筑摩書房。一部改変］

訳者あとがき

本書は、Mario Livio 著、*Is God a Mathematician?* (Simon & Schuster, 2009) の全訳であり、前々作『黄金比はすべてを美しくするか？』(早川書房、二〇〇五年)、前作『なぜこの方程式は解けないか？』(同二〇〇七年) に続く、リヴィオ氏の約五年ぶりの邦訳書である。前二作は一般の読者にとっても耳馴染みのある「黄金比」、「方程式」、「対称性」といったキーワードをテーマに掲げていたが、本書は「神は数学者か？」を合い言葉に数学や宇宙の本質にまで迫った、これまでとは大きく趣《おもむき》の異なる力作だ。

本書のテーマはずばり「自然科学における数学の不条理な有効性」である。あまり聞き馴染みのない言葉かもしれないが、これについては実はリヴィオ氏自身が前々作『黄金比はすべてを美しくするか？』の第9章「神は数学者なのか？」で一章かけて説明しているので、そちらを一読していただけると、本書の理解がだいぶ楽になるだろう。それをまるまる一冊かけて詳しく論じたのが本書『神は数学者か?』である。

一言で言えば、「数学の不条理な有効性」とは、「なぜ数学は自然界を説明するのにこれほどまでに効果的なのか?」という疑問である。これは物理学者のユージン・ウィグナーが一九六〇年の講演で取り上げたテーマであり、それ以降さまざまな科学者たちが「数学の不条理な有効性」のもっともな説明を探し求めてきた。筆者のマリオ・リヴィオ氏は、これを「神は数学という言語を用いて宇宙を創《つく》ったのか」――つまり「神は数学者か?」――と言い換え、本書のタイトルに選んでいる。〝神《ゴッド》〟という言葉を容易には扱わない欧米の人々にとっては、センセーショナルなタイトルともいえるかもしれない。

ちなみに、「数学の不条理な有効性(Unreasonable Effectiveness of Mathematics)」は、「数学の不合理な(までの)有効性」と訳されることも多い。しかし本書では、数学の有効性が〝合理的〟かどうかよりも、むしろ〝理屈では説明できない〟〝人知では計り知れない〟というニュアンスに重きを置いて、「不条理」という訳を採用した。ネットで調べ物をされる方や、図書館などで参考文献を当たられる方は、「不条理」のほかに「不合理」という言葉でも検索を試していただきたい(現時点では定訳といえるほどの訳語はないようなので、ほかの訳もあるかもしれない)。

さて、本書の内容について簡単に触れておこう。著者は「神は数学者か?」という難題に挑むために、「数学は発見か、それとも発明か?」という視点で議論を展開している。数学が人間の存在とは関係なく宇宙にあらかじめ存在していて（プラトン主義）、人間はそれを発見しているにすぎないとすれば、神は数学を使って宇宙を創ったことになる。一方、数学が人間の発明したものだとすれば、数学は人間の脳の創作物にすぎないことになり、神は数学者とは縁もゆかりもないことになる。

この「数学は発見か、発明か？」という疑問自体は、さほど目新しいものではない。現にこの疑問を扱った書籍は数知れず存在しており、リヴィオ氏自身も本書でたびたび引用している。数学に少しでも興味を持ったことのある人なら、一度はなんとなく考えたことのあるテーマかもしれない。私自身もそうだが、数学を好きになる人々の多くはその万能性に惹かれ、どこか遠い世界に永久不変の数学的真理が眠っていて、自分がその真理を暴いていくような感覚になるのだ。だから、数学をたしなむ人の多くは、「数学は万能かつ永久不変で、その存在はわれわれ人間とは独立した客観的事実である」というプラトン主義的な考え方を少なくとも理解できるのではないかと思う（正しいと思うかどうかは別として）。

筆者は本書で、幾何学や算術の研究が本格的におこなわれるようになった古代ギリシャの時代から、万能な道具としての数学の地位が高まった中世、数学観や宇宙観に激震が走った近代、そして脳科学などの多面的な観点から数学や宇宙が見直されるようになった現代へと、時系列を追いながら、数学に対する考え方、宇宙に対する考え方がどう変遷していったのかを論じている。

古代、ユークリッド幾何学（われわれの知るふつうの幾何学）や算術は宇宙の真理そのものだった。三角形の内角の和が一八〇度だとか、任意の直線に対して必ず平行線が一本だけ引けるとか、それを前提としたあらゆる幾何学的定理というのは、宇宙の唯一の絶対的真理だと考えられていた。しかし、非ユークリッド幾何学の発見によって、われわれが学校で習うふつうの幾何学は、この宇宙を矛盾なく記述できる幾何学のひとつにすぎないことがわかった。たとえば、われわれは学校で、ある直線に対して一本の平行線が引けると習い、そういうものなのだと納得する。しかし、本当に引けるかどうかを確かめた人はいない。なぜなら、二本の直線が永遠に交わらないかどうかを確認する術《すべ》はないからである。すなわち、任意の直線に対して平行線が引けるかどうかは〝仮定〟にすぎず、平行線が一本も引けないと仮定しても、二本以上引けると仮定しても、矛盾は起きない。その仮定のうえで幾何学を論じるのが非ユークリッド幾何学である。われわれは紙のうえに二本の直線を書いて「平行だ」と判断するが、それはごく広い宇宙の中のほんの小さな領域で、局所的にそう見えているにすぎないのかもしれない。ちょうど、古代の人々にとって、地球は平面だったというのと似ている。現在では地球は丸いと判明しているが、自分の近傍《きんぼう》だけを見れば平面だと考えても不思議はない。そう考えると、今のわれわれの宇宙への理解というのは、地球が平面だと言っていた古代の人々とそう変わらないのかもしれない。

話が脇道に逸れてしまったが、つまり非ユークリッド幾何学の発見によって、ユークリッド幾何学が宇宙の唯一の絶対的真理だという幻想は崩れ去ってしまった。公理を選び変えることで異なる種類の数学をいかようにも（矛盾なく）展開できるという発見は、「数学は発見」（プラトン主義）という考え方に大きな打撃を及ぼしたのである（個人的には、これはプラトン主義の決定的な反証にはならない気がするのだが）。このあたりのリヴィオ氏の筆の運びはまさに〝読ませるなあ〟の一言に尽きる。

さらに、本書の最後では、現代の認知科学者などのさまざまな意見もまじえながら、一方の立場に偏ることなく、「数学は発見か、発明か」、つまり「神は数学者か」という疑問を突き詰めようとしている。冒頭で「なぜ数学は自然界や宇宙を説明するのにこれほどまでに効果的なのか？」という疑問を投げかけ、最終的には「つまるところ、宇宙とは何なのか？」の答えにまで肉迫した、壮大な一冊といえよう。

私も大学時代に数学基礎論（公理的集合論）を専攻した経験から、まさに本書で描かれているような事柄を夢中で哲学したことがあった。公理的集合論では、本書でも紹介されている〈選択公理〉の考察を避けて通ることはできない。詳しい説明は他書に譲るが、選択公理とは簡単に言えば、神でもなければとうてい実行できないような数学的操作を〝できる〟と仮定する集合論のひとつの公理であり、〝神の公理〟と呼ばれることもある。選択公理は数学者たちに賛否両論を巻き起こしており、選択公理を用いずに数学を構築すべきだと考える数学者も多い。したがって、集合論を学ぶ者は、数学とは一体何なのか、宇宙とは一体何なのかをいやおうなく考えさせられるわけだ。

筆者は本書で、「宇宙は数学的構造そのものである」という考え方を「論理の飛躍」と一蹴しているが、私も素人ながら「宇宙は数学的構造」と似た考えを抱いたことがある。宇宙が数学的構造の一部として必然的に形成されるものだとしたら？　宇宙（宇宙の集合）には無数の〝素粒子〟がある。宇宙を無数の点からなる数学的構造の集合と考えると、そこにはどれだけ複雑怪奇な構造も必然的に存在しうることになる。多元宇宙論のようなものだ。局所的に見れば、そのどこかに人間のような複雑な構造が存在してもなんら不思議ではない。

しかし、集合論を少しかじった人ならわかると思うのだが、宇宙のような広大な領域に存在する点の数も、たとえば一ミリメートル程度の区間に存在する点の数も、濃度という観点では同じである。つまり、無数の点が集まる領域に〝自動的に〟われわれの宇宙のような構造が存在するのだとしたら、たとえばミジンコのような生物の中にもわれわれの宇宙と同じくらい複雑な構造が存在しないともかぎらない。ミジンコそのものがひとつの宇宙（宇宙の集合）である可能性は否定できないのだ。

そのミジンコの中には、〝ミジンコ素粒子〟（われわれの宇宙にある素粒子よりもはるかに小さい素粒子）があり、〝ミジンコ電子〟があり、〝ミジンコ原子〟があり、〝ミジンコ水〟があり、〝ミジンコ地球〟があり、〝ミジンコ銀河〟があるかもしれない。そして〝ミジンコ人間〟が「われわれの宇宙の外側には何があるのか」と考えを巡らしているかもしれない。もちろん、われわれの宇宙さえ、たったひとつの超巨大ミジンコの中にあるひとつの宇宙なのかもしれない。そして当然、その集合の中には任意の数学的構造が存在しうるわけだから、無機生物のようなものが存在する宇宙や、その逆で何もない宇宙、あるいはわれわれには想像も付かないような構造で成り立つ宇宙があってもおかしくない。そういう宇宙が、人間にとって観測可能（アクセス可能）とはかぎらない。金魚鉢の中の金魚が、論理的に決して鉢の外の世界を知れないのと似ている。

今、両手で水をすくうとしよう。その瞬間、そこに宇宙ができる。いわば〝ビッグバン〟である。そしてどこかに必然的に〝惑星〟が生まれ、〝人間〟が生まれる。その中で人間は宇宙の神秘を解明しようと何億世代にもわたって懸命に考えつづける。私が両手に溜めていた水を放す。その瞬間にその宇宙は消滅する。私にとってはほんの二～三秒の出来事であっても、その水の中の宇宙では一〇〇〇億年くらいが経《た》っているかもしれない。無数の点（素粒子）があれば、局所的にはそこにどんなに奇跡的な構造が生まれてもおかしくはない。ちょうど、ある無限小数のどこかに1が一〇〇回連続して現れる箇所があってもなんら不思議ではないのと似ている（スケールはだいぶ違うが）。この宇宙が奇跡的なまでに神秘だとするなら、われわれは奇跡的なまでに神秘な場所に生まれたから、そこを奇跡的だと感じているにすぎないのかもしれない。

いささか妄想に近くなってしまったが、このような妄想でさえ、真偽が誰にもわからないからこそ、哲学というのは面白いのではないかと思う（もちろん、この妄想に穴がある場合は謝罪したい）。本書を通じて、ひとりでも多くの人が数学の本質、宇宙の本質、人生の本質について考えてくれれば、訳者としてはこのうえない喜びである。それは、私のような素人哲学であってもかまわないと思うのだ。筆者も本書の最後に引用している——「問いに対して明確な解答を得るために哲学を学ぶのではない。むしろ問いそのものを目的として哲学を学ぶのである」と。

最後になってしまったが、本書は前二作を見事に翻訳された斉藤隆央氏のスケジュールと版元の希望する刊行のタイミングとが合わず、私が翻訳を担当させていただく運びとなった。同氏の翻訳よりも劣る部分があるとすれば、それはすべて私の責任である。初対面にもかかわらず本書の翻訳を快く任せてくださった早川書房編集部の伊藤浩氏と、数学科卒の私を伊藤氏に推薦してくれた同社元編集者の小都一郎氏に、この場を借りてお礼を申し上げる。そして何より、本書を文字どおり最後の最後まで読んでくれた読者のみなさまにも感謝を申し上げたい。

二〇一一年一〇月

文庫版に寄せて

本書は、二〇一一年に早川書房より出版された拙訳書『神は数学者か？』を文庫化したものです。本書を収めたハヤカワ・ノンフィクション文庫の〈数理を愉しむ〉シリーズには、好奇心をくすぐる数学系の読み物がいっぱいです。このシリーズに本書が仲間入りし、多くの方々に気軽に読んでいただけるようになったことは、訳者としてうれしいかぎりです。

なお、文庫化にあたっては、表記や引用部分などに修正を加えさせていただきました。多大なる編集の労をとってくださった早川書房の金田裕美子さんに、心より感謝を申し上げます。

二〇一七年八月

解　説

帝京大学教授、数学エッセイスト
小島寛之

つい最近、アメリカで数学者をやっている友人から、数学者たちの間で流行っているこんなジョークを聞いた。

生物学者は、自分たちを化学者だと考えている。化学者は、自分たちを物理学者だと考えている。物理学者は、自分たちを神だと考えている。でも、神は数学者である。

本書は、著者リヴィオ氏が、「神は数学者である」という仮説について徹底的な検証を行った、とてもエキサイティングな本だ。

なぜ、「神は数学者」なのか？

それは、数学が宇宙の法則にあまりに当てはまりがよいからである。ニュートンの力学方程式は、惑星の運行から地上の物体の運動まで寸分違わず予言できる。電磁気に関するマックスウェルの方程式は、現代の精緻な電波通信技術を支えている。アインシュタインの相対性理論は、人工衛星からのGPS位置計算をあまりに正確に補正する。シュレディンガー方程式は、原子核内のミクロの物質の振る舞いを精緻に記述している。

このような数学の超越的な当てはまりを、リヴィオ氏は物理学者のユージン・ウィグナーにならって「数学の不条理な有効性」と呼んでいる。数学がなぜこのような不条理な有効性を備えるのか。多くの論者が「宇宙が数学そのものだから」という結論を抱いていると、リヴィオ氏は指摘する。こういう論者たちは、数学を「発見されるもの」と見なしているのだと言う。

他方、リヴィオ氏は同時に、このような考え方への反論も提示している。数学は単なる言語、ただの記号操作であり、人間が作り出すものだ、という考え方である。このような論者は、数学を「発明されるもの」と考えている。

では、数学はいったい「発見される」のか、はたまた「発明される」のか。

本書は、この問いに対して、豊富な史的検証によって答えようと試みる。リヴィオ氏自身の結論は第9章で提示されるが、この解説文を本文より先に読んでいる読者に配慮し、推理小説の解説での習わしに従って、リヴィオ氏の結論に触れることをしないでおく。

以下、本書の特筆すべき点を列挙していく。

まず本書は、古代から現代までの数学の進歩を描き出している。したがって本書は、数学史・数学者伝という側面を持っている。しかし、通常の数学史・数学者伝とは趣を異とする。

それは、リヴィオ氏が、できる限り緻密な資料提示を心掛けている点だ。一次資料を提示し、原典からの引用を中心に据えている。また、それら原典にまつわる写真や肖像画が豊富に掲載されているのも特色として挙げられる。原文や画像資料で、存分に数学史・数学者伝を堪能することができるだろう。

一例だけ挙げよう。紀元前のアルキメデスの著作がつい最近になって発掘されたことは、知らない読者も多かろう。アルキメデスの著作たちは、一三世紀頃に、キリスト教の祈禱書を上書きされ、「再利用」されてしまう、という憂き目にあった。それで長い間、アルキメデスの原典は「失われていた」のだ。その「上書き本」が二〇世紀になって偶然、発見され、現代の技術によって埋もれた元の文章が復元されたのである。本書では、この数奇な経緯を相当綿密に調査し、記載している。

第二に本書は、各時代に構築された数学の内容を、その時代背景との関わりの中でわかりやすく解説している。したがって本書は、さまざまな数学アイテムの指南書として読むことができる。しかも、ほとんど数式を用いず、しかしその本質を損なわずに伝えている。これは、これまで数学の啓蒙書を何冊も手がけてきた著者の面目躍如である。紹介される数学アイテムは、微積分、力学、確率・統計、非ユークリッド幾何学、数理論理学、結び目理論、一般相対性理論、宇宙物理学と多岐にわたっている。

紹介されるアイテムのほとんどは、物理学的な意味合いを持つものである。それは、リヴィオ氏が宇宙物理学者であることから来てもいるが、本書が「数学の不条理な有効性」を暴き出す目的を持つことが主たる理由であろう。「不条理な有効性」は、物理学においてのみ顕著だからだ。

第三に本書は、通常の啓蒙書とは異なり、数学に対する思想的アプローチを主軸としている。登場する古今東西の数学者たちや物理学者たちが、数学というものを「どう見つめていたか」がふんだんに投入されているのである。

「宇宙は数学そのもの」であり、「数学は発見されるもの」とする思想を、ギリシャの哲学者の名にちなんで「プラトン主義」と呼んでいる。リヴィオ氏は、プラトン主義がアルキメデス、ガリレオ、デカルト、ニュートンらによって実践されていったと説く。彼らは、宇宙は数学によって記述され、数学者はそれを発見していく、という思想を信じていたとする。彼らの生い立ちや人生や思想を、非常に詳しく描き出している。

他方でリヴィオ氏は、プラトン主義に与しない数学者を「形式主義」になぞらえる。数学を「発明されるもの」と見なしている人々だ。

形式主義者とは、主に、ヒルベルト以降に数理論理学を整備した人々を指す。とりわけ、公理系の非決定性を示したゲーデルは重要人物だ。彼らは、数学は記号を並べる単なるゲームであり、矛盾を孕まない限り是認されると考える。喩えるなら、ラグビーとアメフトは似ているが異なるゲームであり、どちらかが正統というわけではなくどちらも尊重される、というようなことだ。形式主義とは「数学は発明されるもの」と見る立場の一翼なのである。

例えば、カントールの連続体仮説は、集合論の基盤と見なされているツェルメロ＝フレンケルの公理系に、公理として加えても矛盾せず、また、その否定を公理として加えても矛盾しないことが証明されている。つまり、相容れない二つの公理系（連続体仮説を公理として加えた公理系と、連続体仮説の否定を公理として加えた公理系）がどちらも是認されなければならない。これは「数学を発明している」ことの証拠である、というわけだ。リヴィオ氏は、形式主義の数学者の人となりについても詳しく紹介している。とりわけ、ゲーデルが「アメリカ合衆国憲法が矛盾を孕む」ことの「証明」を発見したエピソードは筆者には抱腹絶倒であった。ここだけでも本書を読む価値があると思う。

リヴィオ氏が、このような形式主義的な見方の出発点を非ユークリッド幾何に求めるのは、とても新鮮だ。確かに、ユークリッド幾何と非ユークリッド幾何は、相容れない別々の空間を提示し、一方が矛盾を孕まないなら、他方もそうだ。そして、おそらく、その数学的重要性は同程度である。

第四に本書は、最新の宇宙物理学の「弦理論」の非常に優れた解説書となっている。ミクロの物質が、単なる「点」ではなく、「ひも」のような形状になっている、という仮説を耳にした読者も多いだろう。この仮説に関して、リヴィオ氏は専門力をフルに発揮している。一八世紀に、ひもの結び目を分類する「結び目理論」という分野が誕生した。20世紀になって、結び目を分類できるアレクサンダー多項式という不変量が開発された。その後、もっと有能な不変量であるジョーンズ多項式という指標が見つかる。このような結び目理論は、その後、遺伝子を司るDNAの研究に活かされ、さらには宇宙物理学にも応用されるようになる。この歴史を綴るリヴィオ氏の筆致はすばらしく、読者は興奮のるつぼとなることだろう。

本書を読み終えると、「神は数学者か」という問いはきっと、読者の脳裏に乗り移るに違いない。一生考え続けなければならないパズルのチップを頭に埋め込まれるようなものだ。そして、新しい科学的進歩があるたび、そのチップは読者に、「発見か、あるいは、発明か」と問いかけるのである。でも、きっと、そのささやきがあるのとないのとでは、読者の人生の豊かさはまるで違うものとなるはずだ。本書を読む最も大きな御利益は、読者の頭に、「神は数学者か」という問いのチップを装備できることなのだ。

原　注

第1章　謎

1　Jeans 1930.

2　Einstein 1934.

3　Hobbes 1651.

4　ペンローズは著書の『皇帝の新しい心』と『現実への道（*Road to Reality*）』でこの〝3つの世界〟について見事に論じている。

5　Wigner 1960. この論文については本書で何度も取り上げる。

6　Hardy 1940.

7　ハーディ＝ワインベルクの法則について詳しくは、Hedrick 2004 などを参照。

8　コックスは1973年に〈RSA暗号化アルゴリズム〉と呼ばれる暗号方式を発明したが、当時は機密情報だった。その数年後、マサチューセッツ工科大学のロナルド・リヴェスト、アディ・シャミア、レナード・エーデルマンが独自に同じアルゴリズムを発明した。Rivest, Shamir, and Adleman 1978 を参照。

9　対称性、群論、その複雑な歴史を扱った一般書としては、『なぜこの方程式は解けないか？』（Livio 2005）、Stewart 2007、Ronan 2006、Du Sautoy 2008 が挙げられる。

10　カオス理論の誕生については、Gleick 1987 に一般向けの解説がある。

11　Black and Scholes 1973.

12　巡回セールスマン問題とその解法については、やや専門的ではあるが Applegate et al. 2007 に優れた説明がある。

13　Changeux and Connes 1995.

14　Gardner 2003.

15　Atiyah 1995.

16　Changeux and Connes 1995.

17　マージョリー・フレミングについては、たとえば Wallechinsky and Wallace 1975-81 に簡単な紹介がある。

18　Stewart 2004.

第２章　神秘主義者たち――数秘術師《ピタゴラス》と哲学者《プラトン》

1　デカルトの功績について詳しくは、第 4 章を参照。

2　Descartes 1644.

3　Iamblichus ca. 300 ADa, b. Guthrie 1987 も参照。

4　Laertius ca. 250 AD; Porphyry ca. 270 AD; Iamblichus ca. 300 ADa, b.

5　Aristotle ca. 350 BC. Burkert 1972 も参照。

6　Herodotus 440 BC.

7　Porphyry ca. 270 AD.

8　ピタゴラス学派の思想については、Strohmeier and Westbrook 1999 にわかりやすくまとめられている。

9　Stanley 1687.

10　数のさまざまな面白い性質については、Wells 1986 を参照。

11　Heath 1921 より。

12　Iamblichus ca. 300 ADa, b. Guthrie 1987 も参照。

13　Strohmeier and Westbrook 1999; Stanley 1687.

14　トマス・リトル・ヒースは各時代におけるグノモンの意義について詳しく論じている（Heath 1921）。数学者のテオン（70 ごろ～ 135 ごろ）は、著書『プラトンを読むのに必要な数学（*Expositio rerum mathematicarum ad legendum Platonem utilium*）』において、数の比喩表現としてグノモンを用いている（Theon of Smyrna ca. 130 AD）。

15　プロクロス自身は、定理の発見者がピタゴラスかどうかについては意見を述べていないのがわかる。雄牛の逸話は、ラエルティオス、ポルフュリオス、歴史家のプルタルコス（46 ごろ～ 120 ごろ）の書物に見られる。この逸話はアポロドーロスの詩をもとにしたものだが、詩では「かの有名な命題」としか述べられておらず、何の命題かは明言されていない。Laertius ca. 250 AD および Plutarch ca. 75 AD を参照。

16　Renon and Felliozat 1947; van der Waerden 1983.

17　この宇宙観は、「形相」（有限）から「質料」（無限）が形作られるという事実によって現実が生じるという思想に基づいている。

18　Joost-Gaugier 2006.

19　ピタゴラス学派の功績や影響について詳しくは、Huffman 1999、Riedweg 2005、Joost-Gaugier 2006、Huffman 2006 を参照。

20 Fritz 1945.

21 本書では、超限数や、カントールとデーデキントの研究については扱わない。これらの話題については、Aczel 2000、Barrow 2005、Devlin 2000、Rucker 1995、Wallace 2003 に一般向けのすばらしい説明がある。

22 Iamblichus ca. 300 ADa, b.

23 Netz 2005 を参照。

24 Whitehead 1929.

25 プラトンや彼の思想を扱った書物を挙げるだけでも1冊まるまる必要になるため、特に有益なものだけを紹介する。プラトン全般については、Hamilton and Cairns 1961、Havelock 1963、Gosling 1973、Ross 1951、Kraut 1992。数学については、Heath 1921、Cherniss 1951、Mueller 1991、Fowler 1999、Herz-Fischler 1998。

26 演説は362年に記されたものだが、額の内容については詳細がない。文言はアエリウス・アリスティデスの原稿の注釈に書かれていたもので、それを記したのは4世紀の演説家、ソパトロスといわれている。アンドルー・バーカーの訳によれば、「プラトンの学校の正面には〝幾何学を知らぬ者は立ち入るべからず〟と書かれていた。〝幾何学を知らぬ者〟というのは、〝不公正な者〟や〝不正当な者〟の代わりに用いられたようだ。なぜなら、幾何学は公正性や正当性を追求するものだからである」という内容だった。つまり、プラトンは、神聖な場所によく掲げられていた「不公正な者や不正当な者」という表現（「不公正な者や不正当な者は立ち入るべからず」）を「幾何学を知らぬ者」に置き換えたと解釈できる。その後、5人以上の6世紀のアレクサンドリアの哲学者もこの物語を伝えており、12世紀の博学者、ヨハネス・ツェツェース（1110ごろ～1180ごろ）の『チリアーデス（*Chiliades*）』に記された。詳しくは、Fowler 1999 を参照。

27 失敗した発掘作業については、Glucker 1978 にまとめられている。

28 Cherniss 1945、Mekler 1902.

29 Cherniss 1945、Proclus ca. 450.

30 Plato ca. 360 BC.

31 Washington 1788.

32 この寓喩《ぐうゆ》については、Stewart 1905 に面白くまとめられている。

33 プラトン主義や数理哲学におけるその地位については、Tiles 1996、Mueller 1992、White 1992、Russell 1945、Tait 1996 に興味深い説明がある。

また、Davis and Hersh 1981 や Barrow 1992 にも一般向けの解説がある。

34 このテーマについて詳しくは、Mueller 2005 を参照。

35 天文学や惑星の運動に対するプラトンの意見は、『国家』(Plato ca. 360 BC)、『ティマイオス』、『法律』に見られる。グレゴリー・ヴラストスとイアン・ミュラーは、プラトンの見解の意味について詳しく論じている(Vlostos 1975、Mueller 1992)。

36 アポストロス・ドキアディス著『ペトロス伯父と「ゴールドバッハの予想」』(Doxiadis 2000)。

37 詳しくは Ribenboim 1994 を参照。

38 これらの意見については第9章で詳しく説明する。

39 Bell 1940.

第3章 魔術師たち――達人《アルキメデス》と異端者《ガリレオ》

1 Aristotle ca. 330 BCa, b. Koyré 1978 も参照。

2 Galileo 1589-92.

3 三段論法やそのほかの論理形式については、第7章で詳しく説明する。

4 Bell 1937.

5 この事実は、数学者のエウトキオス(480 ごろ~540 ごろ)による『円の計測』の注釈書に記されている。Heiberg 1910-15 を参照。

6 Plutarch ca. 75 AD.

7 アルキメデスの生まれた年は、12 世紀のビザンティン帝国の作家、ヨハネス・ツェツェースの著書『チリアーデス』に記載。

8 その根拠については、Dijksterhuis 1957 で論じられている。

9 ローマの建築家、マルクス・ウィトルウィウス・ポッリオ(紀元前1世紀)が論文『ウィトルーウィウス 建築書』でこの話を伝えている(Vitruvius 1st century BC を参照)。彼によれば、アルキメデスは王冠と同じ重さの金塊と銀塊を水に沈めた。王冠によってあふれた水は金塊よりは多かったが、銀塊よりは少なかった。あふれた水の体積の違いから、王冠に含まれる金と銀の重量比を計算するのはたやすい。したがって、よくある説とは違って、アルキメデスは王冠の問題を解決するのに流体静力学の法則を用いる必要はなかった。

10 トマス・ジェファーソンは、M・コレア・ダ・セラへの 1814 年の手紙で、「人類のよき意見というのは、アルキメデスのてこと同じで、支点さえあ

れば世界をも動かすのだ」と記している。バイロン卿は『ドン・ジュアン』でアルキメデスの言葉を取り上げている。ジョン・F・ケネディは大統領選挙のスピーチでこの言葉を述べ、1960年11月3日の《ニューヨーク・タイムズ》紙で取り上げられた。マーク・トウェインは1887年に「アルキメデス」と題する記事でこの言葉を用いた。

11 2005年10月、マサチューセッツ工科大学の学生グループが鏡で船を燃やす再現実験をおこなった。また、《怪しい伝説》というテレビ番組でも同じ実験がおこなわれた。その結果は〝結論不明〟だった。船の一部を燃やしつづけることには成功したが、大きな発火には至らなかった。ドイツでも2002年9月に同じ実験がおこなわれており、500枚の鏡で船の帆を燃やすことに成功した。

12 アルキメデスの言葉については、ツェツェースの『チリアーデス』に忠実に記されている。Dijksterhuis 1957を参照。プルタルコスによれば、アルキメデスは問題に没頭するあまり、解き終えるまで兵士の連行命令に従わなかっただけだという（Plutarch ca. 75 AD）。

13 Whitehead 1911.

14 アルキメデスの著作については、Heath 1897が名著である。また、Dijksterhuis 1957やHawking 2005にも見事な解説がある。

15 Heath 1897.

16 パリンプセスト・プロジェクトの歴史については、Netz and Noel 2007にすばらしい説明がある。

17 おそらく975年。

18 Netz and Noel 2007.

19 プロジェクト主任のウィル・ノエルは、ウィリアム・クリステンズ＝バリー、ロジャー・イーストン、キース・ノックスと会う機会を設けてくれた。このチームは狭帯域イメージング・システムを設計し、文章の一部を解読するアルゴリズムを発明した。また、研究者のアンナ・トナッツィーニ、ルイジ・ベディーニ、エマヌエル・サレルノも画像処理技術を開発している。

20 Dijksterhuis 1957.

21 微積分学の歴史や意義については、Berlinski 1996に優れた説明がある。

22 Heath 1921.

23 Plutarch ca. 75 AD.

24 Cicero 1st century BC. キケローの文章を構造、修辞、記号機能の観点から学問的に分析したものとして、Jaeger 2002 がある。

25 スティルマン・ドレイク著『ガリレオの生涯』(Drake 1978) は、現代の信頼できるガリレオの伝記である。より一般向けなのは、ジェームズ・レストン著『ガリレオ——その人生 (*Galileo: A Life*)』(Reston 1994) である。Van Helden and Burr 1995 も参照。ガリレオの全集としては Favaro 1890-1909 がある (イタリア語)。

26 『小天秤』より (Galilei 1586)。

27 Galileo 1589-92 (Galilei 1600a および 1600b)。C・B・シュミットは、木のボールを持つ手よりも鉛のボールを持つ手の方が疲れるため、木のボールを手放す方がスムーズなのではないかと述べている (Schmitt 1969)。落下体に関するガリレオの正しい見解については、Frova and Marenzana 1998 にすばらしいまとめがなされている。ガリレオの物理学については、Koyré 1978 に優れた説明がある。

28 ガリレオの手法や思考プロセスについて詳しくは、Shea 1972 および Machamer 1998 を参照。

29 Galileo 1589-92. ガリレオは『運動について (*De Motu*)』でアリストテレスを痛烈に批判している。Galilei 1600a, b を参照。

30 ヴィルジニア (後に修道女マリア・チェレステと呼ばれるようになる) の生涯については、デーヴァ・ソベル著『ガリレオの娘』(Sobel 1999) に見事にまとめられている。

31 Galilei 1600a, b. 望遠鏡製作に至った過程については、Reeves 2008 に見事にまとめられている。

32 Swerdlow 1998. 望遠鏡によるガリレオの発見については、Shea 1972、Drake 1990 を参照。

33 ガリレオの発見や望遠鏡の歴史全般については、Panek 1998 が一般向けで面白い。

34 ガリレオの地動説については、Shea 1998 および Swerdlow 1998 で詳しく論じられている。

35 手紙自体はプラハ駐在のトスカーナ大使に宛てて記されたものだが、ガリレオはケプラー宛てのアナグラムを同封した。

36 ケプラーがガリレオに記した手紙はこのようなものだった。「これ以上、意味をわからないままにしておくのはおやめください。あなたが相手して

いるのは真のドイツ人なのですから。あなたの沈黙で私がどれだけ苦しんでいるか察していただきたい」。Caspar 1993 より引用。

37 Shea 1972 に一部始終がまとめられている。

38 原文はラテン語。セゲット（1570 ～ 1627）はパドヴァでガリレオとともに学んでいた。この詩はファヴァロの『ガリレオ・ガリレイ全集（*Le Opere di Galileo Galilei*）』に収録されている。望遠鏡に関連する詩については、ニコルソンの『現代哲学（*Modern Philosophy*）』（Nicolson 1935）を参照。

39 Curzon 2004.

40 Coresio 1612. Shea 1972 にも引用がある。

41 ディ・グラツィアの『考察（*Considerazioni*）』（1612）に収録。ファヴァロの『ガリレオ・ガリレイ全集』第 4 巻 385 ページにも再収録。

42 Shea 1972.

43 黒点の性質をめぐる論争については、Van Helden 1996 および Swerdlow 1998 に見事にまとめられている。また、Shea 1972 も参照。

44 Galilei 1623.

45 ガリレオの著作をすべて編集したアントニオ・ファヴァロは、グイドゥッチの講義原稿の大部分がガリレオの直筆だったことを発見した。

46 Grassi 1619.

47 Galilei 1623.

48 Galilei 1638.

49 数学と聖書の関係に関するガリレオの見解は、Feldberg 1995 と McMullin 1998 にある。

50 von Gebler 1879 にも見られる。

51 神学者のメルチョル・カノは 1585 年、「[聖書の] 一字一句だけでなくカンマまでもが聖霊によってもたらされた」と語っている。Vawter 1972 より。

52 詳しくは Redondi 1998 を参照。

53 Galilei 1632.

54 de Santillana 1955.

55 de Santillana 1955.

56 Beltrán Mari 1994. Frova and Marenzana 1998 も参照。

第 4 章　魔術師たち——懐疑主義者《デカルト》と巨人《ニュートン》

1 Sedgwick and Tyler 1917 より。

2 デカルトの伝記は数知れない。定番は Baillet 1691。ほかにも、Vrooman 1970 や、最近のものでは Rodis-Lewis 1998 が役に立った。Bell 1937 には簡潔ではあるが優れた概略がある。Finkel 1898、Watson 2002、Grayling 2005 も興味深い。

3 デカルトがその日にベークマンと会ったのは間違いないが、ベークマンは日記のなかで掲示されていた問題を明かしていない。その代わりに、「デカルトはその角が現実に存在しないことを証明しようとした」と記している。

4 詳しくは、Gaukroger 2002 を参照。

5 大半の伝記では、デカルトが夢を見たのはウルムという町とされている。初期の伝記作家が見たというデカルトの手記にもこの話が記されている。文章の記録はほとんど現存していない。デカルトは『方法序説』でもこの夢の感想を語っている（Adam and Tannery 1897-1910）。夢の全容とその解釈については、Grayling 2005 および Cole 1992 に詳しい。

6 ピエール・シャヌーへの手紙。彼はスウェーデン駐在のフランス大使で、アマチュア哲学者でもあった。Adam and Tannery 1897-1910.

7 当初、デカルトはマルメ北部の墓地に埋葬された。亡骸がフランスに移送されたとき、噂によるとその一部——特に頭蓋骨——がスウェーデンに残されたようだ（Adam and Tannery 1897-1910）。フランスに移送された亡骸は、まずサント＝ジュヌヴィエーヴ修道院に埋葬され、プチ＝オーギュスティーヌ修道院に移された後、最終的にはサン＝ジェルマン＝デ＝プレ大聖堂（今日のサン＝ブノワ礼拝堂）に移された。私はその事実を知るのに苦労した。というのも、デカルトが独りで埋葬されていないとは思いもしなかったからだ。同じ礼拝堂には、ふたりのベネディクト会修道士、マビヨンとモンフォコンも埋葬されている。マビヨンは半身のみ。

8 Balz 1952.

9 デカルトの著作集として定評があり、信頼できるのは、Adam and Tannery 1897-1910 である。私の引用の大半は同書からのものである。個々の著作については、数々の翻訳が出回っている。一例を挙げると、『方法序説』、『省察』、『哲学原理』を収めたヴィーチの 1901 年の著書『デカルトの哲学（*The Philosophy of Descartes*）』など。デカルトの科学哲学については、Clarke 1992 も参照。

10 デカルト哲学の入門書としては、Cottingham 1986 が挙げられる。デカル

トの懐疑論や、「我《われ》思う、ゆえに我在《われあ》り」については、Wolterstorff 1999、Ricoeur 1996、Sorell 2005、Curley 1993、Beyssade 1993 を参照。

11 Descartes 1637. 完訳としては Descartes 1637a が挙げられる。また、『ルネ・デカルトの幾何学（*The Geometry of René Descartes*）』（Descartes 1637b、Smith & Latham 訳）には、『幾何学』のすばらしい翻訳と、初版の原文が収録されている。

12 デカルトの数学的功績については、Rouse Ball 1908 にうまくまとめられている。デカルトの生涯や研究を扱った一般書としては、Aczel 2005 が挙げられる。デカルトの代数に見られる抽象性については、Gaukroger 1992 で分析されている。

13 デカルトが〝自然法則〟の存在を信じていたことは、1632 年 5 月のメルセンヌへの手紙から読み取ることができる。「私は大胆にも、恒星の位置の原因を研究しようという気になりました。宇宙における恒星の分布は不規則ですが、規則的で必然的な自然の秩序があると確信しています」

14 Adam and Tannery 1897-1910. Miller and Miller 1983 も参照。デカルトの物理学について詳しくは、Garber 1992 を参照。デカルトの自然哲学全般については、Keeling 1968 を参照。

15 この記念碑はウィリアム・ケントと彫刻家のマイケル・ライスブラックの依頼で 1731 年に建てられた。著書に肘をついているニュートンの彫像に加えて、彼の主要な発見が記された巻物を抱えている子どもの像がある。石棺の後ろにはピラミッドがあり、その中央にはいくつかの星座や 1681 年の彗星の軌跡が描かれた球体が浮かんでいる。

16 侮辱を意味していたのかどうかは定かではない。ロバート・キング・マートンは、「巨人の肩に乗って」という表現はニュートンの時代にはかなり一般的だったと述べている（Merton 1993）。

17 ニュートンの書簡全体は、Turnbull, Scott, Hall, and Tilling 1959-77 に所収。

18 ふたりの論争について詳しくは、ニュートンのいくつかの伝記に見事にまとめられている。たとえば、Westfall 1983、Hall 1992、Gleick 2003 など。

19 1674 年発表の論文で、フックは重力について、「引き付けられる物体が引き付ける物体の中心に近いほど、引力の作用ははるかに強力になる」と記している。したがって、彼の直感は正しかったものの、彼は数学的に説明しようとはしなかった。

20 ニュートンの『プリンキピア』には、Motte 1729 や Cohen and Whitman

1999など、数々の名訳がある（Newton 1729を参照）。注が多く、もっとも読みやすいのは、Chandrasekhar 1995である。重力法則の概念全般やその歴史については、Girifalco 2008、Greene 2004、Hawking 2007、Penrose 2004で詳しく論じられている。

21　Newton 1730.

22　Stukeley 1752. 完全な伝記に加えて、ニュートンの生涯や親類に関するちょっとしたエピソードを紹介した本もある。一例を挙げれば、De Morgan 1885やCraig 1946など。

23　デイヴィッド・ブリュースターは、1831年のニュートンの伝記にこう記している。「ニュートンが落ちるリンゴを見て重力を思い付いたという、かの有名なリンゴの木は、4年ほど前に風でなぎ倒されてしまった。しかし、ターナー氏［ウールスソープのニュートンの家の家主］がその木を椅子にして残した」。Brewster 1831.

24　ニュートンの数学研究については、Hall 1992に詳しくまとめられている。

25　この覚書はポーツマス・コレクションのひとつ。ニュートンがペスト流行中に逆二乗の法則を思い付いたことを示す文書はほかにもある。たとえば、Whiston 1753を参照。

26　ニュートンの重力法則の発表が遅れた理由については、Cajori 1928やCohen 1982に詳しい。次の節で、もっとも説得力のあるふたつの説を紹介する。

27　ド・モアブルはニュートンの説明を思い出して書いている。

28　参考文献をひとつ挙げるとすれば、Cohen 1982。

29　Glaisher 1888.

30　ニュートンは『プリンキピア』のなかで、神についてこう述べている。「神は仮想的な意味だけでなく物質的な意味でも遍在しているのだ。……（中略）……神は、目そのものであり、耳そのものであり、脳そのものであり、腕そのものであり、感覚そのものであり、知能そのものであり、行動力そのものなのである」。1936年にサザビーズのオークションで落札され、2007年にエルサレムで公開された18世紀初頭の原稿で、ニュートンはダニエル書を用いて世界の終末の日を計算している。気になる読者のために紹介しておくと、彼は2060年以前に世界が終わる根拠はないと結論付けている。

31　存在証明の歴史や、その論理性の分析について論じた最近の文献として

は、Dennett 2006、Dawkins 2006、Paulos 2008がある。

32 Dennett 2006; Dawkins 2006; Paulos 2008.

第5章　統計学者と確率学者――不確実性の科学

1 微積分学とその応用については、Berlinski 1996、Kline 1967、Bell 1951にわかりやすくまとめられている。Kline 1972はやや専門的だが、名著である。

2 ベルヌーイ家の功績については、Maor 1994やDunham 1994を参照。また、バーゼル大学のウェブページ「Bernoulli-Edition」（ドイツ語）も参照。

3 Hellman 2006.

4 この問題やホイヘンスの解法については、Bukowski 2008が秀逸。Truesdell 1960には、ベルヌーイ、ライプニッツ、ホイヘンスの解法が掲載されている。

5 Truesdell 1960より。

6 Laplace 1814.

7 グラントの生涯や研究については、Hald 1990、Cohen 2006、Graunt 1662に見事にまとめられている。

8 この論文はNewman 1956に再掲されたものから採った。

9 Newman 1956より。ベルヌーイの研究については、Todhunter 1865に概略がある。

10 ケトレーの生涯や研究については、Hankins 1908およびLottin 1912に見事にまとめられている。また、Stigler 1997、Krüger 1987、Cohen 2006にも短いとはいえ有益な情報がある。

11 Quetelet 1828.

12 ケトレーは犯罪傾向について論文にこう記している。「もし、ある国家の平均的人間が決まれば、彼はその国家の代表的な人間といえる。もし、あらゆる人間の平均的人間を決めることができれば、彼は人類全体の代表的な人間といえる」

13 ゴルトンとピアソンの研究については、Kaplan and Kaplan 2006に一般向けの説明がある。

14 確率論や、その歴史、応用について面白くまとめられている最近の一般書としては、Aczel 2004、Kaplan and Kaplan 2006、Connor 2006、Burger and Starbird 2005、Tabak 2004が挙げられる。

15 Todhunter 1865; Hald 1990.

16　確率論の基本原理については、Kline 1967 が簡潔で読みやすい。

17　確率論と日常生活のかかわりについては、Rosenthal 2006 で見事に説明されている。

18　メンデルの優れた伝記としては、Orel 1996 が挙げられる。

19　Mendel 1865. http://www.mendelweb.org/ に英訳がある。

20　Fisher 1936 など。

21　フィッシャーの研究については、Tabak 2004 に簡単な説明がある。フィッシャーは実験の仕組みについて、『紅茶を味わう婦人の数学（*Mathematics of a Lady Tasting Tea*）』と題した非常に独創的で読みやすい論文を記している（Fisher 1956 を参照）。

22　優れた翻訳としては、Bernoulli 1713b が挙げられる。

23　Newman 1956 に再掲されたものから採った。

24　『ギャンブルの悪と保険の善（*The Vice of Gambling and the Virtue of Insurance*）』は Newman 1956 に収録。

25　この小論文はジョージ・バークリーが 1734 年に記したものである。デイヴィッド・ウィルキンスによる編集版がウェブで公開されている。Berkeley 1734 を参照。

第６章　幾何学者たち——未来の衝撃

1　Toffler 1970.

2　Hume 1748.

3　カントによれば、哲学の基本課題のひとつは数学的概念の総合的で先天的《アプリオリ》な知識の可能性について説明することなのだという。さまざまな参考文献があるが、全般的な概念については、Höffe 1994 および Kuehn 2001 に詳しい。数学への応用については、Trudeau 1987 に詳しい。

4　Kant 1781.

5　ユークリッド幾何学と非ユークリッド幾何学については、Greenberg 1974 が比較的読みやすい。

6　第５公理なしで証明された定理については、Trudeau 1987 で論じられている。

7　非ユークリッド幾何学の発展につながったさまざまな試みについては、Bonola 1955 で見事に説明されている。

8　ジョージ・ブルース・ハルステッドが 1891 年に翻訳したロバチェフスキ

ーの『平行線の定理の幾何学的研究（*Geometrical Researches on the Theory of Parallels*）』は Bonola 1955 に所収。

9　ボーヤイ・ヤーノシュの生涯や研究の歴史については、Gray 2004 を参照。本書に彼の写真を収録しなかったのは、彼のものとされる写真の信頼性が低いからだ。彼の肖像として比較的信頼できるのは、ルーマニアのマロシュヴァーシャールヘイ市の文化宮殿の正面にあるレリーフ（浮き彫り）である。

10　Gray 2004 に原文（ラテン語）の複写とジョージ・ブルース・ハルステッドによる英訳が掲載されている。

11　このエピソードについて、ガウスの生涯と研究という観点から見事に説明しているのが Dunnington 1955 である。先取権をめぐるロバチェフスキーとボーヤイの論争については、Kline 1972 に簡潔ではあるが正確にまとめられている。非ユークリッド幾何学に関するガウスの書簡は Ewald 1996 に一部収録。

12　この講義や、非ユークリッド幾何学に関するそのほかの重要論文の英訳は、Pesic 2007 に明快な注付きで収録されている。

13　Poincaré 1891.

14　Cardano 1545.

15　Wallis 1685. ウォリスの生涯や研究については Rouse Ball 1908 に概略がある。

16　Cajori 1926 に歴史の概略がある。

17　この論文はディドロの『百科全書』に掲載された。Archibald 1914 より。

18　Lagrange 1797.

19　グラスマンの研究と生涯については、Petsche 2006 に見事にまとめられている（ドイツ語）。O'Connor and Robertson 2005 にもすばらしい概略がある。

20　グラスマンの線型代数の研究について説明したものとしては、Fearnley-Sander 1979 および 1982 が専門的とはいえ比較的読みやすい。

21　Sommerville 1929 がわかりやすい。

22　Ewald 1996 より。

23　Ewald 1996 より。

24　スティルチェスがエルミートに初めて書簡を送ったのは 1882 年 11 月 8 日。ふたりは 432 通の書簡を交わした。私が Hermite 1905 に収録されていた書

簡を翻訳した。

25　講演の内容については、O'Connor and Robertson 2007 を参照。

第7章　論理学者たち――論理を論理する

1　村の床屋のパラドックスについては、数々の書籍で紹介されている。Quine 1966、Rescher 2001、Sorensen 2003 などを参照。

2　Russell 1919. 論理学に対するラッセルの考え方がわかりやすく説明されている。

3　ブラウワーの直観主義計画については、van Stegt 1998 にすばらしくまとめられている。一般向けのものとしては、Barrow 1992 が挙げられる。形式主義と直観主義の論争については、Hellman 2006 に一般向けの説明がある。

4　ダメットはこう付け加えている。「人間は、伝えていることに気付いてもらえないような内容を伝えることはできない。ある人が数学記号や数式に心理的な内容を関連付けたとしても、その関連付けに記号や式の使い方が備わっていなければ、記号や式を用いて内容を伝えることは不可能だ。なぜなら、相手はその関連付けを知っていないし、知る手立てもないからだ」。Dummett 1978.

5　論理学に関しては、Bennett 2004 が非常に読みやすい。Quine 1982 はやや専門的だが秀逸。論理学の歴史については、ブリタニカ大百科事典第 15 版にすばらしい概略がある。

6　ド・モルガンの生涯と研究については、Ewald 1996 に簡潔だが有益な説明がある。

7　Boole 1847.

8　ブールの詳しい伝記については、MacHale 1985 を参照。

9　Boole 1854.

10　ブールは神の存在証明について、「自然宗教［訳注：神の恩恵に基づく啓示宗教に対して、理性に基づく宗教］に基づいて決して到達できない確実性を得ようとするくらいなら、信念に基づいた、非論理的で、知性や知識に乏しく、弱々しい理解の方がまだ価値がある」と結論付けている。

11　Frege 1879. 論理学の歴史における名著のひとつ。

12　Frege 1893, 1903.

13　フレーゲの思想や形式主義全般については、Resnik 1980、Demopoulos and Clark 2005、Zalta 2005 および 2007、Boolos 1985 を参照。数理論理学

全般については、DeLong 1970 を参照。

14 Frege 1884.

15 ラッセルのパラドックスや、その影響、考えられる回避策については、Boolos 1999、Clark 2002、Sainsbury 1988、Irvine 2003 などで論じられている。

16 Whitehead and Russell 1910.『プリンキピア』の内容については、Russell 1919 の説明がわかりやすい。

17 ラッセルの思想とフレーゲの思想の関係については、Beaney 2003 を参照。ラッセルの論理主義については、Shapiro 2000 や Godwyn and Irvine 2003 を参照。

18 Urquhart 2003 にすばらしい説明がある。

19 型理論は大半の数学者からそっぽを向かれたものの、近年になってコンピュータ・プログラミングの分野で新しい応用が見つかった。Mitchell 1990 などを参照。

20 ツェルメロの功績については Ewald 1996 を参照。

21 ツェルメロ、フレンケル、論理学者のトアルフ・スコーレムの論文は、van Heijenoort 1967 に翻訳がある。集合論やツェルメロ＝フレンケルの公理系については、Devlin 1993 が比較的易しい。

22 選択公理については、Moore 1982 が非常に詳しい。

23 カントールは無限集合の濃度の比較方法を考案した。特に、彼は実数の集合の濃度が整数の集合の濃度よりも大きいことを証明した。その後、彼は整数集合と実数集合の中間の濃度を持つ集合は存在しないという、連続体仮説を提唱した。ダフィット・ヒルベルトが 1900 年に有名な「23 の問題」を投げかけたとき、連続体仮説が成立するかどうかが真っ先に挙げられた。この問題を扱った最近の文献としては、Woodin 2001a, b がある。

24 Cohen 1966 で自身の研究について説明している。

25 ヒルベルト・プログラムについては、Sieg 1988 に詳しくまとめられている。数学哲学の最新の状況や、論理主義、形式主義、直観主義の対立関係については、Shapiro 2000 にわかりやすくまとめられている。

26 ヒルベルトは 1922 年 9 月にライプツィヒでこの講演をおこなった。テキストは Ewald 1996 より。

27 形式主義については、Detlefsen 2005 に詳しい。

28 レイ・モンクが『ウィトゲンシュタイン――天才の責務』と題したすば

らしい伝記を記している（Monk 1990）。

29 Waismann 1979.

30 最近の伝記としてはGoldstein 2005が挙げられる。定番はDawson 1997。

31 ゲーデルの定理、その意義、ほかの学問との関係を扱った名著として、Hofstadter 1979、Nagel and Newman 1959、Franzén 2005が挙げられる。

32 Gödel 1947.

33 ゲーデルの哲学観や、彼の哲学思想と数学基礎論の関係については、Wang 1996に詳しい。

34 Morgenstern 1971.

35 これは一般向けの文章にかぎって許される、過剰な単純化である。論理主義の真剣な研究は今もなお続いている。論理主義では、数学的真理の多くは先天的《アプリオリ》な知識と見なされる。Wright 1997、Tennant 1997などを参照。

第8章 不条理な有効性？

1 結び目の作り方をまとめた面白い図鑑として、Ashley 1944がある。

2 Vandermonde 1771. 結び目理論の歴史については、Przytycki 1992に見事にまとめられている。Adams 1994には結び目理論の生き生きとした説明がある。また、一般向けのものとしては、Neuwirth 1979、Peterson 1988、Menasco and Rudolph 1995がある。

3 Sossinsky 2002およびAtiyah 1990に優れた説明がある。

4 Tait 1898; Sossinsky 2002. O'Connor and Robertson 2003には、テイトの略歴がまとめられている。

5 Knott 1911.

6 Little 1899.

7 専門的ではあるが初歩的なトポロジー入門書としては、Messer and Straffin 2006が挙げられる。

8 Perko 1974.

9 Alexander 1928.

10 Conway 1970.

11 Jones 1985.

12 たとえば、数学者のルイス・カウフマンは、ジョーンズ多項式と統計物理学の関係を示している。物理学への応用については、Kauffman 2001が専門的だが秀逸。

13　結び目理論や酵素の作用については、Summers 1995 で見事に説明されている。Wasserman and Cozzarelli 1986 も参照。

14　ひも理論と、その成功や問題点について説明した一般書としては、Greene 1999、Randall 2005、Krauss 2005、Smolin 2006 が挙げられる。専門的な説明は Zweibach 2004 を参照。

15　Ooguri and Vafa 2000.

16　Witten 1989.

17　Atiyah 1989. より幅広い観点については、Atiyah 1990 を参照。

18　Kapner et al. 2007.

19　特殊相対性理論と一般相対性理論については、すばらしい文献が数多くある。私が特に気に入ったものを挙げると、Davies 2001、Deutsch 1997、Ferris 1997、Gott 2001、Greene 2004、Hawking and Penrose 1996、Kaku 2004、Penrose 2004、Rees 1997、Smolin 2001。アインシュタインの人となりや思想について記した最近の書物としては、Isaacson 2007 がある。アインシュタインと彼の世界観を扱ったこれまでの名著としては、Bodanis 2000、Lightman 1993、Overbye 2000、Pais 1982 などが挙げられる。オリジナルの論文集としては、Hawking 2007 がある。

20　Kramer et al. 2006.

21　Odom et al. 2006.

22　Weinberg 1993 にすばらしい説明がある。

第 9 章　人間の精神、数学、宇宙について

1　Davis and Hersh 1981.

2　Hardy 1940.

3　Kasner and Newman 1989.

4　数学の性質については、Barrow 1992 が非常に読みやすい。それよりはやや専門的だが、Kline 1972 では主流の考え方がわかりやすく論じられている。

5　本書と似たテーマを多く扱っているものとしては、Barrow 1992 が秀逸。

6　Tegmark 2007a, b.

7　Changeux and Connes 1995.

8　Dehaene 1997.

9　Dehaene et al. 2006.

10　Holden 2006 など。

11 Changeux and Connes 1995.

12 Lakoff and Núñez 2000.

13 Ramachandran and Blakeslee 1999 などを参照。

14 Varley et al. 2005; Klessinger et al. 2007.

15 Atiyah 1995.

16 黄金比と、その歴史や性質については、Livio 2002 や Herz-Fischler 1998 が非常に詳しい。

17 この考え方については、Hersh 2000 所収のイェフダ・ラヴの論文にまとめられている。

18 White 1947.

19 Hockett 1960 に一般向けの説明がある。

20 言語や脳については、Obler and Gjerlow 1999 が読みやすい。

21 言語と数学の類似性については、Sarrukai 2005 や Atiyah 1994 でも論じられている。

22 Chomsky 1957. 言語学について詳しくは、Aronoff and Rees-Miller 2001 にまとめられている。Pinker 1994 には一般向けの非常に興味深い説明がある。

23 Wolfram 2002.

24 テグマークは並行宇宙を4種類に分類している。レベルⅠは、物理法則は同じだが初期条件の異なる宇宙。レベルⅡは、物理方程式は同じだが自然定数が異なる宇宙。レベルⅢは、量子力学の〈多世界解釈〉を適用した宇宙。レベルⅣは、さまざまな数学的構造が存在する宇宙。Tegmark 2004, 2007b.

25 このテーマについては、Vilenkin 2006 が秀逸。

26 Putnam 1975.

27 本書で論じていない意見もある。たとえば、スタイナー（Steiner 2005）はこう主張する。「ウィグナーは、〝不条理な有効性〟として挙げている例と、概念が数学的であるという事実とのあいだに、何らかの関係があるかどうかを示していない」

28 Gross 1988. 数学と物理学の関係について詳しくは、Vafa 2000 を参照。

29 Atiyah 1995. Atiyah 1993 も参照。

30 Hamming 1980.

31 Weinberg 1993.

32 Borovik 2006.

33 Raskin 1998.

34 Hersh 2000 にハーシュの優れた論文がある。

35 科学史については、ケプラー本人の著書（Kepler 1981 および 1997）が非常に面白い。彼の優れた伝記としては、Casper 1993 や Gingerich 1973 がある。

36 Lecar et al. 2001 を参照。

37 数学の有用性については、Raymond 2005 に興味深い議論がある。ウィグナーの謎については、Wilczek 2006 および 2007 に鋭い説明がある。

38 Russell 1912.

参考文献

Aczel, A. D. 2000. *The Mystery of the Aleph: Mathematics, the Kabbalah, and the Search for Infinity* (New York: Four Walls Eight Windows).（『「無限」に魅入られた天才数学者たち』青木薫訳、早川書房、2002）

———. 2004. *Chance: A Guide to Gambling, Love, the Stock Market, and Just about Everything Else* (New York: Thunder's Mouth Press).（『偶然の確率』高橋早苗訳、アーティストハウスパブリッシャーズ、2005）

———. 2005. *Descartes' Secret Notebook* (New York: Broadway Books).（『デカルトの暗号手稿』水谷淳訳、早川書房、2006）

Adam, C., and Tannery, P., eds. 1897–1910. *Oeuvres des Descartes.* Revised edition 1964-76 (Paris: Vrin/CNRS). The most comprehensive translation into English is Cottingham, J., Stoothoff, R., and Murdoch, D., eds. 1985. *The Philosophical Writing of Descartes* (Cambridge: Cambridge University Press).

Adams, C. 1994. *The Knot Book: An Elementary Introduction to the Mathematical Theory of Knots* (New York: W. H. Freeman).（『結び目の数学——結び目理論への初等的入門』金信泰造訳、培風館、1998）

Alexander, J. W. 1928. *Transactions of the American Mathematical Society,* 30, 275.

Applegate, D. L., Bixby, R. E., Chvátal, V., and Cook, W. J. 2007. *The Traveling Salesman Problem* (Princeton: Princeton University Press).

Archibald, R. C. 1914. *American Mathematical Society Bulletin*, 20, 409.

Aristotle. Ca. 350 BC. *Metaphysics.* In Barnes, J., ed. 1984. *The Complete Works of Aristotle* (Princeton: Princeton University Press).（『形而上学』岩崎勉訳、講談社、1994）

———. Ca. 330 BCa. *Physics.* Translated by R. P. Hardie and R. K. Gaye.（『アリストテレス全集③自然学』出隆・岩崎允胤訳、岩波書店、1968）
http://people.bu.edu/wwildman/WeirdWildWeb/courses/wphil/readings/wphil_rdg07_physics_entire.htm (public domain English translation).

———. Ca. 330 BCb. *Physics.* Translated by P. H. Wickstead and F. M. Cornford, 1960 (London: Heinemann).

Aronoff, M., and Rees-Miller, J. 2001. *The Handbook of Linguistics* (Oxford: Blackwell Publishing).

Ashley, C. W. 1944. *The Ashley Book of Knots* (New York: Doubleday).

Atiyah, M. 1989. *Publications Mathématiques de l'Inst. des Hautes Etudes Scientifiques*, Paris, 68, 175.

———. 1990. *The Geometry and Physics of Knots* (Cambridge: Cambridge University Press).

———. 1993. *Proceedings of the American Philosophical Society*, 137(4), 517.

———. 1994. *Supplement to Royal Society News*, 7, (12), (i).

———. 1995. *Times Higher Education Supplement*, 29 September.

Baillet, A. 1691. *La Vie de M. Des-Cartes* (Paris: Daniel Horthemels). Photographic facsimiles were published in 1972 (Hildesheim: Olms) and 1987 (New York: Garner).

Balz, A. G. A. 1952. *Descartes and the Modern Mind* (New Haven: Yale University Press).

Barrow, J. D. 1992. *Pi in the Sky: Counting, Thinking, and Being* (Oxford: Clarendon Press).（『天空のパイ』林大訳、みすず書房、2003）

———. 2005. *The Infinite Book: A Short Guide to the Boundless, Timeless and Endless* (New York: Pantheon).（『無限の話』松浦俊輔訳、青土社、2006）

Beaney, M. 2003. In Griffin, N., ed. *The Cambridge Companion to Bertrand Russell* (Cambridge: Cambridge University Press).

Bell, E. T. 1937. *Men of Mathematics: The Lives and Achievements of the Great Mathematicians from Zeno to Poincaré* (New York: Touchstone).（『数学をつくった人びと』田中勇・銀林浩訳、早川書房、2003）

———. 1940. *The Development of Mathematics* (New York: McGraw-Hill).

———. 1951. *Mathematics: Queen and Servant of Science* (New York: McGraw-Hill).（『数学は科学の女王にして奴隷』河野繁雄訳、早川書房、2004）

Beltrán Mari, A. 1994. "Introduction." In Galilei, G. *Diálogo Sobre los Dos Máximos Sistemas del Mundo* (Madrid: Alianza Editorial).

Bennett, D. 2004. *Logic Made Easy: How to Know When Language Deceives You* (New York: W. W. Norton).

Berkeley, G. 1734. "The Analyst: Or a Discourse Addressed to an Infidel Mathematician," D. R. Wilkins, ed. http://www.maths.tcd.ie/pub/HistMath/

People/Berkeley/Analyst/Analyst.html.

Berlinski, D. 1996. *A Tour of the Calculus* (New York: Pantheon Books).

Bernoulli, J. 1713a. *The Art of Conjecturing* [*Ars Conjectandi*]. Translated by E.D. Sylla, with introduction and notes, 2006 (Baltimore: Johns Hopkins University Press).

———. 1713b. *Ars Conjectandi* (Basel: Tharnisiorum).

Beyssade, M. 1993. "The Cogito." In Voss, S., ed. *Essays on the Philosophy and Science of René Descartes* (Oxford: Oxford University Press).

Black, F., and Scholes, M. 1973. *Journal of Political Economy*, 81(3), 637.

Bodanis, D. 2000. *$E = mc^2$: A Biography of the World's Most Famous Equation* (New York: Walker).（『$E = mc^2$』伊藤文英ほか訳、早川書房、2010）

Bonola, R. 1955. *Non-Euclidean Geometry.* Translated by H. S. Carshaw. (New York: Dover Publications). This is a republication of the 1912 translation (Chicago: Open Court Publishing Company).

Boole, G. 1847. *The Mathematical Analysis of Logic, Being an Essay towards a Calculus of Deductive Reasoning.* In Ewald, W. 1996. *From Kant to Hilbert: A Source Book in the Foundations of Mathematics* (Oxford: Clarendon Press).（『論理の数学的分析』西脇与作訳、公論社、1977）

———. 1854. *An Investigation of the Laws of Thought on Which Are Founded the Mathematical Theories of Logic and Probabilities* (London: Macmillan). Reprinted 1958 (Mineola, N.Y.: Dover Publications).

Boolos, G. 1985. *Mind*, 94, 331.

———. 1999. *Logic, Logic, and Logic* (Cambridge, Mass.: Harvard University Press).

Borovik, A. 2006. *Mathematics under the Microscope.* http://www.maths.manchester.ac.uk/%7Eavb/micromathematics/downloads.

Brewster, D. 1831. *The Life of Sir Isaac Newton* (London: John Murray, Albemarle Street).

Bukowski, J. 2008. *The College Mathematics Journal*, 39(1), 2.

Burger, E. B., and Starbird, M. 2005. *Coincidences, Chaos, and All That Math Jazz: Making Light of Weighty Ideas* (New York: W. W. Norton).（『カオスとアクシデントを操る数学――難解なテーマがサラリとわかるガイドブック』熊谷玲美・松井信彦訳、早川書房、2010）

Burkert, W. 1972. *Lore and Science in Ancient Pythagoreanism* (Cambridge, Mass.: Harvard University Press).

Cajori, F. 1926. *The American Mathematical Monthly*, 33(8), 397.

———. 1928. In The History of Science Society. *Sir Isaac Newton 1727-1927: A Bicentenary Evaluation of His Work* (Baltimore: The Williams & Wilkins Company).

Cardano, G. 1545. *Artis Magnae, sive de regulis algebraices.* Published in 1968 under the title *The Great Art or the Rules of Algebra*, translated and edited by T. R. Witmer (Cambridge, Mass.: MIT Press).

Caspar, M. 1993. *Kepler.* Translated by C. D. Hellman (Mineola, N.Y.: Dover Publications).

Chandrasekhar, S. 1995. *Newton's "Principia" for the Common Reader* (Oxford: Clarendon Press).（『チャンドラセカールの「プリンキピア」講義』中村誠太郎監訳、講談社、1998）

Changeux, J.-P., and Connes, A. 1995. *Conversations on Mind, Matter, and Mathematics* (Princeton: Princeton University Press).（『考える物質』浜名優美訳、産業図書、1991）

Cherniss, H. 1945. *The Riddle of the Early Academy* (Berkeley: University of California Press). Reprinted 1980 (New York: Garland).

———. 1951. *Review of Metaphysics*, 4, 395.

Chomsky, N. 1957. *Syntactic Structures* (The Hague: Mouton & Co.).（『文法の構造』勇康雄訳、研究社出版、1963）

Cicero. 1st century BC. *Discussion at Tusculam* [sometimes translated as *Tusculan Disputations*]. In Grant, M., trans. 1971. *Cicero: On the Good Life* (London: Penguin Classics).（『キケロー選集⑫』木村健治・岩谷智訳、岩波書店、2002 に「トゥスクルム荘対談集」が所収されている）

Clark, M. 2002. *Paradoxes from A to Z* (London: Routledge).

Clarke, D. M. 1992. In Cottingham, J., ed. *The Cambridge Companion to Descartes* (Cambridge: Cambridge University Press).

Cohen, I. B. 1982. In Bechler, Z., ed. *Contemporary Newtonian Research* (Dordrecht: Reidel).

———. 2006. *The Triumph of Numbers* (New York: W. W. Norton & Company).（『数が世界をつくった』寺嶋英志訳、青土社、2007）

Cohen, P. J. 1966. *Set Theory and the Continuum Hypothesis* (New York: W. A. Benjamin).（『連続体仮説』近藤基吉ほか訳、東京図書、1990）

Cole, J. R. 1992. *The Olympian Dreams and Youthful Rebellion of René Descartes* (Champaign: University of Illinois Press).

Connor, J. A. 2006. *Pascal's Wager: The Man Who Played Dice with God* (New York: HarperCollins).

Conway, J. H. 1970. In Leech, J., ed. *Computational Problems in Abstract Algebra* (Oxford: Pergamon Press).

Coresio, G. 1612. *Operetta intorno al galleggiare de corpi solidi.* Reprinted in Favaro, A. 1968. *Le Opere di Galileo Galilei.* Edizione Nazionale (Florence: Barbera).

Cottingham, J. 1986. *Descartes* (Oxford: Blackwell).

Craig, Sir J. 1946. *Newton at the Mint* (Cambridge: Cambridge University Press).

Curley, E. 1993. In Voss, S., ed. *Essays on the Philosophy and Science of René Descartes* (Oxford: Oxford University Press).

Curzon, G. 2004. *Wotton and His Words: Spying, Science and Venetian Intrigues* (Philadelphia: Xlibris Corporation).

Davies, P. 2001. *How to Build a Time Machine* (New York: Allen Lane).（『タイムマシンをつくろう！』林一訳、草思社、2003）

Davis, P. J., and Hersh, R. 1981. *The Mathematical Experience* (Boston: Birkhaüser). Revised edition 1998 (Boston: Mariner Books).（『数学的経験』柴垣和三雄・清水邦夫・田中裕訳、森北出版、1986）

Dawkins, R. 2006. *The God Delusion* (New York: Houghton Mifflin Company).（『神は妄想である』垂水雄二訳、早川書房、2007）

Dawson, J. 1997. *Logical Dilemmas: The Life and Work of Kurt Gödel* (Natick, Mass.: A. K. Peters).（『ロジカル・ディレンマ』村上祐子・塩谷賢訳、新曜社、2006）

Dehaene, S. 1997. *The Number Sense* (Oxford: Oxford University Press).（『数覚とは何か？』長谷川眞理子・小林哲生訳、早川書房、2010）

Dehaene, S., Izard, V., Pica, P., and Spelke, E. 2006. *Science*, 311, 381.

DeLong, H. 1970. *A Profile of Mathematical Logic* (Reading, Mass.: Addison-Wesley). Republished 2004 (Mineola, N.Y.: Dover Publications).

Demopoulos, W., and Clark, P. 2005. In Shapiro, S., ed. *The Oxford Handbook of*

Philosophy of Mathematics and Logic (Oxford: Oxford University Press).

De Morgan, A. 1885. *Newton: His Friend: and His Niece* (London: Elliot Stock).

Dennett, D. C. 2006. *Breaking the Spell: Religion as a Natural Phenomenon* (New York: Viking).（『解明される宗教──進化論的アプローチ』阿部文彦訳、青土社、2010）

De Santillana, G. 1955. *The Crime of Galileo* (Chicago: University of Chicago Press).（『ガリレオ裁判』一瀬幸雄訳、岩波書店、1973）

Descartes, R. 1637a. *Discourse on Method, Optics, Geometry, and Meteorology.* Translated by P. J. Olscamp, 1965 (Indianapolis: The Bobbs-Merrill Company).（『方法序説』山田弘明訳、筑摩書房、2010）

———. 1637b. *The Geometry of René Descartes.* Translated by D. E. Smith and M. L. Latham, 1954 (Mineola, N.Y.: Dover Publications).（『幾何学』＝『増補版デカルト著作集（1）』原亨吉ほか訳、白水社、2001に所収）

———. 1644. *Principles of Philosophy,* II: 64. In Cottingham, J., Stoothoff, R., and Murdoch, D., eds. 1985. *Philosophical Works of Descartes* (Cambridge: Cambridge University Press).（『哲学原理』桂寿一訳、岩波書店、2010）

———. 1637-1644. *The Philosophy of Descartes: Containing the Method, Meditations, and Other Works.* Translated by J. Veitch, 1901 (New York: Tudor Publishing).

Detlefsen, M. 2005. In Shapiro, S., ed. *The Oxford Handbook of Philosophy of Mathematics and Logic* (Oxford: Oxford University Press).

Deutsch, D. 1997. *The Fabric of Reality* (New York: Allen Lane).（『世界の究極理論は存在するか』林一訳、朝日新聞社、1999）

Devlin, K. 1993. *The Joy of Sets: Fundamentals of Contemporary Set Theory,* 2nd ed. (New York: Springer-Verlag).

———. 2000. *The Math Gene: How Mathematical Thinking Evolved and Why Numbers Are like Gossip* (New York: Basic Books).（『数学する遺伝子』山下篤子訳、早川書房、2007）

Dijksterhuis, E. J. 1957. *Archimedes* (New York: The Humanities Press).

Doxiadis, A. K. 2000. *Uncle Petros and Goldbach's Conjecture* (New York: Bloomsbury).（『ペトロス伯父と「ゴールドバッハの予想」』酒井武志訳、早川書房、2001）

Drake, S. 1978. *Galileo at Work: His Scientific Biography* (Chicago: University of

Chicago Press).（『ガリレオの生涯』田中一郎訳、共立出版、1984-85）

———. 1990. *Galileo: Pioneer Scientist* (Toronto: University of Toronto Press).

Dummett, M. 1978. *Truth and Other Enigmas* (Cambridge, Mass.: Harvard University Press).（『真理という謎』藤田晋吾訳、勁草書房、1986）

Dunham, W. 1994. *The Mathematical Universe: An Alphabetical Journey through the Great Proofs, Problems and Personalities* (New York: John Wiley & Sons).（『数学の宇宙——アルファベット順の旅』中村由子訳、現代数学社、1997）

Dunnington, G. W. 1955. *Carl Friedrich Gauss: Titan of Science* (New York: Hafner Publishing).（『ガウスの生涯——科学の王者』銀林浩ほか訳、東京図書、1992）

Du Sautoy, M. 2008. *Symmetry: A Journey into the Patterns of Nature* (New York: HarperCollins).（『シンメトリーの地図帳』冨永星訳、新潮社、2010）

Einstein, A. 1934. "Geometrie und Erfahrung." In *Mein Weltbild* (Frankfurt am Main: Ullstein Materialien).

Ewald, W. 1996. *From Kant to Hilbert: A Source Book in the Foundations of Mathematics* (Oxford: Clarendon Press).

Favaro, A., ed. 1890-1909. *Le Opere di Galileo Galilei, Edizione Nationale* (Florence: Barbera). There have been a number of reprints, the most recent 1964-66. This text is searchable online at http://www.imss.fi.it/istituto/index.html.

Fearnley-Sander, D. 1979. *The American Mathematical Monthly*, 86(10),809.

———. 1982. *The American Mathematical Monthly*, 89(3), 161.

Feldberg, R. 1995. *Galileo and the Church: Political Inquisition or Critical Dialogue* (Cambridge: Cambridge University Press).

Ferris, T. 1997. *The Whole Shebang* (New York: Simon & Schuster).

Finkel, B. F. 1898. "Biography: René Descartes." *American Mathematical Monthly*, 5(8-9), 191.

Fisher, R. A. 1936. *Annals of Science*, 1, 115.

———. 1956. In Newman, J. R., ed. *The World of Mathematics* (New York: Simon & Schuster).

Fowler, D. 1999. *The Mathematics of Plato's Academy* (Oxford: Clarendon Press).

Franzén, T. 2005. *Gödel's Theorem: An Incomplete Guide to Its Use and Abuse*

(Wellesley, Mass.: A. K. Peters).（『ゲーデルの定理——利用と誤用の不完全ガイド』田中一之訳、みすず書房、2011）

Frege, G. 1879. *Begriffsschrift, eine der arithmetischen nachgebildete Formelsprache des reinen Denkens* (Halle, Germany: L. Nebert). Translated by S. Bauer-Mengelberg in van Heijenoort, J., ed. 1967. *From Frege to Gödel: A Source Book in Mathematical Logic* (Cambridge, Mass.: Harvard University Press).

———. 1884. *Der Grundlagen der Arithmetik* (Breslau: Koebner). Translated, by J. L. Austin, 1974. *The Foundations of Arithmetic* (Oxford: Basil Blackwell).（『概念記法』＝『フレーゲ著作集①』藤村龍雄編、勁草書房、1999に所収）

———. 1893. *Grundgesetze der Arithmetik,* bond I (Jena: Verlag Hermann Pohle). This was partially translated in 1964, in Furth, M., ed. *The Basic Laws of Arithmetic* (Berkeley: University of California Press).（『算術の基礎』＝『フレーゲ著作集②』土屋俊、野本和幸編、勁草書房、2001に所収）

———. 1903. *Grundgesetze der Arithmetik,* bond II (Jena: Verlag Hermann Pohle).（『算術の基本法則』＝『フレーゲ著作集③』野本和幸編、勁草書房、2000に所収）

Fritz, K. von. 1945. "The Discovery of Incommensurability by Hipposus of Metapontum." *Annals of Mathematics*, 46, 242.

Frova, A., and Marenzana, M. 1998. *Thus Spoke Galileo: The Great Scientist's Ideas and Their Relevance to the Present Day.* Translated by J. McManus, 2006 (Oxford: Oxford University Press).

Galilei, G. 1586. *The Little Balance.* In *Galileo and the Scientific Revolution.* Translated by L. Fermi and G. Bernardini. (New York: Basic Books). This is a translation of Favaro, A., ed. 1890-1909. *Le Opere di Galileo Galilei* (Florence: G. Barbera).（『小天秤』＝『世界の名著21』豊田利幸編、中央公論新社、1973に全訳がある）

———. Ca. 1600a. *On Mechanics.* Translated by S. Drake, 1960 (Madison: University of Wisconsin Press).（『レ・メカニケ』＝『世界の名著21』豊田利幸訳、中央公論新社、1973に全訳がある）

———. Ca. 1600b. *On Motion.* Translated by I. E. Drabkin, 1960 (Madison: University of Wisconsin Press).

———. 1610a. *Sidereal Nuncius, or The Sidereal Messenger.* Translated by A.

Van Helden, 1989. (Chicago: University of Chicago Press).（『星界の報告』山田慶児・谷泰訳、岩波書店、1976）
———. 1610b. *The Sidereal Messenger* [*Sidereus Nuncius*]. In Drake, S. 1983. *Telescopes, Tides and Tactics* (Chicago: University of Chicago Press).
———. 1623. *The Assayer* [*Il Saggiatore*]. In *The Controversy on the Comets of 1618*. Translated by S. Drake and C. D. O'Malley, 1960 (Philadelphia: University of Pennsylvania Press).（『偽金鑑識官』山田慶児・谷泰訳、中央公論新社、2009）
———. 1632. *Dialogue Concerning the Two Chief World Systems*. Translated by S. Drake, 1967 (Berkeley: University of California Press).（『天文対話』青木靖三訳、岩波書店、1993）
———. 1638. *Discourses on the Two New Sciences*. Translated by S. Drake, 1974 (Madison: University of Wisconsin Press).（『新科学対話』今野武雄・日田節次訳、岩波書店、1973）
Garber, D. 1992. In Cottingham, J., ed. *The Cambridge Companion to Descartes* (Cambridge: Cambridge University Press).
Gardner, M. 2003. *Are Universes Thicker than Blackberries?* (New York: W. W. Norton).
Gaukroger, S. 1992. In Cottingham, J., ed. *The Cambridge Companion to Descartes* (Cambridge: Cambridge University Press).
———. 2002. *Descartes's System of Natural Philosophy* (Cambridge: Cambridge University Press).
Gingerich, O. 1973. "Kepler, Johannes." In Gillespie, C. C., ed. *Dictionary of Scientific Biography*, vol. 7 (New York: Scribners).
Girifalco, L. A. 2008. *The Universal Force* (Oxford: Oxford University Press).
Glaisher, J. W. L. 1888. Bicentenary Address, *Cambridge Chronicle*, April 20, 1888.
Gleick, J. 1987. *Chaos: Making a New Science* (New York: Viking).（『カオス——新しい科学をつくる』大貫昌子訳、新潮社、1991）
———. 2003. *Isaac Newton* (New York: Vintage Books).（『ニュートンの海』大貫昌子訳、日本放送出版協会、2005）
Glucker, J. 1978. *Antiochus and the Late Academy*, hypomnemata 56 (Göttingen: Vandenhoeck & Ruprecht).

Gödel, K. 1947. In Benaceroff, P., and Putnam, H., eds. 1983. *Philosophy of Mathematics: Selected Readings*, 2nd ed. (Cambridge: Cambridge University Press).

Godwin, M., and Irvine, A. D. 2003. In Griffin, N., ed. *The Cambridge Companion to Bertrand Russell* (Cambridge: Cambridge University Press).

Goldstein, R. 2005. *Incompleteness: The Proof and Paradox of Kurt Gödel* (New York: W. W. Norton).

Gosling, J. C. B. 1973. *Plato* (London: Routledge & Kegan Paul).

Gott, J. R. 2001. *Time Travel in Einstein's Universe* (Boston: Houghton Mifflin).（『時間旅行者のための基礎知識』林一訳、草思社、2003）

Grassi, O. 1619. *Libra Astronomica ac Philosophica.* In Drake, S., and O'Malley, C. D., trans. 1960. *The Controversy on the Comets of 1618* (Philadelphia: University of Pennsylvania Press).

Graunt, J. 1662. *Natural and Political Observations Mentioned in a Following Index, and Made Upon the Bills of Mortality* (London: Tho. Roycroft).（『死亡表に関する自然的および政治的諸観察』久留間鮫造訳、第一出版、1968）

Gray, J. J. 2004. *János Bolyai, Non-Euclidean Geometry, and the Nature of Space* (Cambridge, Mass.: Burndy Library).

Grayling, A. C. 2005. *Descartes: The Life and Times of a Genius* (New York: Walker & Company).

Greenberg, M. J. 1974. *Euclidean and Non-Euclidean Geometries: Development and History*, 3rd ed. (New York: W. H. Freeman and Company).

Greene, B. 1999. *The Elegant Universe: Superstrings, Hidden Dimensions, and the Quest for the Ultimate Theory* (New York: W. W. Norton).（『エレガントな宇宙——超ひも理論がすべてを解明する』林一・林大訳、草思社、2001）

———. 2004. *The Fabric of the Cosmos: Space, Time, and the Texture of Reality* (New York: Alfred A. Knopf).（『宇宙を織りなすもの——時間と空間の正体』青木薫訳、草思社、2009）

Gross, D. 1988. *Proceedings of the National Academy of Sciences* (USA), 85, 8371.

Guthrie, K. S. 1987. *The Pythagorean Sourcebook and Library: An Anthology of Ancient Writings which Relate to Pythagoras and Pythagorean Philosophy* (Grand Rapids, Mich.: Phanes Press).

Hald, A. 1990. *A History of Probability and Statistics and Their Applications Before*

1750 (New York: John Wiley & Sons).

Hall, A. R. 1992. *Isaac Newton: Adventurer in Thought* (Oxford: Blackwell). Reissued 1996 (Cambridge: Cambridge University Press).

Hamilton, E., and Cairns, H., eds. 1961. *The Collected Dialogues of Plato* (New York: Pantheon).

Hamming, R. W. 1980. *The American Mathematical Monthly,* 87(2), 81.

Hankins, F. H. 1908. *Adolphe Quetelet as Statistician* (New York: Columbia University). Posted online by R. E. Wyllys at http://www.gslis.utexas.edu/~wyllys/QueteletResources/index.html.

Hardy, G. H. 1940. *A Mathematician's Apology* (Cambridge: Cambridge University Press).（『ある数学者の生涯と弁明』柳生孝昭訳、シュプリンガー・フェアラーク東京、1994）

Havelock, E. 1963. *Preface to Plato* (Cambridge, Mass.: Harvard University Press).（『プラトン序説』村岡晋一訳、新書館、1997）

Hawking, S. 2005. *God Created the Integers: The Mathematical Breakthroughs that Changed History* (Philadelphia: Running Press).

Hawking, S., ed. 2007. *A Stubbornly Persistent Illusion: The Essential Scientific Writings of Albert Einstein* (Philadelphia: Running Press).

Hawking, S., and Penrose, R. 1996. *The Nature of Space and Time* (Princeton: Princeton University Press).（『ホーキングとペンローズが語る時空の本質』林一訳、早川書房、1997）

Heath, T. L. 1897. *The Works of Archimedes* (Cambridge: Cambridge University Press).

——— . 1921. *A History of Greek Mathematics* (Oxford: Clarendon Press). Republished 1981 (New York: Dover Publications).（邦訳はないが、本書の簡略版として、同著者の『復刻版ギリシア数学史』平田寛ほか訳、共立出版、1998が刊行されている）

Hedrick, P. W. 2004. *Genetics of Populations* (Sudbury, Mass.: Jones & Bartlett).

Heiberg, J. L., ed. 1910-15. *Archimedes Opera Omnio cum Commentariis Eutocii* (Leipzig); the text is in Greek with Latin translation.

Hellman, H. 2006. *Great Feuds in Mathematics: Ten of the Liveliest Disputes Ever* (Hoboken, N.J.: John Wiley & Sons).（『数学10大論争』三宅克哉訳、紀伊国屋書店、2009）

Hermite, C. 1905. *Correspondence d'Hermite et de Stieltjes* (Paris: Gauthier-Villars).

Herodotus. 440 BC. *The History,* book III. Translated by D. Greve, 1988 (Chicago: University of Chicago Press).（『歴史』松平千秋訳、岩波書店、1971）

Hersh, R. 2000. *18 Unconventional Essays on the Nature of Mathematics* (New York: Springer).

Herz-Fischler, R. 1998. *A Mathematical History of the Golden Number* (Mineola, N.Y.: Dover Publications).

Hobbes, T. 1651. *Leviathan.* Republished 1982 (New York: Penguin Classics).（『リヴァイアサン』水田洋訳、岩波書店、1992）

Hockett, C. F. 1960. *Scientific American,* 203 (September), 88.

Höffe, O. 1994. *Immanuel Kant.* Translated by M. Farrier (Albany, N.Y.: SUNY Press).（『イマヌエル・カント』薮木栄夫訳、法政大学出版局、1991）

Hofstadter, D. 1979. *Gödel, Escher, Bach: An Eternal Golden Braid* (New York: Basic Books).（『ゲーデル，エッシャー，バッハ——あるいは不思議の環』野崎昭弘ほか訳、白揚社、2005）

Holden, C. 2006. *Science,* 311, 317.

Huffman, C. A. 1999. In Long, A. A., ed. *The Cambridge Companion to Early Greek Philosophy* (Cambridge: Cambridge University Press).

———. 2006. "Pythagoras." In the Stanford Encyclopedia of Philosophy. http://plato.stanford.edu/entries/pythagoras.

Hume, D. 1748. *An Enquiry Concerning Human Understanding.* Republished 2000 in *The Clarendon Edition of the Works of David Hume,* edited by T. L. Beauchamp (Oxford: Oxford University Press).（『人間知性研究』斎藤繁雄・一ノ瀬正樹訳、法政大学出版局、2004）

Iamblichus. Ca. 300 ADa. *Iamblichus' Life of Pythagoras.* Translated by T. Taylor, 1986 (Rochester, Vt.: Inner Traditions).（『ピタゴラス的生き方』水地宗明訳、京都大学学術出版会、2011）

———. Ca. 300 ADb. *On the Pythagorean Life.* Translated by J. Dillon and J. Hershbell. (Atlanta: Scholar Press).（『ピュタゴラス伝』佐藤義尚訳、国文社、2000）

Irvine, A. D. 2003. "Russell's Paradox." In the Stanford Encyclopedia of

Philosophy. http://plato.stanford.edu/entries/russell-paradox.

Isaacson, W. 2007. *Einstein: His Life and Universe* (New York: Simon & Schuster).（『アインシュタイン――その生涯と宇宙』関宗蔵ほか訳、武田ランダムハウスジャパン、2011）

Jaeger, M. 2002. *The Journal of Roman Studies,* 92, 49.

Jeans, J. 1930. *The Mysterious Universe* (Cambridge: Cambridge University Press).

Jones, V. F. R. 1985. *Bulletin of the American Mathematical Society,* 12, 103.

Joost-Gaugier, C. L. 2006. *Measuring Heaven: Pythagoras and His Influence on Thought and Art in Antiquity and the Middle Ages* (Ithaca: Cornell University Press).

Kaku, M. 2004. *Einstein's Cosmos* (New York: Atlas Books).（『アインシュタイン』槙原凛訳、WAVE出版、2007）

Kant, I. 1781. *Critique of Pure Reason.* One of the many English translations is Müller, F. M. 1881. *Immanuel Kant's Critique of Pure Reason* (London: Macmillan).（『純粋理性批判』中山元訳、光文社、2010-12ほか邦訳多数）

Kaplan, M., and Kaplan, E. 2006. *Chances Are: Adventures in Probability* (New York: Viking).（『確率の科学史』対馬妙訳、朝日新聞社、2007）

Kapner, D. J., Cook, T. S., Adelberger, E. G., Gundlach, J. H., Heckel, B. R., Hoyle, C. D., and Swanson, H. E. 2007. *Physical Review Letters,* 98, 021101.

Kasner, E., and Newman, J. R. 1989. *Mathematics and the Imagination* (Redmond, Wash.: Tempus Books).（『数学の世界』宮本敏雄・大喜多豊訳、河出書房、1955）

Kauffman, L. H. 2001. *Knots and Physics,* 3rd ed. (Singapore: World Scientific).（『結び目の数学と物理』鈴木晋一・河内明夫訳、培風館、1995）

Keeling, S. V. 1968. *Descartes* (Oxford: Oxford University Press).

Kepler, J. 1981. *Mysterium Cosmographicum* (New York: Abaris Books).（『宇宙の神秘　新装版』大槻真一郎・岸本良彦訳、工作舎、2009）

———. 1997. *The Harmony of the World* (Philadelphia: American Philosophical Society).（『宇宙の調和』岸本良彦訳、工作舎、2009）

Klessinger, N., Szczerbinski, M., and Varley, R. 2007. *Neuropsychologia,* 45, 1642.

Kline, M. 1967. *Mathematics for Liberal Arts* (Reading, Mass.: Addison-Wesley). Republished 1985 as *Mathematics for the Nonmathematician* (New York:

Dover Publications).

———. 1972. *Mathematical Thought from Ancient to Modern Times* (Oxford: Oxford University Press).

Knott, C. G. 1911. *Life and Scientific Work of Peter Guthrie Tait* (Cambridge: Cambridge University Press).

Koyré, A. 1978. *Galileo Studies.* Translated by J. Mepham (Atlantic Highlands, N.J.: Humanities Press).

Kramer, M., Stairs, I. H., Manchester, R. N., et al. 2006. *Science*, 314 (5796),97.

Krauss, L. 2005. *Hiding in the Mirror: The Mysterious Allure of Extra Dimensions, from Plato to String Theory and Beyond* (New York: Viking Penguin).（『超ひも理論を疑う——「見えない次元」はどこまで物理学か？』斉藤隆央訳、早川書房、2008）

Kraut, R. 1992. *The Cambridge Companion to Plato* (Cambridge: Cambridge University Press).

Krüger, L. 1987. In Krüger, L., Daston, L. J., and Heidelberger, M., eds. *The Probabilistic Revolution* (Cambridge, Mass.: The MIT Press).（『確率革命』近昭夫訳、梓出版社、1991）

Kuehn, M. 2001. *Kant: A Biography* (Cambridge: Cambridge University Press).

Laertius, D. Ca. 250 AD. *Lives of Eminent Philosophers.* Translated by R. D. Hicks, 1925 (Cambridge, Mass.: Harvard University Press).（『ギリシア哲学者列伝』加来彰俊訳、岩波書店、1984-94）

Lagrange, J. 1797. *Théorie des Fonctions Analytiques* (Paris: Imprimerie de la Republique).

Lahanas, M. "Archimedes and his Burning Mirrors." www.mlahanas.de/Greeks/Mirrors.htm.

Lakoff, G., and Núñez, R. E. 2000. *Where Mathematics Comes From* (New York: Basic Books).（『数学の認知科学』植野義明、重光由加訳、丸善出版、2012）

Laplace, P. S., Marquis de. 1814. *A Philosophical Essay on Probabilities.* Translated by F. W. Truscot and F. L. Emory, 1902 (New York: John Wiley & Sons). Republished 1995 (Mineola, N.Y.: Dover Publications).（『確率の哲学的試論』内井惣七訳、岩波書店、1997）

Lecar, M., Franklin, F. A., Holman, M. J., and Murray, N. W. 2001. *Annual Review*

of Astronomy and Astrophysics, 39, 581.

Lightman, A. 1993. *Einstein's Dreams* (New York: Pantheon Books). (『アインシュタインの夢』浅倉久志訳、早川書房、1993〔B6版。文庫版・2002〕)

Little, C. N. 1899. *Transaction of the Royal Society of Edinburgh*, 39 (part III), 771.

Livio, M. 2002. *The Golden Ratio: The Story of Phi, the World's Most Astonishing Number* (New York: Broadway Books). (『黄金比はすべてを美しくするか?』斉藤隆央訳、早川書房、2005〔文庫版・2012〕)

———. 2005. *The Equation That Couldn't Be Solved* (New York: Simon & Schuster). (『なぜこの方程式は解けないか?』斉藤隆央訳、早川書房、2007)

Lottin, J. 1912. *Quetelet: Staticien et Sociologue* (Louvain: Institut Supérieur de Philosophie).

MacHale, D. 1985. *George Boole: His Life and Work* (Dublin: Boole Press Limited).

Machamer, P. 1998. In Machamer, P., ed. *The Cambridge Companion to Galileo* (Cambridge: Cambridge University Press).

Manning, H. P. 1914. *Geometry of Four Dimensions* (London: Macmillan). Reprinted 1956 (New York: Dover Publications).

Maor, E. 1994. *e: The Story of a Number* (Princeton: Princeton University Press). (『不思議な数 e の物語』伊理由美訳、岩波書店、1999)

McMullin, E. 1998. In Machamer, P., ed. *The Cambridge Companion to Galileo* (Cambridge: Cambridge University Press).

Mekler, S., ed. 1902. *Academicorum Philosophorum Index Herculanensis* (Berlin: Weidmann).

Menasco, W., and Rudolph, L. 1995. *American Scientist*, 83 (January-February), 38.

Mendel, G. 1865. "Experiments in Plant Hybridization," http://www.mendelweb.org/Mendel.plain.html.

Merton, R. K. 1993. *On the Shoulders of Giants: A Shandean Postscript* (Chicago: University of Chicago Press).

Messer, R., and Straffin, P. 2006. *Topology Now* (Washington, D.C.: Mathematical Association of America).

Miller, V. R., and Miller, R. P., eds. 1983. *Descartes, Principles of Philosophy*

(Dordrecht: Reidel).

Mitchell, J. C. 1990. In van Leeuwen, J., *Handbook of Theoretical Computer Science* (Cambridge, Mass.: MIT Press).（『コンピュータ基礎理論ハンドブック』広瀬健ほか訳、丸善、1994）

Monk, R. 1990. *Ludwig Wittgenstein: The Duty of Genius* (London: Jonathan Cape).（『ウィトゲンシュタイン——天才の責務』岡田雅勝訳、みすず書房、1994）

Moore, G. H. 1982. *Zermelo's Axiom of Choice: Its Origins, Development, and Influence* (New York: Springer-Verlag).

Morgenstern, O. 1971. Draft "Memorandum from Mathematica." Subject: History of the naturalization of Kurt Gödel. Institute for Advanced Study, Princeton, NJ.

Morris, T. 1999. *Philosophy for Dummies* (Foster City, Calif.: IDG Books).

Motte, A. 1729. *Sir Isaac Newton's Mathematical Principles of Natural Philosophy and His System of the World.* Revised by F. Cajori, 1947 (Berkeley: University of California Press). Also appeared as Newton, I. 1995. *The Principia* (New York: Prometheus Books).

Mueller, I. 1991. In Bowen, A., ed. *Science and Philosophy in Classical Greece* (London: Garland).

———. 1992. In Kraut, R., ed. *The Cambridge Companion to Plato* (Cambridge: Cambridge University Press).

———. 2005. In Koestier, T., and Bergmans, L., eds. *Mathematics and the Divine: A Historical Study* (Amsterdam: Elsevier).

Nagel, E., and Newman, J. 1959. *Gödel's Proof* (New York: Routledge & Kegan Paul). Republished 2001 (New York: New York University Press).（『ゲーデルは何を証明したか』林一訳、白揚社、1999）

Netz, R. 2005. In Koetsier, T., and Bergmans, L., eds. *Mathematics and the Divine: A Historical Study* (Amsterdam: Elsevier).

Netz, R., and Noel, W. 2007. *The Archimedes Codex: How a Medieval Prayer Book Is Revealing the True Genius of Antiquity's Greatest Scientist* (Philadelphia: Da Capo Press).（『解読！アルキメデス写本——羊皮紙から甦った天才数学者』吉田晋治訳、光文社、2008）

Neuwirth, L. 1979. *Scientific American*, 240 (June), 110.

Newman, J. R. 1956. *The World of Mathematics* (New York: Simon & Schuster).
Newton, Sir I. 1729. *Mathematical Principles of Natural Philosophy.* Translated by I. B. Cohen and A. Whitman, 1999 (Berkeley: University of California Press).（『世界の名著 31 ニュートン——自然哲学の数学的諸原理』河辺六男訳、中央公論新社、1979）
———. 1730. *Opticks, or A Treatise of the Reflections, Refractions, Inflections and Colours of Light*, 4th ed. (London: G. Bell). Republished 1952 (New York: Dover Publications).（『光学』島尾永康訳、岩波書店、1983）
Nicolson, M. 1935. *Modern Philology*, 32(3), 233.
Obler, L. K., and Gjerlow, K. 1999. *Language and the Brain* (Cambridge: Cambridge University Press).（『言語と脳』若林茂則・割田杏子訳、新曜社、2002）
O'Connor, J. J., and Robertson, E. F. 2003. "Peter Guthrie Tait." http://www-history.mcs.st-andrews.ac.uk/Biographies/Tait.html.
———. 2005. "Hermann Günter Grassmann." http://www-history.mcs.st-andrews.ac.uk/Biographies/Grassmann.html.
———. 2007. "G. H. Hardy Addresses the British Association in 1922, part 1." http://www-history.mcs.st-andrews.ac.uk/Extras/BA_1922_1.html.
Odom, B., Hanneke, D., D'Urso, B., and Gabrielse, G. 2006. *Physical Review Letters*, 97, 030801.
Ooguri, H., and Vafa, C. 2000. *Nuclear Physics B*, 577, 419.
Orel, V. 1996. *Gregor Mendel: The First Geneticist* (New York: Oxford University Press).
Overbye, D. 2000. *Einstein in Love: A Scientific Romance* (New York: Viking).
Pais, A. 1982. *Subtle Is the Lord: The Science and Life of Albert Einstein* (Oxford: Oxford University Press).（『神は老獪にして…——アインシュタインの人と学問』金子務ほか訳、産業図書、1987）
Panek, R. 1998. *Seeing and Believing: How the Telescope Opened Our Eyes and Minds to the Heavens* (New York: Viking).（『望遠鏡が宇宙を変えた』伊藤和子訳、東京書籍、2001）
Paulos, J. A. 2008. *Irreligion: A Mathematician Explains Why the Arguments for God Just Don't Add Up* (New York: Hill and Wang).（『数学者の無神論——神は本当にいるのか』松浦俊輔訳、青土社、2008）

Penrose, R. 1989. *The Emperor's New Mind: Concerning Computers, Minds, and the Laws of Physics* (Oxford: Oxford University Press).（『皇帝の新しい心』林一訳、みすず書房、1994）

———. 2004. *The Road to Reality: A Complete Guide to the Laws of the Universe* (London: Jonathan Cape).

Perko, K. A., Jr. 1974. *Proceedings of the American Mathematical Society*, 45, 262.

Pesic, P. 2007. *Beyond Geometry: Classic Papers from Riemann to Einstein* (Mineola, N.Y.: Dover Publications).

Peterson, I. 1988. *The Mathematical Tourist: Snapshots of Modern Mathematics* (New York: W. H. Freeman and Company).（『コンピューター・グラフィックスがひらく現代数学ワンダーランド』奥田晃訳、新曜社、1990）

Petsche, J.-J. 2006. *Grassmann* (Basel: Birkhäuser Verlag).

Pinker, S. 1994. *The Language Instinct* (New York: William Morrow and Company).（『言語を生みだす本能』椋田直子訳、日本放送出版協会、1995）

Plato. Ca. 360 BC. *The Republic.* Translated by A. Bloom, 1968 (New York: Basic Books).（『国家』藤沢令夫訳、岩波書店、2008 ほか邦訳多数）

Plutarch. Ca. 75 AD. "Marcellus." Translated by J. Dryden. In Clough, A. H., ed. 1992. *Plutarch's Lives* (New York: Modern Library).（「マルケルス」は『西洋古典叢書　英雄伝②』柳沼重剛訳、京都大学学術出版会、2007 などに所収。『英雄伝』は多数の邦訳がある）

Poincaré, H. 1891. *Revue Générale des Sciences Pures et Appliquées* 2, 769. The article is reprinted in English in Pesic, P., 2007. *Beyond Geometry.*

Porphyry. Ca. 270 AD. *Life of Pythagoras.* In Hadas, M., and Smith, M., eds. 1965. *Heroes and Gods* (New York: Harper and Row).

Proclus. Ca. 450. *Proclus: A Commentary on the First Book of Euclid's "Elements."* Translated by G. Morrow, 1970. (Princeton: Princeton University Press).

Przytycki, J. H. 1992. *Aportaciones Matemáticas Comunicaciones,* 11, 173.

Putnam, H. 1975. *Mathematics, Matter and Method: Philosophical Papers,* vol. 1 (Cambridge: Cambridge University Press), 60.

Quetelet, L. A. J. 1828. *Instructions Populaires sur le Calcul des Probabilités* (Brussels: H. Tarbier & M. Hayez).

Quine, W. V. O. 1966. *The Ways of Paradox and Other Essays* (New York: Random House).

——— . 1982. *Methods of Logic*, 4th ed. (Cambridge, Mass.: Harvard University Press).（『論理学の方法』中村秀吉・大森荘蔵訳、岩波書店、1961）

Radelet-de Grave, P., ed. 2005. "Bernoulli-Edition." http://www .ub.unibas.ch/spez/bernoull.htm.

Ramachandran, V. S., and Blakeslee, S. 1999. *Phantoms of the Brain* (New York: Quill).（『脳のなかの幽霊』山下篤子訳、角川書店、1999〔B6 版。文庫版・2011〕）

Randall, L. 2005. *Warped Passages: Unraveling the Mysteries of the Universe's Hidden Dimensions* (New York: Ecco).（『ワープする宇宙』向山信治・塩原通緒訳、日本放送出版協会、2007）

Raskin, J. 1998. "Effectiveness of Mathematics." http://jef.raskincenter.org/unpublished/effectiveness_mathematics .html.

Raymond, E. S. 2005. "The Utility of Mathematics." http://www.catb.org/~esr/writings/utility-of-math.

Redondi, P. 1998. In Machamer, P. *The Cambridge Companion to Galileo* (Cambridge: Cambridge University Press).

Rees, M. J. 1997. *Before the Beginning* (Reading, Mass.: Addison-Wesley).

Reeves, E. 2008. *Galileo's Glassworks: The Telescope and the Mirror* (Cambridge, Mass.: Harvard University Press).

Renon, L., and Felliozat, J. 1947. *L'Inde Classique: Manuel des Études Indiennes* (Paris: Payot).

Rescher, N. 2001. *Paradoxes: Their Roots, Range, and Resolution* (Chicago: Open Court).

Resnik, M. D. 1980. *Frege and the Philosophy of Mathematics* (Ithaca: Cornell University Press).

Reston, J. 1994. *Galileo: A Life* (New York: HarperCollins).

Ribenboim, P. 1994. *Catalan's Conjecture* (Boston: Academic Press).

Ricoeur, P. 1996. *Synthese*, 106, 57.

Riedweg, C. 2005. *Pythagoras: His Life and Influence.* Translated by S.Rendall (Ithaca: Cornell University Press).

Rivest, R., Shamir, A., and Adleman, L. 1978. *Communications of the Association for Computing Machinery*, 21(2), 120.

Rodis-Lewis, G. 1998. *Descartes: His Life and Thought* (Ithaca: Cornell University

Press).（『デカルト伝』飯塚勝久訳、未来社、1998）

Ronan, M. 2006. *Symmetry and the Monster: The Story of One of the Greatest Quests of Mathematics* (New York: Oxford University Press).（『シンメトリーとモンスター――数学の美を求めて』宮本雅彦・宮本恭子訳、岩波書店、2008）

Rosenthal, J. S. 2006. *Struck by Lightning: The Curious World of Probabilities* (Washington, D.C.: Joseph Henry Press).（『運は数学にまかせなさい――確率・統計に学ぶ処世術』柴田裕之訳、早川書房、2007〔B6 版。文庫版・2010〕）

Ross, W. D. 1951. *Plato's Theory of Ideas* (Oxford: Clarendon Press).（『プラトンのイデア論』田島孝・新海邦治訳、哲書房、1996）

Rouse Ball, W. W. 1908. *A Short Account of the History of Mathematics*, 4th ed. Republished 1960 (Mineola, N.Y.: Dover Publications).

Rucker, R. 1995. *Infinity and the Mind: The Science and Philosophy of the Infinite* (Princeton: Princeton University Press).（『無限と心――無限の科学と哲学』好田順治訳、現代数学社、1986）

Russell, B. 1912. *The Problems of Philosophy* (London: Home University Library). Reprinted 1997 by Oxford University Press (Oxford).（『哲学入門』高村夏輝訳、筑摩書房、2005）

———. 1919. *Introduction to Mathematical Philosophy* (London: George Allen and Unwin). Reprinted 1993, edited by J. Slater (London: Routledge). Reprinted 2005 (New York: Barnes & Noble).（『数理哲学序説』平野智治訳、岩波書店、1994）

———. 1945. *History of Western Philosophy.* Reprinted 2007 (New York: Touchstone).（『西洋哲学史』市井三郎訳、みすず書房、1982）

Sainsbury, R. M. 1988. *Paradoxes* (Cambridge: Cambridge University Press).（『パラドックスの哲学』一ノ瀬正樹訳、勁草書房、1993）

Sarrukai, S. 2005. *Current Science*, 88(3), 415.

Schmitt, C. B. 1969. "Experience and Experiment: A Comparison of Zabarella's Views with Galileo's in *De Motu.*" *Studies in the Renaissance*,16, 80.

Sedgwick, W. T., and Tyler, H. W. 1917. *A Short History of Science* (New York: The Macmillan Company).

Shapiro, S. 2000. *Thinking about Mathematics: The Philosophy of Mathematics*

(Oxford: Oxford University Press).
Shea, W. R. 1972. *Galileo's Intellectual Revolution: Middle Period, 1610-1632* (New York: Science History Publications).
———. 1998. In Machamer, P., ed. *The Cambridge Companion to Galileo* (Cambridge: Cambridge University Press).
Sieg, W. 1988. "Hilbert's Program Sixty Years Later." *Journal of Symbolic Logic*, 53, 349.
Smolin, L. 2001. *Three Roads to Quantum Gravity* (New York: Basic Books).（『量子宇宙への３つの道』林一訳、草思社、2002）
———. 2006. *The Trouble with Physics: The Rise of String Theory, The Fall of Science, and What Comes Next* (Boston: Houghton Mifflin).（『迷走する物理学――ストリング理論の栄光と挫折、新たなる道を求めて』松浦俊輔訳、武田ランダムハウスジャパン、2007）
Sobel, D. 1999. *Galileo's Daughter* (New York: Walker & Company).（『ガリレオの娘』田中勝彦訳、DHC、2002）
Sommerville, D. M. Y. 1929. *An Introduction to the Geometry of N Dimensions* (London: Methuen).
Sorell, T. 2005. *Descartes Reinvented* (Cambridge: Cambridge University Press).
Sorensen, R. 2003. *A Brief History of the Paradox: Philosophy and the Labyrinths of the Mind* (Oxford: Oxford University Press).
Sossinsky, A. 2002. *Knots: Mathematics with a Twist* (Cambridge, Mass.: Harvard University Press).
Stanley, T. 1687. *The History of Philosophy*, ninth section. Published in 1970 as a photographic facsimile under the title *Pythagoras: His Life and Teachings* (Los Angeles: The Philosophical Research Society).
Steiner, M. 2005. In Shapiro, S., ed. *The Oxford Handbook of Philosophy of Mathematics and Logic* (Oxford: Oxford University Press).
Stewart, I. 2004. *Galois Theory* (Boca Raton, Fla.: Chapman & Hall/CRC).（『明解ガロア理論　原著第３版』並木雅俊・鈴木治郎訳、講談社、2008）
———. 2007. *Why Beauty Is Truth: A History of Symmetry* (New York: Perseus Books).（『もっとも美しい対称性』水谷淳訳、日経 BP 社、2008）
Stewart, J. A. 1905. *The Myths of Plato* (London: Macmillan and Co.).
Stigler, S. M. 1997. In *Académie Royale de Belgique, Bulletin de la Classe des*

Sciences, Mémoires, collection 8(3), 47.

Strohmeier, J., and Westbrook, P. 1999. *Divine Harmony* (Berkeley, Calif.: Berkeley Hills Books).

Stukeley, W. 1752. *Memoirs of Sir Isaac Newton's Life.* Reprinted 1936 (London: Taylor and Francis).

Summers, D. W. 1995. *Notices of the American Mathematical Society*, 42(5), 528.

Swerdlow, N. 1998. In Machamer, P., ed. *The Cambridge Companion to Galileo* (Cambridge: Cambridge University Press).

Tabak, J. 2004. *Probability and Statistics: The Science of Uncertainty* (New York: Facts on File).（『はじめからの数学④確率と統計――不確実性の科学』松浦俊輔訳、青土社、2005）

Tait, P. G. 1898. In *Scientific Papers of Peter Guthrie Tait, vol. 1* (Cambridge: Cambridge University Press).

Tait, W. W. 1996. In Hart, W. D. *The Philosophy of Mathematics* (Oxford: Oxford University Press).

Tegmark, M. 2004. In Barrow, J. D., Davies, P. C. W., and Harper, C. L., Jr., eds. *Science and Ultimate Reality* (Cambridge: Cambridge University Press).

———. 2007a. "Shut Up and Calculate," arXiv 0709.4024 [hep-th].

———. 2007b. "The Mathematical Universe," arXiv 0704.0646 [gr-qc].

Tennant, N. 1997. *The Taming of the True* (Oxford: Oxford University Press).

Theon of Smyrna. Ca. 130 AD. *Mathematics, Useful for Understanding Plato.* Translated by R. Lawlor and D. Lawlor, 1979 (San Diego: Wizards Bookshelf).

Tiles, M. 1996. In Bunin, N., and Tsui-James, E. P., eds. *The Blackwell Companion to Philosophy* (Oxford: Blackwell Publishing).

Todhunter, I. 1865. *A History of the Mathematical Theory of Probability* (Cambridge: Macmillan and Co.).（『確率論史　改訂版』安藤洋美訳、現代数学社、2002）

Toffler, A. 1970. *Future Shock* (New York: Random House).（『未来の衝撃』徳山二郎訳、中央公論新社、1982）

Trudeau, R. J. 1987. *The Non-Euclidean Revolution* (Boston: Birkhäuser).

Truesdell, C. 1960. *The Rotational Mechanics of Flexible or Elastic Bodies, 1638-1788, Leonhardi Euler Opera Omnia*, ser. II, vol. 11, part 2 (Zürich: Orell Fussli).

Turnbull, H. W., Scott, J. F., Hall, A. R., and Tilling, L., eds. 1959-77. *The Correspondence of Isaac Newton* (Cambridge: Cambridge University Press).

Urquhart, A. 2003. In Griffin, N., ed. *The Cambridge Companion to Bertrand Russell* (Cambridge: Cambridge University Press).

Vafa, C. 2000. In Arnold, V., Atiyah, M., Lax, P., and Mazur, B., eds. *Mathematics: Frontiers and Perspectives* (Providence, R.I.: American Mathematical Society). (『数学の最先端 21 世紀への挑戦③〜⑥』砂田利一監修、シュプリンガー・フェアラーク東京、2003)

Vandermonde, A. T. 1771. *L'Histoire de l'Académie des Sciences avec les Mémoires* (Paris: Mémoires de l'Académie Royale des Sciences).

Van der Waerden, B. L. 1983. *Geometry and Algebra in Ancient Civilizations* (Berlin: Springer-Verlag). (『ファン・デル・ヴェルデン　古代文明の数学』加藤文元・鈴木亮太郎訳、日本評論社、2006)

Van Heijenoort, J., ed. 1967. *From Frege to Gödel: A Source Book in Mathematical Logic* (Cambridge, Mass.: Harvard University Press).

Van Helden, A. 1996. *Proceedings of the American Philosophical Society*, 140, 358.

Van Helden, A., and Burr, E. 1995. The Galileo Project. http://galileo.rice.edu/index.html.

Van Stegt, W. P. 1998. In Mancosu, P., ed. *From Brouwer to Hilbert:The Debate on the Foundations of Mathematics in the 1920s* (Oxford:Oxford University Press).

Varley, R., Klessinger, N., Romanowski, C., and Siegal, M. 2005. *Proceedings of the National Academy of Sciences* (USA), 102, 3519.

Vawter, B. 1972. *Biblical Inspiration* (Philadelphia: Westminster).

Vilenkin, A. 2006. *Many Worlds in One: The Search for Other Universes* (New York: Hill and Wang). (『多世界宇宙の探検』林田陽子訳、日経 BP 社、2007)

Vitruvius, M. P. 1st century BC. *De Architectura*. In Rowland, I. D., and Howe, T. N., eds. 1999. *Ten Books on Architecture* (Cambridge: Cambridge University Press). (『ウィトルーウィウス　建築書』森田慶一訳註、東海大学出版会、1979)

Vlostos, G. 1975. *Plato's Universe* (Seattle: University of Washington Press).

Von Gebler, K. 1879. *Galileo Galilei and the Roman Curia*. Translated by J.

Sturge. Reprinted 1977 (Merrick, N.Y.: Richwood Publishing Company).

Vrooman, J. R. 1970. *René Descartes: A Biography* (New York: Putnam).

Waismann, F. 1979. *Ludwig Wittgenstein and the Vienna Circle: Conversations Recorded by Friedrich Waismann.* Edited by B. McGuinness; translated by J. Schulte and B. McGuinness (Oxford: Basel Blackwell).

Wallace, D. F. 2003. *Everything and More: A Compact History of Infinity* (New York: W. W. Norton).

Wallechinsky, D., and Wallace, I. 1975-81. "Biography of Scottish Child Prodigy Marjory Fleming, part 1." http://www.trivia-library.com/b/biography-of-scottish-child-prodigy-marjory-fleming-part-1.htm.

Wallis, J. 1685. *Treatise of Algebra.* Quoted in Manning, H. P. 1914. *Geometry of Four Dimensions* (London: Macmillan).

Wang, H. 1996. *A Logical Journey: From Gödel to Philosophy* (Cambridge, Mass.: MIT Press).

Washington, G. 1788. Letter to Nicholas Pike, June 20, 1788. In Fitzpatrick, J. C., ed. 1931-44. *Writings of George Washington* (Washington, D.C.: Government Printing Office). Quoted in Deutsch, K. L., and Nicgorski, W., eds. 1994. *Leo Strauss: Political Philosopher and Jewish Thinker* (Lanham, Md.: Rowman & Littlefield).

Wasserman, S. A., and Cozzarelli, N. R. 1986. *Science,* 232, 951.

Watson, R. 2002. *Cogito, Ergo Sum: The Life of René Descartes* (Boston: David R. Godine).

Weinberg, S. 1993. *Dreams of a Final Theory* (New York: Pantheon Books).（『究極理論への夢』小尾信弥・加藤正昭訳、ダイヤモンド社、1994）

Wells, D. 1986. *The Penguin Dictionary of Curious and Interesting Numbers* (London: Penguin). Revised edition 1997.（『数の事典』芦ケ原伸之・滝沢清訳、東京図書、1987）

Westfall, R. S. 1983. *Never at Rest: A Biography of Isaac Newton* (Cambridge: Cambridge University Press).（『アイザック・ニュートン』田中一郎・大谷隆昶訳、平凡社、1993）

Whiston, W. 1753. *Memoirs of the Life and Writings of Mr. William Whiston, Containing, Memoirs of Several of His Friends Also,* 2nd ed. (London: Printed for J. Whiston and B. White).

White, L. A. 1947. *Philosophy of Science*, 14(4), 289.

White, N. P. 1992. In Kraut, R., ed. *The Cambridge Companion to Plato* (Cambridge: Cambridge University Press).

Whitehead, A. N. 1911. *An Introduction to Mathematics* (London: Williams & Norgate). Reprinted 1992 (Oxford: Oxford University Press).（『数学入門』大出晁訳、松籟社、1983）

———. 1929. *Process and Reality: An Essay in Cosmology.* Republished 1978, edited by D. R. Griffin and D. W. Sherburne (New York: Free Press).（『過程と実在』山本誠作訳、松籟社、1984-92）

Whitehead, A. N., and Russell, B. 1910. *Principia Mathematica* (Cambridge: Cambridge University Press). Second edition 1927.（『プリンキピア・マテマティカ序論』岡本賢吾ほか訳、哲学書房、1988）

Wigner, E. P. 1960. *Communications in Pure and Applied Mathematics*, vol. 13, no. 1. Reprinted in Saatz, T. L., and Weyl, F. J., eds. 1969. *The Spirit and the Uses of the Mathematical Sciences* (New York: McGraw-Hill).

Wilczek, F. 2006. *Physics Today*, 59 (November), 8.

———. 2007. *Physics Today*, 60 (May), 8.

Witten, E. 1989. *Communications in Mathematical Physics*, 121, 351.

Wolfram, S. 2002. *A New Kind of Science* (Champaign, Ill.: Wolfram Media).

Wolterstorff, N. 1999. In Sorell, T., ed. *Descartes* (Dartmouth: Ashgate).

Woodin, W. H. 2001a. *Notices of the American Mathematical Society*, 48(6), 567.

———. 2001b. *Notices of the American Mathematical Society*, 48(7), 681.

Wright, C. 1997. In Heck, R., ed. *Language, Thought, and Logic: Essays in Honour of Michael Dummett* (Oxford: Oxford University Press).

Zalta, E. N. 2005. "Gottlob Frege." *Stanford Encyclopedia of Philosophy,* http://plato.stanford.edu/entries/frege/.

———. 2007. "Frege's Logic, Theorem, and Foundations for Arithmetic." *Stanford Encyclopedia of Philosophy,* http://plato.stanford.edu/entries/frege-logic/.

Zweibach, B. A. 2004. *A First Course in String Theory* (Cambridge: Cambridge University Press).（『初級講座　弦理論（基礎編・発展編）』樺沢宇紀訳、丸善プラネット、2013）

図版／引用出典

以下の資料について転載許諾をいただいたことに対し、著者および版元より深くお礼申し上げる。

図　版

図 1, 2, 6, 14, 15, 17, 19, 24, 25, 54, 55, 56, 60, 61: by Ann Feild.

図 3, 28, 31, 33, 34, 35, 36, 37, 39, 40, 41, 46, 62, 63, 64, 65: by Krista Wildt.

図 4: © Scott Adams/Dist. by United Feature Syndicate, Inc.

図 7, 10, 11, 16, 21, 26, 42, 43, 44, 45, 47, 48, 49, 50, 51, 52, 53: The Biblioteca Speciale di Matematica "Giuseppe Peano," through the assistance of Laura Garbolino.

図 8, 27: Courtesy of the author.

図 9: Bibliothèque nationale de France, département de la reproduction.

図 12: Courtesy of Will Noel and the Archimedes Palimpsest Project.

図 13: Courtesy of Roger L. Easton, Jr.

図 18, 20: Private collection of Dr. Elliott Hinkes. Obtained through the assistance of the Milton S. Eisenhower Library, the Johns Hopkins University.

図 22: Roger-Viollet, Paris, France.

図 23: Courtesy of Sofie Livio.

図 29: The University of Chicago Library, Special Collections Research Center, Joseph H. Schaffner.

図 30, 32: Special Collections at the Milton S. Eisenhower Library, the Johns Hopkins University.

図 38: Library of the Academia delle Scienze di Torino, through the assistance of Laura Garbolino.

図 58: by Stacey Benn.

図 59: Courtesy of Steven Wasserman.

引　用

82 頁 *The Sand Reckoner*: Appears in T. L. Heath's *The Works of Archimedes*

(1897); reprinted with permission from Cambridge University Press.

209 頁 "The Vice of Gambling and the Virtue of Insurance" : Appears in J. R. Newman's *The World of Mathematics,* vol. 3 (1956). Reprinted with permission from Simon & Schuster.

279 頁 "History of the Naturalization of Kurt Gödel" : Reprinted with permission from the Institute for Advanced Study, Princeton, N.J., and Dorothy Morgenstern Thomas, through the assistance of Margaret Sullivan.

本書は、二〇一一年一〇月に早川書房より単行本として刊行された『神は数学者か？——万能な数学について』を改題・文庫化したものです。

訳者略歴　翻訳家　早稲田大学理工学部数理科学科卒　訳書にリヴィオ『偉大なる失敗』，ハース＆ハース『スイッチ！』，ブラウン『デザイン思考が世界を変える』，モス『MIT メディアラボ　魔法のイノベーション・パワー』（以上早川書房刊）ほか多数

HM=Hayakawa Mystery
SF=Science Fiction
JA=Japanese Author
NV=Novel
NF=Nonfiction
FT=Fantasy

〈数理を愉しむ〉シリーズ

神《かみ》は数学者《すうがくしや》か？

数学の不可思議な歴史

〈NF507〉

二〇一七年九月二十日　印刷
二〇一七年九月二十五日　発行
（定価はカバーに表示してあります）

著者　マリオ・リヴィオ
訳者　千《ち》葉《ば》敏《とし》生《お》
発行者　早川浩
発行所　株式会社早川書房
郵便番号　一〇一 - 〇〇四六
東京都千代田区神田多町二ノ二
電話　〇三 - 三二五二 - 三一一一（大代表）
振替　〇〇一六〇 - 三 - 四七七九九
http://www.hayakawa-online.co.jp

乱丁・落丁本は小社制作部宛お送り下さい。
送料小社負担にてお取りかえいたします。

印刷・精文堂印刷株式会社　製本・株式会社川島製本所
Printed and bound in Japan
ISBN978-4-15-050507-3 C0141

本書は活字が大きく読みやすい〈トールサイズ〉です。